高等职业教育“十三五”规划教材

基于 Altium Designer 16 的 电子线路 CAD 设计

主　编　朱小刚　杜松晏　谢爱梅

副主编　赵　欣　谢忠福　杨全会　李红军

编　委　范顺治　金舒萍　刘　鹏　徐　登

颜云华　刘　薇　胡　莹　宁　歆

電子工業出版社

Publishing House of Electronics Industry

北京·BEIJING

内 容 简 介

本书从PCB设计工程的角度出发介绍了Altium Designer 16设计软件的基础知识和技能，重点讲述了电路原理图设计，电路原理图库文件的创建及管理，层次电路原理图的设计，PCB的基础知识，以及单面PCB、双面PCB和多层PCB的设计与布局和PCB设计的后续工艺处理等内容。

本书由易到难，由浅入深地从Altium Designer软件的应用操作讲解到工程设计的技能实操训练，使读者既能了解电路设计或PCB设计的基本流程及要素，又能尽快地掌握工程应用的高级技能。全书介绍的工程实际的电路设计有集成稳压电源电路图的设计、2.1声道功率放大器的原理图设计、数字式电压测量系统的设计和4轴飞行器无刷电动机控制电路的设计。

本书可作为高等院校的电路设计课程或PCB设计课程的教材，也可作为电子信息行业或相关行业的技术参考书。

图书在版编目（CIP）数据

基于Altium Designer 16的电子线路CAD设计 / 朱小刚，杜松晏，谢爱梅主编. —北京：电子工业出版社，2019.6

ISBN 978-7-121-34304-9

Ⅰ. ①基… Ⅱ. ①朱… ②杜… ③谢… Ⅲ. ①印刷电路－计算机辅助设计－应用软件 Ⅳ. ①TN410.2

中国版本图书馆CIP数据核字（2018）第115546号

责任编辑：祁玉芹
特约编辑：寇国华
印　　刷：中国电影出版社印刷厂
装　　订：中国电影出版社印刷厂
出版发行：电子工业出版社
　　　　　北京市海淀区万寿路173信箱　邮编　100036
开　　本：787×1092　1/16　印张：12　字数：292千字
版　　次：2019年6月第1版
印　　次：2022年9月第3次印刷
定　　价：36.00元

凡所购买电子工业出版社图书有缺损问题，请向购买书店调换。若书店售缺，请与本社发行部联系，联系及邮购电话：（010）88254888，88258888。

质量投诉请发邮件至zlts@phei.com.cn，盗版侵权举报请发邮件至dbqq@phei.com.cn。

本书咨询联系方式：（010）68253127。

前言

PREFACE

21 世纪是电子信息技术飞跃发展的时代，计算机辅助设计更是为电路的设计和开发提供了更快、更好和更精的途径，Altium Designer 就是这样的一个计算机辅助设计平台。

Altium Designer 是原 Protel 软件开发商 Altium 公司推出的一体化电子产品开发系统，主要运行在 Windows 操作系统上。这套软件通过电路原理图设计、电路仿真、印制电路板（Printed Circuit Board，PCB）设计、拓扑逻辑自动布线、信号完整性分析和设计输出等技术的完美融合，为用户提供了全新的设计解决方案。设计者可以轻松地进行完美的电路设计，熟练使用这一软件必将使电路设计的质量和效率大大提高。Altium Designer 作为新一代的计算机辅助设计软件，其 DXP 技术集成平台为设计系统提供了所有工具和编辑器的兼容环境，已被广泛应用于航空、航天、汽车、造船、通用机械和电子等工业领域。

为了使读者迅速掌握使用 Altium Designer 软件的要点与难点，本书作者基于多年应用其进行电路原理图和 PCB 设计的实践经验和相应的教学经验，采用项目式教学模式由浅入深且图文并茂地逐步导入“工程制程”的概念，全面阐述与剖析了 Altium Designer 软件的功能及其在电子设计领域和 PCB 设计领域的应用方法。

本书主要内容包括电路的原理图设计、PCB 设计及信号的完整性介绍 3 个部分，第 1 部分重点介绍了电路原理图设计界面的使用、图纸的设置、元器件库的加载与应用、元器件的放置与属性编辑、导线的连接、新元器件库的创建、层次电路原理图的设计、编译检查等内容；第 2 部分主要介绍了 PCB 板材与类型、PCB 设计界面的使用、库的加载与创建、元器件的放置与布局、布线规则与布线方法和敷铜等内容，并将 PCB 设计的重点放在双面 PCB 和多层 PCB 设计上；第 3 部分重点介绍了信号完整性分析和设计输出。本书在介绍基本操作的同时，更加注重技能训练，使读者能快速地成为设计理论扎实且操作技能熟练的高手。

本书由常州机电职业技术学院朱小刚、广东省南方技师学院杜松晏和谢爱梅担任主编，湖北轻工职业技术学院赵欣、贵州电子信息职业技术学院谢忠福、常州信息职业技术学院杨全会、连云港职业技术学院李红军担任副主编，常州机电职业技术学院范顺治、金舒萍、刘鹏、颜云华、东华理工大学刘薇、成都航空职业技术学院胡莹、黎明职业大学宁歆担任编委共同编写完成。全书由朱小刚老师统稿审核。

由于作者水平有限，书中难免有错误或不当之处，敬请广大读者批评指正。

编者

目录

CONTENTS

项目1　了解 Altium Designer 16

本项目以了解电子电路设计自动化为起点，介绍 Altium Designer 的发展历程及其软件的基本版本，Altium Designer 16 软件的功能、优势和特点，以及 Altium Designer 16 软件的启动、打开、新建和保存文件等常规操作。让读者由浅入深地熟悉其相关操作，为进一步的电路设计奠定基础。

知识技能导航	知识了解	Altium Designer 的发展历史
	知识熟知	Altium Designer 的相关版本 Altium Designer 16 的基本功能
	技能掌握	打开与关闭 Altium Designer 16 新建工程项目 新建与保存设计文档等
	技能高手	操作工作面板

任务 1　Altium Designer 16 的特点与运行环境

21 世纪是电子信息技术飞速发展的时代，其典型代表就是计算机软硬件的日新月异及迭代升级。Altium Designer 系统是 Altium 公司于 2006 年年初推出的一款电子设计自动化（Electronic Design Automation，EDA）软件，它提供了电子产品一体化开发所需的必要技术和功能。Altium Designer 在单一设计环境中集成了电路板设计和 FPGA 系统设计、基于 FPGA 和分立处理器的嵌入式软件开发，以及 PCB 设计和编辑，并集成了现代设计数据管理功能，使其成为电子产品开发的完整解决方案。

1.1.1　Altium Designer 发展简史

Altium 公司前身为 Protel 公司，1985 年始创于澳大利亚，曾推出 DOS 版本的 PCB 设计软件。1999 年推出著名的 Protel 99SE 版本，它一直以易学易用而深受广大电子线路设计用户的喜爱。2001 年 8 月 Protel 公司更名为 Altium 公司，2006 年推出了 Altium 系列。Altium Designer 作为新一代的板卡级设计软件，以 Windows 的界面风格为主；同时，其独一无二的技术集成平台也为设计系统提供了所有工具和编辑器的相容环境，友好的界面及智能化的性能为电路设计用户提供了优质的服务。

1.1.2　Altium Designer 优势和特点

Altium Designer 系列软件将原理图设计、电路仿真、PCB 设计、拓扑逻辑自动布线、信号完整性分析和设计输出等技术完美融合，为用户提供了全新的设计解决方案，使用户可以轻松地进行设计，熟练使用这一软件必将使电路设计的质量和效率大大提高。该软件的主要优势和特点如下。

（1）　一体化的设计流程。

在单一的完整设计环境中，Altium Designer 集成了板卡级和 FPGA 的系统设计、基于 FPGA 和分立处理器的嵌入式软件开发，以及 PCB 设计和编辑等，为用户提供了所有流程的平台级集成，以及一体化的项目和文档管理结构，并支持相互独立设计学科的融合。用户可以有效地管理整个设计流程，并且在设计流程的任何阶段和项目的任何文档中随时都可以进行修改和更新。而系统则会提供完全的同步操作，以确保将这些变化反映到项目中的所有设计文档中，保证了设计的完整性。

（2）　增强的数据共享功能。

Altium Designer 完全兼容 Protel 的各种版本，并提供 Protel 99SE 下创建的 DDB 和库文件的导入功能；同时增加了 P-CAD、OrCAD、AutoCAD 和 PADS PowerPCB 等软件的设计文件和库文件的导入，能够无缝地将大量原有单点工具设计产品转换到 Altium Designer 设计环境中。其智能 PDF 向导则可以帮助用户把整个项目或所选定的设计文件打包成可移植的 PDF 文档，以便于团队之间的灵活合作。

（3） 结构化的设计管理。

Altium Designer 的电路原理图编辑器能够保证任意复杂度的结构化设计输入，支持分层的设计方法。用户可以方便地把设计分割成功能块，从上至下或者从下至上地查看电路。项目中可包含的页面数目没有限制，分层的深度也是无限的，而多通道设计的智能处理功能能够帮助用户在项目中高效地构建重复的电路块。

（4） 面向嵌入式芯片的设计。

Altium Designer 提供了多功能的 32 位 RISC 软处理器——TSK 3000 和一系列的通用 8 位软处理器，这些软处理器内核均独立于目标和 FPGA 供应商。并且增强了对更多的 32 位微处理器的支持，对每一种处理器都提供了完备的开发调试工具；此外还提供了处理器之间的硬件和 C 语言级别的设计兼容性，从而提高了嵌入式软件设计在特殊软处理器、FPGA 内部的桥接硬处理器和连接到单个 FPGA 的分立处理器之间的可移植性。它广泛支持 Wishbone Open Bus 互联标准，从而简化了处理器与外设和存储器之间的连接。用户可以在页面中快速地添加外设器件，以便配置。

（5） 支持高密度和高速信号设计。

Altium Designer 加强了对高密板设计和高速信号设计的支持，创新的 Bload-Insight 系统把光标变成了交互的数据挖掘工具，可以透视复杂的多层 PCB 卡。光标放在 PCB 设计上时会显示下面对象的关键信息，使用户可以毫不费力地浏览和编辑设计中叠放的对象，提高了在密集和多层设计环境中的编辑速度；强大的“逃逸布线”引擎可以尝试将每个定义的焊盘通过布线刚好引到 BGA 边界，使密集 BGA 类型封装的布线变得十分简单，节省了用户的设计时间；为差分信号提供系统级范围内的支持使用户可以充分利用大规模可编程器件的低电压差分信号功能，降低高密度电路的功率消耗和电磁干扰，改善反射噪声。布线前可以进行信号完整性分析，帮助用户选择正确的信号线终结策略，及时添加必要的元器件到设计中以防止过多的反射。布线结束后还可以在最终的 PCB 上运行阻抗、反射和串扰分析来检查设计的实际性能，进一步优化信号质量。

1.1.3 Altium Designer 16 的运行环境

最新的 Altium Designer 16 版本对计算机系统的要求比较高，最好采用 Windows 7 或以上版本的操作系统，最低和推荐的运行环境配置可参考表 1.1。

表 1.1 Altium Designer 16 最低和推荐的运行环境配置

	最低配置	推荐配置
操作系统	Windows XP SP2	Windows 7 或以上版本
PDF 阅读器	Adobe Reader 8	Adobe Reader 8 以上版本
CPU	Intel 1.8 GHz 或同等处理器	Intel 酷睿双核/4 核 2.66 GHz 或同等处理器
内存	1 GB RAM	4 GB RAM
硬盘	3.5 GB 空间	10 GB 空间以上
显卡	集成或 128 MB 显存	NVIDIA Gefore 1 GB 显存以上
显示器	15 英寸，1 280 像素×1 024 像素分辨率	19 英寸，1 920 像素×1 080 像素分辨率，可配置两台

有条件的用户可以采用高性能的计算机系统和双显示系统，以方便在文档管理、原理图设计界面和 PCB 编辑界面中进行切换与交互操作，如图 1.1 所示。

图 1.1　Altium Designer 16 双显示系统

任务 2　Altium Designer 16 的启动与基本文件管理

1.2.1　启动

Altium Designer 16 能充分发挥 Windows 7 操作系统的优势，安装后系统会在“开始”菜单栏中加入程序项，并在桌面上建立 Altium Designer 16 启动的所用快捷图标。

启动 Altium Designer 16 的方法很简单，与其他 Windows 程序一样，在桌面上双击其快捷图标即可。

Altium Designer 16 的主窗口如图 1.2 所示。

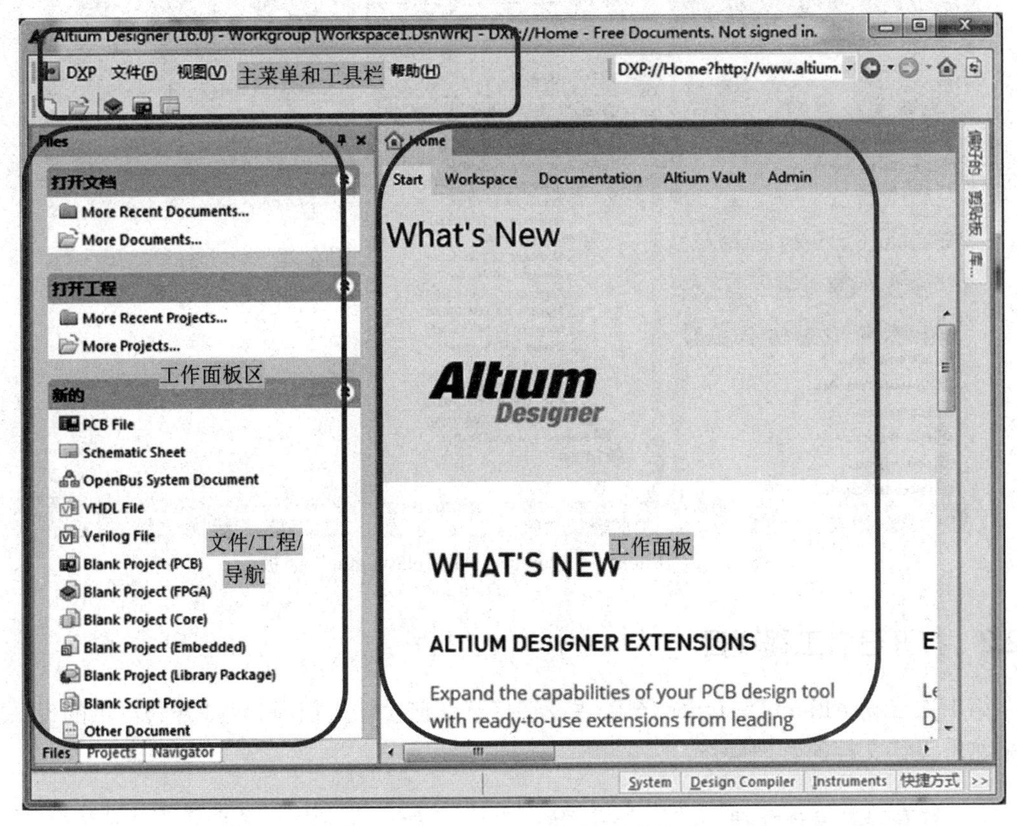

图 1.2　Altium Designer 16 的主窗口

其中包括主菜单、工具栏、工作面板区和工作面板等。

（1）　主菜单：主要有“DXP”“文件”“视图”“工程”和“窗口”等菜单项，用于配置系统的基本选项，以及打开和关闭文件等。

（2）　工具栏：包括常用的命令按钮，如新建文件和打开文件等命令按钮。

（3）　工作面板区：用于设计过程中的快捷操作，包括“Files”“Projects”和“Navigator”面板，如图 1.3 所示。

可以单击面板底部的标签，在不同的面板之间切换。“Files”面板主要用于打开和新建各种文件和工程，包括“打开文档”“打开工程”“新的”“从已有文件新建文件”和“从模板新建文件”5 个选项栏。单击每一部分右上角的双箭头按钮，即可打开或隐藏其中的各个选项。

（4）　工作面板：文档的显示区，主要显示设计的文档等。

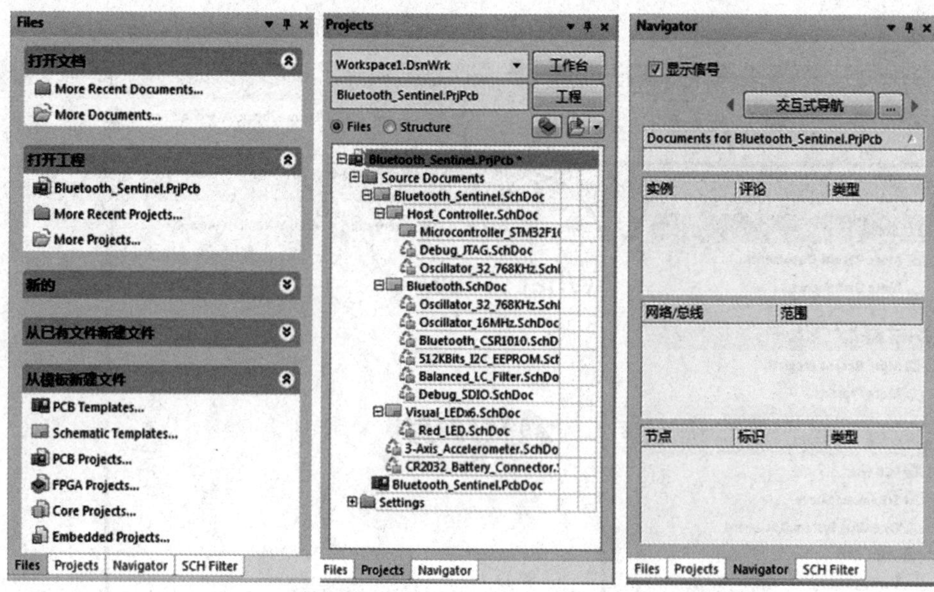

图 1.3　“Files”“Projects”和“Navigator”面板

1.2.2　打开已有工程项目

第 1 次启动 Altium Designer 16 后并没有打开任何设计文档，可以打开其自带的设计文档来熟悉设计文档的管理操作。

1.　打开已有设计文档

打开已有设计文档一般有以下几种方法。

（1）　从主菜单中打开：选择“文件”|“打开”或“文件”|“打开工程”命令，打开“Choose Document to Open”对话框。其中显示安装目录下的文件夹，如图 1.4 所示。

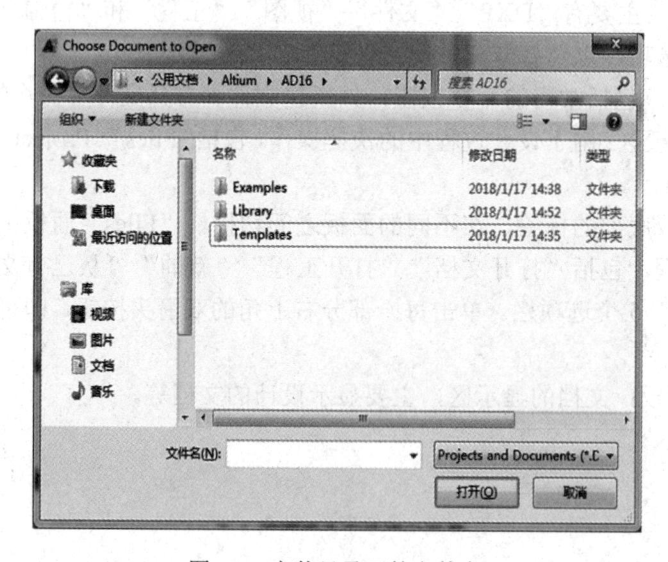

图 1.4　安装目录下的文件夹

（2）从工具栏中打开：单击打开按钮 ，打开“打开”对话框。

（3）从“Files”面板中打开：选择“打开文档”中的相应选项，显示相应的对话框。

Altium Designer 16 在默认安装的情况下，重要的库文件和实例文件等保存在 C:\Users\Public\Documents\Altium\AD16\Examples 中，包括 Altium 公司的设计实例，如图 1.5 所示；Library 文件夹中保存的是各公司的元器件库文件；Template 文件夹中保存的是各种图纸和设计的模板。打开 Examples 中的 Bluetooth Sentinel 文件夹，其中有多种设计文档，以及管理和报表文件，如图 1.6 所示。

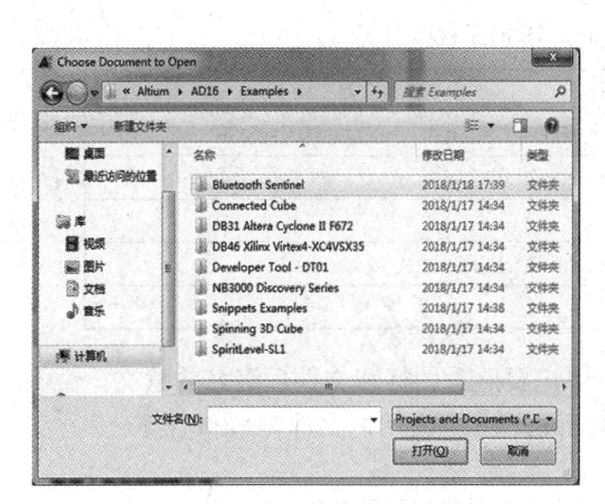

图 1.5　Examples 文件夹中的设计实例

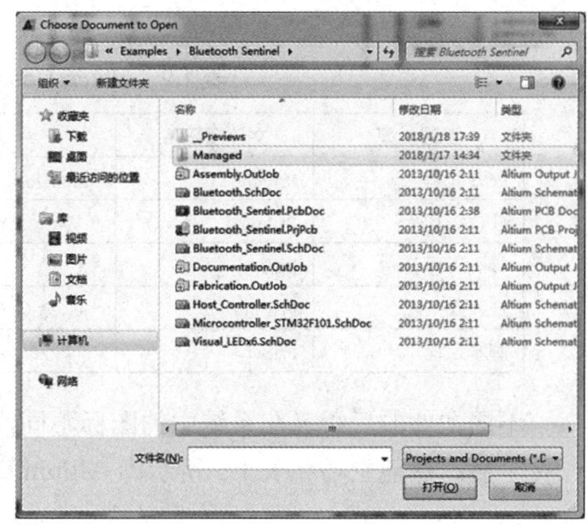

图 1.6　Bluetooth Sentinel 文件夹中的设计文档

一般选择工程管理文件 Bluetooth_Sentinel.PrjPcb，Altium Designer 16 打开此工程项目。图中左边的“Projects”面板显示该工程中的设计文档，双击相关文件即可打开此文件。图 1.7 所示为一个打开的电路原理图文件。

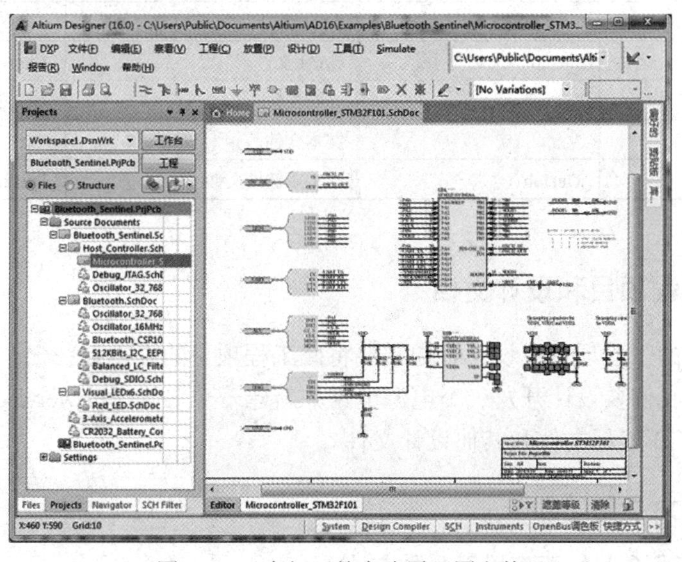

图 1.7　一个打开的电路原理图文件

2. 工程文档类型

Altium Designer 16 是集成化设计平台，可以设计电路原理图、PCB 板材和嵌入式源代码等一体化工程项目，因此提出了“工程项目”的概念，简称“工程”。即将某个工程项目从设计到工艺一整套文档统一管理，这些文档可以放在或不放在一个文件夹中。各文档之间的联系由工程项目文件来链接，便于日后能够更清晰地阅读、更改和管理。建议用户在设计一个工程项目时，将各文档尽量放在同一文件夹中，图 1.6 中所示的 Bluetooth_Sentinel.PrjPcb 就是 PCB 工程项目的工程文件。Altium Designer 16 的工程类型如表 1.2 所示。

表 1.2　Altium Designer 16 的工程类型

工程类型	文件后缀名	主要链接文件
PCB 工程	PrjPcb	*.SchDoc、*.PcbDoc、*.IntLib、*.SchLib 和*.PcbLib
FPGA 工程	PrjFpg	*.Vhd、*.V、*.Vhdl
核心工程	PrjCor	*.C
嵌入式工程	PrjEmb	*.C、*.Cpp、*.h 和*.Asm
脚本工程	PrjScr	

不同文件的后缀名在系统中的图标不同，用户要熟悉图标和文件后缀名的意义。做到一目了然，熟能生巧。表 1.3 所示为 Altium Designer 16 中常用的文件类型和后缀名。

表 1.3　Altium Designer 16 常用的文件类型和后缀名

文件类型	后 缀 名	文件类型	后 缀 名
原理图文件	.SchDoc	C++源文件	.Cpp
原理图库文件	.SchLib	C 语言头文件	.C
PCB 文件	.PcbDoc	C 语言源文件	.h
PCB 库文件	.PcbLib	ASM 源文件	.Asm
集成库文件	.IntLib	CAM 文件	.Cam
VHDL 文件	.Vhd	光绘文件	.Gerber
Ven.log 文件	.V	文本文件	.Txt
输出文件	.OutJob	数据库链接文件	.DBLink

1.2.3　新建工程项目和设计文档

开展一个新的工程项目或设计时通常要将此工程项目的文档放在一个文件夹中，以便于管理。例如，我们要设计开发一个电源电路并新建一个名为“Power-5V”的文件夹，在其中存放新建 PCB 工程文件和其他设计文件。

1. 新建 PCB 工程项目

新建 PCB 工程项目一般有以下几种方法。

（1） 从主菜单中打开：选择主菜单中的“文件”|“新建”|“Project”命令，打开如图 1.8 所示的“New Project”对话框。

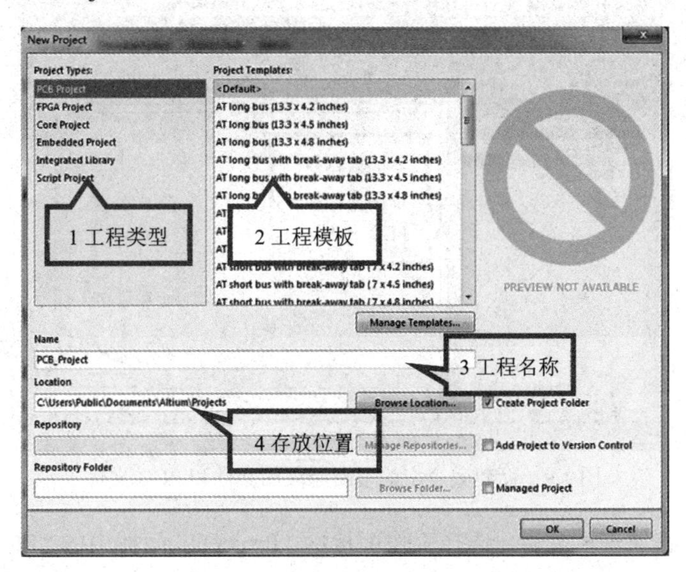

图 1.8　“New Project”对话框

（2） 在工作面板中打开：打开“Files”面板，然后选择“从模板新建文件”|“PCB Project”命令，也会打开“New Project”对话框。

“New Project”对话框中的有关选项如下。

- “Project Types”列表框：其中包括工程项目的类型，这里选择“PCB Project”选项。
- “Project Templates”下拉列表框：其中包括工程项目的模板，这里选择“Default”（默认）选项。Altium Designer 16 内置了常用的电路原理图图纸、PCB 的尺寸和接插口等模板，如通用 AT 主板和 PCI 插卡等，方便工程技术人员进行标准化设计。
- “Name”文本框：PCB 工程文件的名称，图中默认为“PCB_Project”。建议改成比较直观的名字，如“Power-5V.PrjPCB”。
- “Location”文本框：存放工程文件的路径，一般要存放在某个文件夹中，不要存放在默认路径中。

也可以打开“Feiles”面板，然后选择“新的”|“Black Project(PCB)”命令在工作面板的“Proiect”下新建一个空的 PCB 工程，名称为默认的“PCB_Project1.PrjPCB”。注意用此种方法新建的 PCB 工程文件尚未保存。

2. 新建设计文档

工程项目文件只是一个管理文件，用于此工程项目中各设计文档的管理和链接，如 Power-5V.PrjPCB。一般 PCB 设计的工程项目文件包括电路原理图文件、PCB 文件和库文件等。有了工程项目文件后就可以在此工程项目下新建或增加相关的技术文档。我们在 Power-5V.PrjPCB 工程下新建一个空的电路原理图文件和 PCB 文件，如图 1.9 所示。

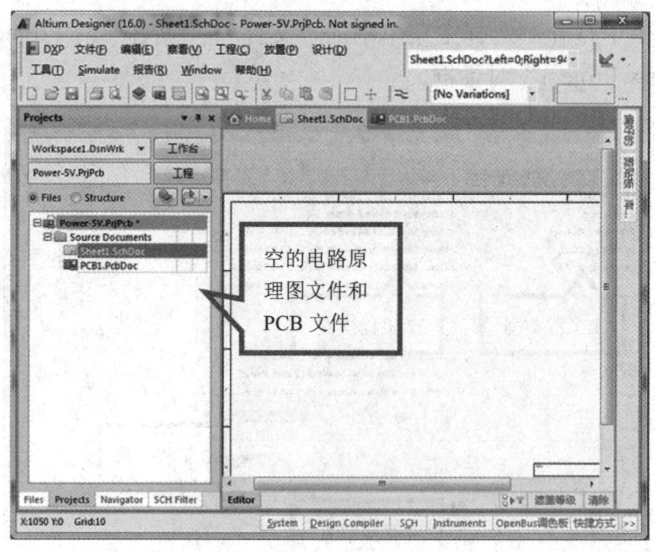

图 1.9　新建一个空的电路原理图文件和 PCB 文件

（1） 新建电路原理图文件：选择工作面板区“Projects”面板中的“Power-5V.PrjPCB”选项，然后选择“文件”|“新建”|“原理图”命令，在 Power-5V.PrjPCB 工程下增加一个电路原理图文件，默认为“Sheet1.SchDoc”。可以单击主工具栏中的“保存”按钮，在打开的“保存”对话框中选择文件名和存放路径后保存。

（2） 新建 PCB 文件：选择“Projects”面板中的“Power-5V.PrjPCB”选项，然后选择“文件”|“新建”|“PCB”命令，在 Power-5V.PrjPCB 工程下增加一个 PCB 文件，默认为“PCB1.PcbDoc”。可以单击主工具栏中的“保存”按钮，在打开的“保存”对话框中选择文件名和存放路径后保存。

新建设计文档也可以在工具栏和工作面板中单击相应的命令按钮或选择相应的选项来完成。

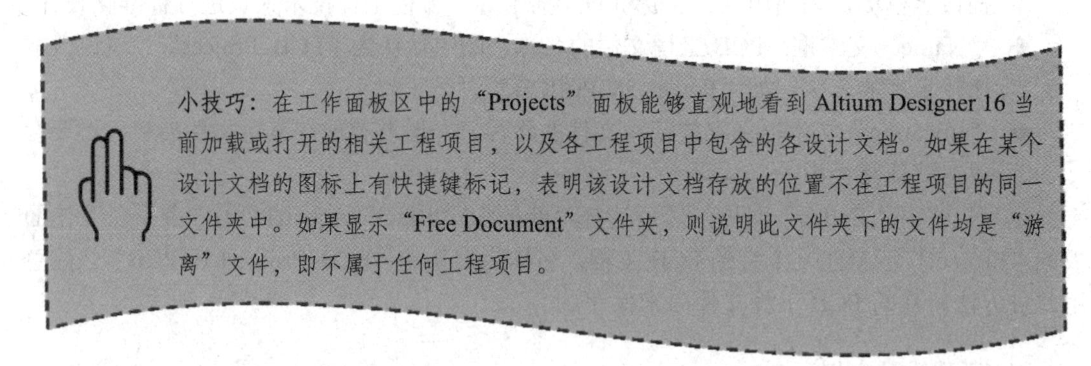

小技巧：在工作面板区中的“Projects”面板能够直观地看到 Altium Designer 16 当前加载或打开的相关工程项目，以及各工程项目中包含的各设计文档。如果在某个设计文档的图标上有快捷键标记，表明该设计文档存放的位置不在工程项目的同一文件夹中。如果显示“Free Document”文件夹，则说明此文件夹下的文件均是“游离”文件，即不属于任何工程项目。

1.2.4　增删工程项目中的现有文件

1. 添加现有文件

在工程项目设计过程中如果需要添加某个设计文档到此工程项目中，可以用鼠标右键单击“Projects”面板中的该工程，然后在弹出的快捷菜单中选择“添加现有的文件到工程”

命令，如图 1.10 所示。

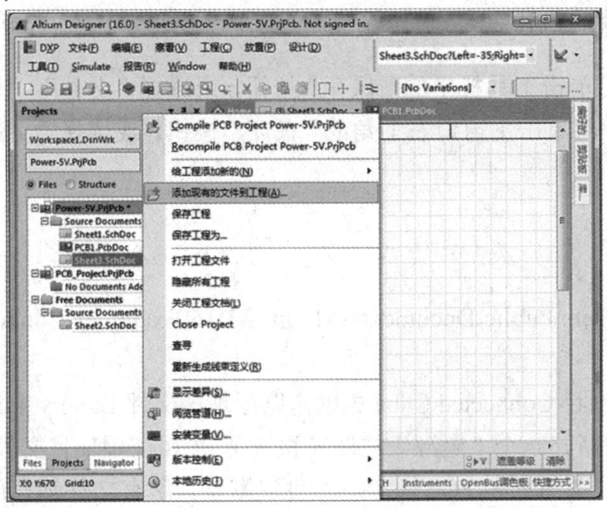

图 1.10　选择“添加现有的文件到工程”命令

在打开的对话框中将某个文件添加到工程项目中，可添加的文件类型可以是 Altium Designer 16 的各种设计文档，也可以是其他文件类型，如图片和 PDF 文档等。

2. 删除现有文件

要删除工程项目中的某个文件，用鼠标右键单击“Projects”面板中的该文件，然后在弹出的快捷菜单中选择“从工程中移除”命令，从工程项目中删除所选文件。Altium Designer 16 在“Projects”面板的文档下增加“Free Document”文件夹，刚刚删除的文件就在其中。“从工程中移除”后该设计文档仍在原存放位置，并没有被物理删除，只是脱离了工程项目的管理。

更方便的添加文件和删除文件的方法是在“Projects”面板中选择所需文件，然后将其拖进或拖出相关工程项目，如图 1.11 所示。

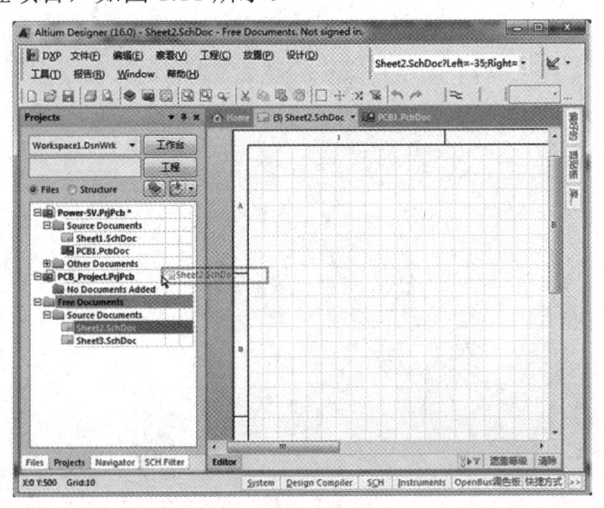

图 1.11　将所需文件拖进或拖出相关工程项目

1.2.5 文件存盘和关闭

为保存文件，可单击工具栏中的“保存”按钮，或选择“文件”|“保存”或“保存为”命令；为关闭文件，可单击主窗口右上角的“关闭”按钮，或选择“文件”|“退出”命令。

技能与练习

（1） 打开 C:\Users\Public\Documents\Altium\AD16\Examples\Connected Cube 下的工程项目文件。

（2） 打开工程项目 Connected Cube 中的电路原理图文件 Battery_Power_Module.SchDoc。

（3） 在 D 盘中新建一个“电源”文件夹和一个 PCB 工程项目文件 DC-DC.PrjPcb，并且新建一个电路原理图图纸和 PCB 文件，文件名默认，所有文件都存放在“电源”文件夹中。

（4） 将 C:\Users\Public\Documents\Altium\AD16\Examples\Connected Cube 中的 Battery_Power_Module.SchDoc 文件添加到 PCB 工程项目文件 DC-DC.PrjPcb 中。

项目 2　电路原理图设计界面及应用

电路图包括电路原理图、框图、装配图和 PCB 版图等形式，电路原理图设计是最基础和最重要的工作。一般电路工程项目中会有多张电路原理图。电路原理图设计要有层次、直观且清晰，尽量将各功能部分模块化，图纸要标注正确，并且要规范和美观。本项目主要讲解电路原理图设计界面的基本操作与应用，以使读者熟悉各功能的应用。

知识技能导航		
	知识了解	电路原理图设计的基本步骤
	知识熟知	设置电路原理图设计界面的参数
	技能掌握	调用与管理电路原理图库文件 放置与连接元器件 编辑元器件属性
	技能高手	视图缩放与移动的快捷操作 元器件放置与连接的快捷操作

任务 1　熟悉电路原理图设计界面基础操作

2.1.1　电路原理图的设计步骤

使用 Altium Designer 16 设计电路原理图时，要经过如图 2.1 所示的多个步骤，使其规范、美观、有序且清晰。

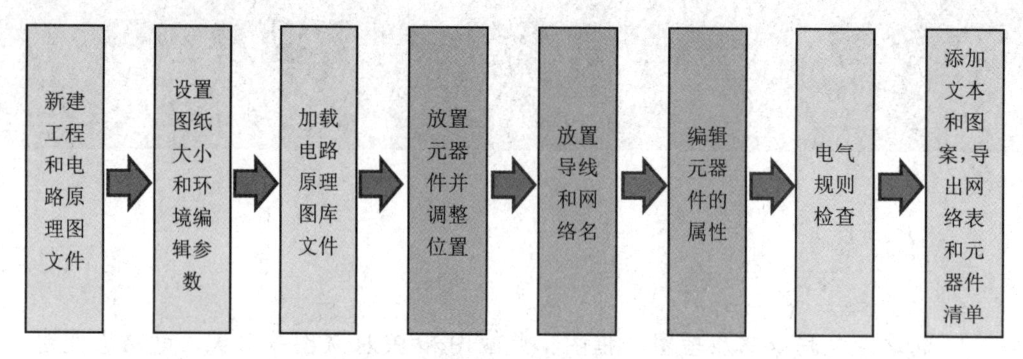

图 2.1　电路原理图设计的多个步骤

（1）　新建工程和电路原理图文件。

利用 Altium Designer 16 进行电路设计和 PCB 设计时，要养成良好的操作习惯，即首先新建工程项目（Project），然后在此工程项目中新建相应的电路原理图文件并命名。一般不推荐使用 Altium Designer 16 默认的工程项目名和电路原理图文件名，如“Sheet1.SchDoc”和“Sheet2.SchDoc”。建议使用较为直观的名字，如“Power”和“DC-AC”等。或者直接使用 Altium Designer 16 支持的中文文件名，如“12V 转 5V 电源.SchDoc”等。

（2）　设置图纸大小和编辑环境参数。

为了更好地处理元器件的放置及移动等操作，一般要根据项目和电路的复杂程度设置图纸大小、方向、标题栏及颜色等，使电路原理图的设计更加方便且合理。

（3）　加载电路原理图库文件。

电路原理图使用的元器件种类繁多，各元器件制造商制造的元器件也不尽相同，因此在放置元器件之前，要加载相应公司的元器件库文件包。有些元器件没有现成的电路原理图库文件包，此时需要提前设计电路原理图库文件，然后再加载该库文件。

（4）　放置元器件并调整位置。

根据电路设计的实际需求，从电路原理图元器件库中选择相应的元器件，将其放置到电路原理图中并调整位置。

（5）　放置导线和网络名。

在电路原理图中根据电路的逻辑关系通过导线或网络名相互连接元器件。

（6）　编辑元器件的属性。

这一步主要是修改元器件在电路中的序号和参数值，如电阻 R1 的电阻值为 10 kΩ，电容 C10 的电容值为 10 μF 等。需要说明的是，Altium Designer 16 中是用“u”来表示“μ”的，因此“10 μF”在输入时实际为“10 uF”。

（7）电气规则检查。

根据校验规则检测设计的原理图有无错误，并对出错的内容进行修改和调整。

（8）添加文本和图案，导出网络表和元器件清单。

电路原理图设计后在需求的基础上导出网络表，或需要添加一些文字说明及图案等美化和标注工作，也可以使用各种报表工具生成电路原理图文件的报表文件。

2.1.2 电路原理图设计界面

使用 Altium Designer 16 打开一个电路原理图文件或创建一个新的电路原理图文件后显示的电路原理图设计界面如图 2.2 所示。

主菜单和工具栏
工作面板区
图纸区
状态栏

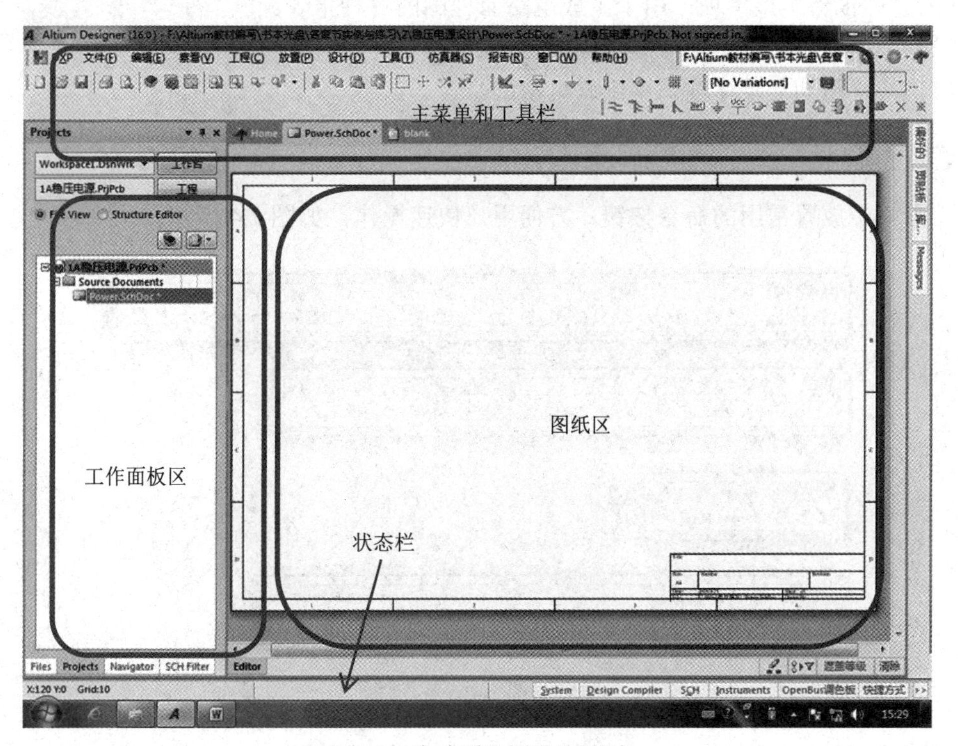

图 2.2　电路原理图设计界面

其中包括主菜单栏和工具栏、工作面板区、图纸区及状态栏等。

1. 主菜单栏

主菜单栏如图 2.3 所示。

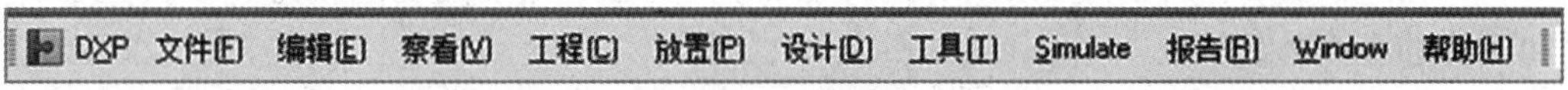

DXP 文件(F) 编辑(E) 察看(V) 工程(C) 放置(P) 设计(D) 工具(T) Simulate 报告(R) Window 帮助(H)

图 2.3　主菜单栏

其中常用的菜单项如下。

（1） “文件”菜单项：用于新建、打开、关闭、保存与打印文件等操作。

（2） “编辑”菜单项：用于选择、复制、粘贴与查找对象等编辑操作。

（3） “察看”菜单项：用于管理视图，如放大与缩小工作窗口，以及显示与隐藏各种工具、面板、状态栏及节点等。

（4） “工程”菜单项：用于与工程有关的各种操作，如打开与关闭工程文件，以及编译与比较工程等。

（5） “放置”菜单项：用于放置电路原理图中的各种组成部分，如元器件和导线。

（6） “设计”菜单项：用于操作元器件库和生成网络报表等。

（7） “工具”菜单项：为电路原理图设计提供各种工具，如元器件快速定位等。

（8） “仿真器”菜单项：用于创建各种测试平台。

（9） “报告”菜单项：用于生成电路原理图的各种报表。

（10） “窗口”菜单项：用于操作窗口。

（11） “帮助”菜单项：用于联机帮助。

2. 工具栏

工具栏中放置常用的命令按钮，方便用户快速操作，如图 2.4 所示。

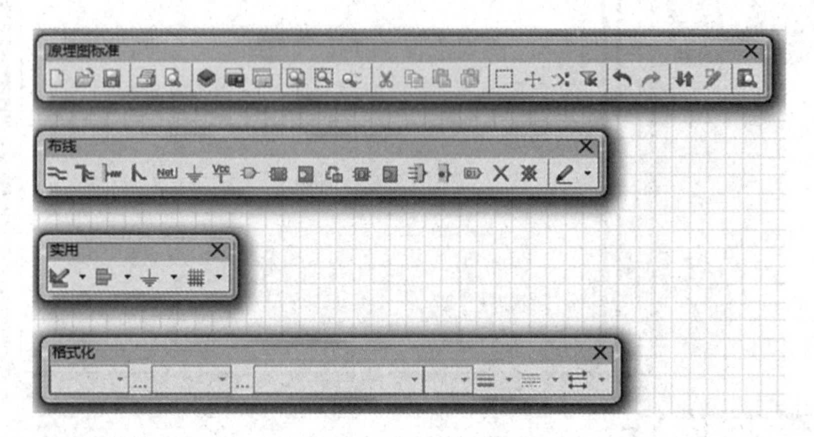

图 2.4 工具栏

常用的工具栏如下。

（1） “原理图标准”工具栏：提供一些常用的文件操作快捷方式，如打印、缩放、复制和粘贴等命令按钮。

（2） “布线”工具栏：包括电路原理图设计中常用的元器件、电源、接地、端口、图纸符号和布线等命令按钮。

（3） “实用”工具栏：包括画直线、弧线和多边形等绘图功能按钮，以及元器件排列和对齐的命令按钮。

（4） “格式化”工具栏：包括快速设置电路原理图中导线、网络名及文本等要素的颜色、线型和字体大小等格式的命令按钮。

3. 工作面板区

工作面板区是 Altium Designer 16 全局管理设计平台的区域，主要有如下 4 个面板，常用来管理工程项目中不同的文件和项目。

（1）“File”面板：集成了 Altium Designer 16 常用的“打开文档”“打开工程”“新的”和“从模板新建文件”4 大功能，打开和新建文件等都可以通过该面板完成。

（2）“Project”面板：显示打开工程的目录结构和文件结构。

（3）“Navigator”面板：显示电路原理图分析和编译后的相关信息，通常用于电路原理图设计。

（4）“SCH Fiter”面板：用于设计电路原理图时过滤显示相应的元器件。

4. 图纸区

元器件和导线等构成的电路原理图在此区域中显示。

5. 状态栏

显示当前功能和状态的区域，如光标或元器件当前的坐标点。

2.1.3 打开、关闭及新建电路原理图文件

1. 打开电路原理图文件

打开默认安装目录中的\...\AD16\Examples\Bluetooth_Sentinel\Bluetooth_Sentinel.PrjPcb 一个工程文件夹，其中有多个电路原理图文件和 PCB 设计文件，以及较多的其他文件。打开一个工程文件，如图 2.5 所示。

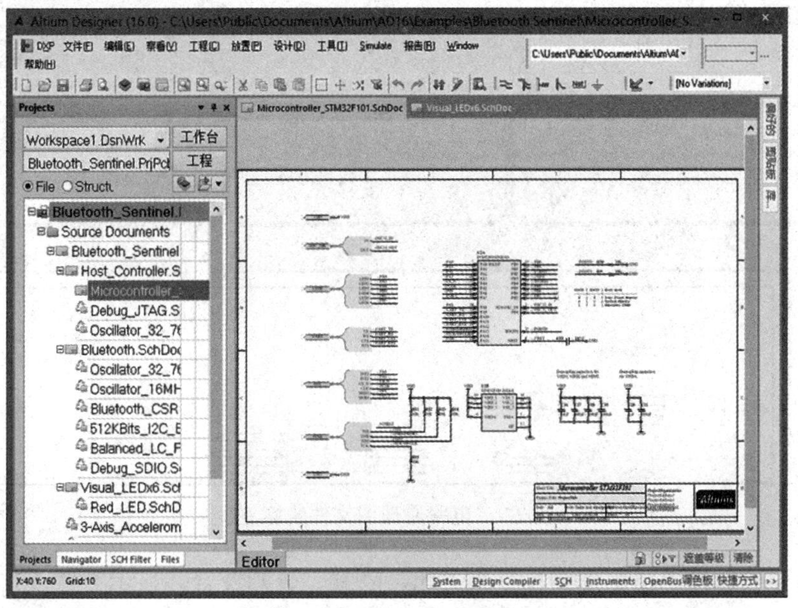

图 2.5　打开一个工程文件

打开工程项目文件后，选择图纸区左侧工作面板区中的“Project”面板，双击其中一个电路原理图的文件名，该文件在图纸区打开并全局显示。也可以用鼠标右键单击该文件，在弹出的快捷菜单中选择“Open”命令将其打开，如图 2.6 所示。

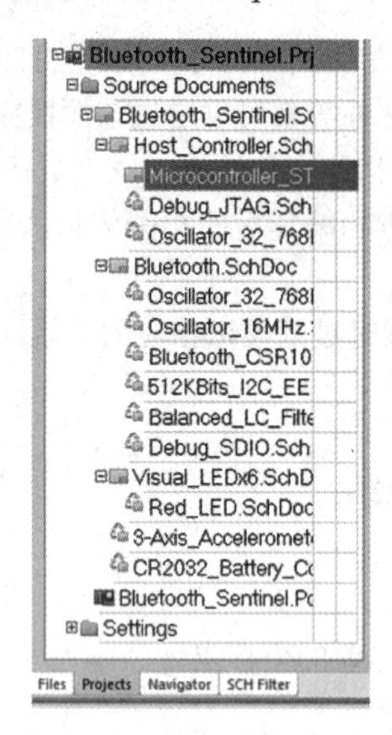

图 2.6　选择“Open”命令打开相应的所选文件

2. 操作电路原理图文件的标签

在 Altium Designer 16 的电路原理图设计界面中每打开一个电路原理图文件就会在图纸上方增加一个该文件的标签，方便用户观察和切换打开的文件，如图 2.7 所示。

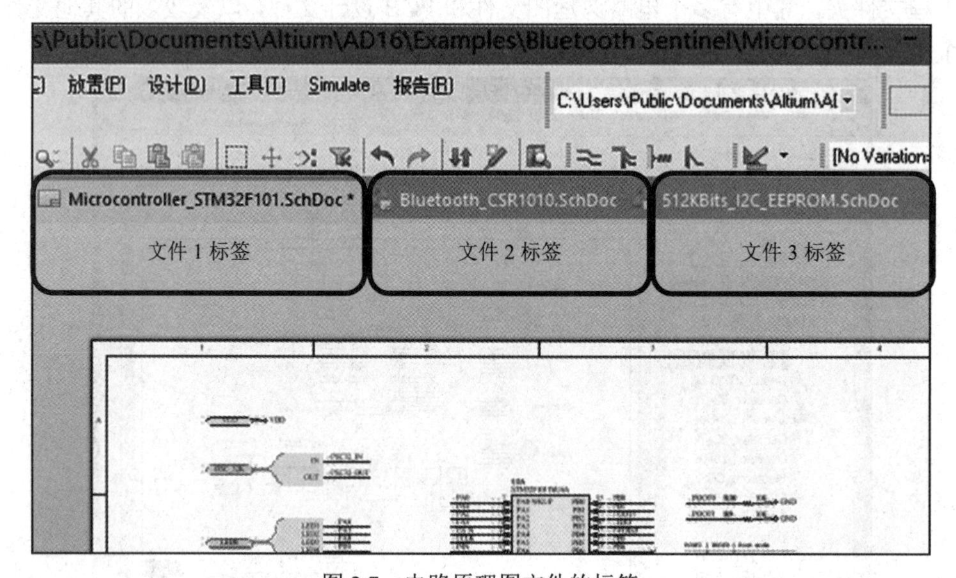

图 2.7　电路原理图文件的标签

使用中一般通过电路原理图标签来关闭、隐藏、分割及合并显示文件，方法为用鼠标右键单击某个电路原理图文件的标签，弹出如图 2.8 所示的快捷菜单，从中可以选择所需的命令。

图 2.8　快捷菜单

说明如下。

（1） 关闭文件：可以选择关闭电路原理图文件、电路原理图窗口、其余所有文件和所有文件。

（2） 保存文件：将电路原理图文件保存到硬盘中，建议在电路原理图设计过程中经常保存，以免数据丢失。

（3） 隐藏文件：隐藏打开的电路原理图文件，要再次显示可双击工作面板中对应的该文件的名称。

（4） 视图窗口的分散与合并：分散就是将图纸区分成两个或多个显示区，以同时显示多个电路原理图文件。图 2.9 所示为垂直显示两个电路原理图文件。

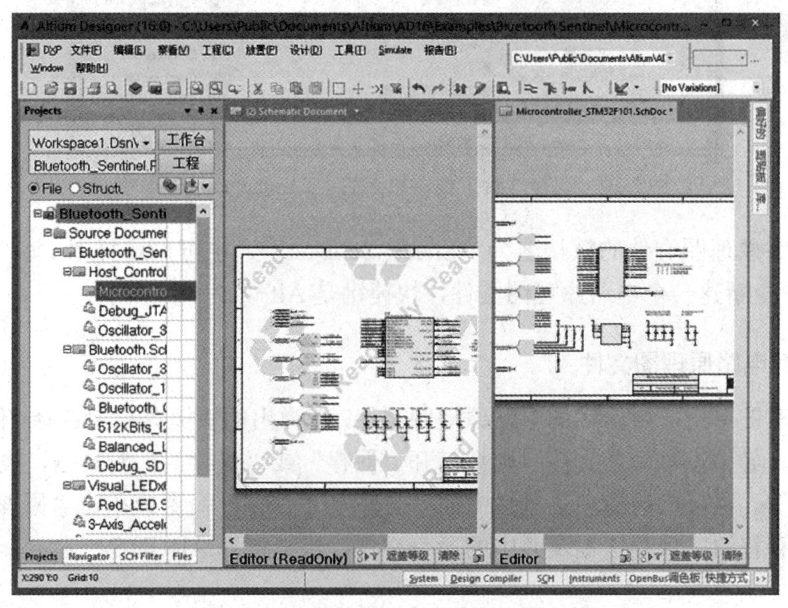

图 2.9　垂直显示两个电路原理图文件

分散显示后，如需单独显示一个电路原理图文件，则用鼠标右键单击该文件的标签，然后在弹出的快捷菜单中选择“全部合并”命令。

（5） 在新窗口打开：此功能可以启动另一个 Altium Designer 16，并打开对应的电路原理图文件。不推荐采用此功能，因为 Altium Designer 16 系统庞大，打开多个电路原理图文件会更多地占用 CPU 等资源。

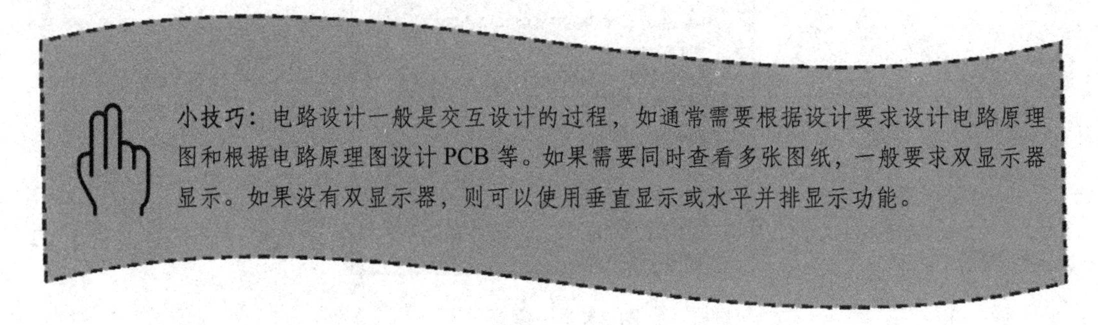

3. 新建电路原理图文件

如果要在工程项目中新建一个电路原理图文件，则用鼠标右键单击左侧“Project”面板中的该工程项目的文件名，然后在弹出的快捷菜单中选择“给工程添加新的”|“Schematic”命令，如图 2.10 所示。

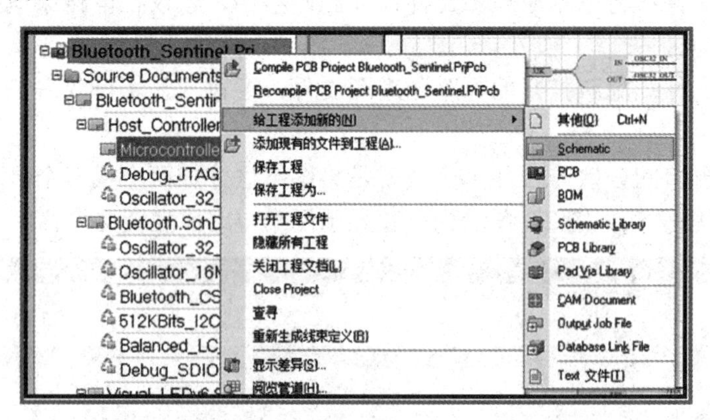

图 2.10 选择“给工程添加新的”|“Schematic”命令

新建电路原理图文件的默认名为“Sheet1.SchDoc”，也可以选择“文件”|“新建”|“原理图”命令新建一个电路原理图文件，快捷键是 Alt+F+N+S。

4. 保存电路原理图文件

用鼠标右键单击需要保存的电路原理图文件，在弹出的快捷菜单中选择“保存”或“保存为”命令。如果没有命名文件，则会打开“保存”或“保存为”对话框，设置保存的路径和文件名等。也可以选择主菜单栏中的“文件”|“保存”命令或单击“原理图标准”工具栏中的保存按钮，保存工程及其中的所有文件，快捷键为 Alt+F+S。

5. 关闭电路原理图文件

用鼠标右键单击需要关闭的电路原理图文件，选择快捷菜单中的“关闭”命令。也可选择“文件”|“退出”命令，快捷键为 Alt+F+C。

2.1.4 视图操作命令

在电路原理图设计界面中设计和编辑电路原理图时要用到“察看”下拉菜单中的视图操作命令，如图 2.11 所示。

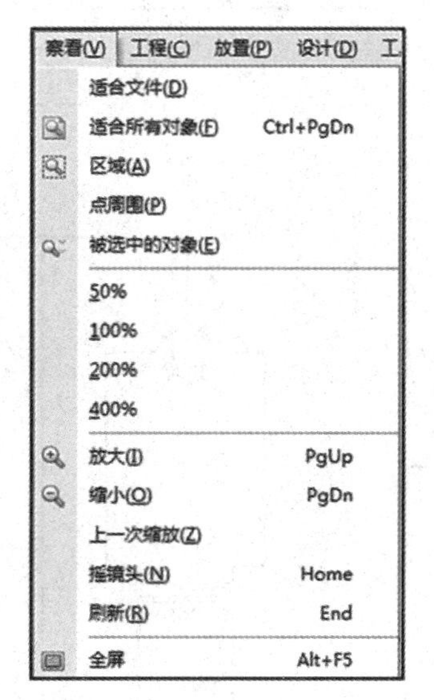

图 2.11　“察看”下拉菜单中的视图操作命令

常用的命令如下。

（1）“适合文件”命令：在工作窗口中显示整个电路原理图文件，包括所有元器件，以及标题栏和边框。

（2）“适合所有对象”命令：观察整张电路原理图中所有的元器件和文本等，但不包括标题栏和边框。

（3）“放大”命令：以光标为中心放大图纸，快捷键是 PgUp。

（4）“缩小”命令：以光标为中心缩小图纸，快捷键是 PgDn。更常用的操作技能是在电路原理图设计时左手键盘与右手鼠标同时操作来实现视图的放大、缩小及上下左右的滚动。

操作视图的快捷键如表 2.1 所示。

表 2.1　操作视图的快捷键

功　能	快捷键盘	鼠标操作
图纸放大/缩小	PgUp/PgDn	Ctrl+滚轮滚动
图纸上下移动		滚轮滚动
图纸左右移动		Shift+滚轮滚动
查看图纸全局	Ctrl+PgDn	

小技巧：使用快捷键是电路设计工程中提高效率的方法，远比使用菜单栏和工具栏来实现相应的功能更快且更方便。熟练的用户都是左右手一起操作，快捷键和鼠标操作轮番上阵，三下五除二就把杂乱的元器件堆变成规则有序的电路原理图。读者在练习中应逐步强化快捷键的操作。

任务 2　设计集成稳压电源电路原理图

要设计的集成稳压电源电路原理图如图 2.12 所示。

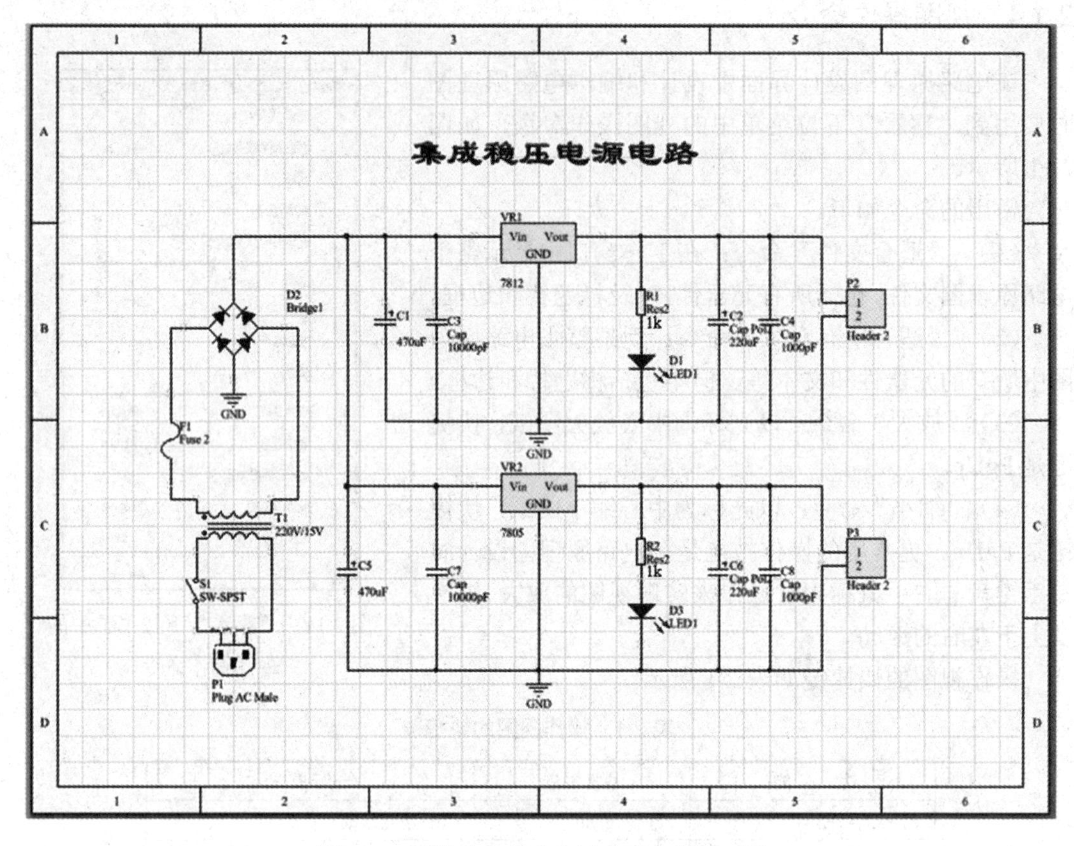

图 2.12　要设计的集成稳压电源电路原理图

2.2.1　设置图纸

为操作方便，用户只需要根据工程项目的大小及复杂程度等因素来设置图纸的参数。

选择“设计”|“文档选项”命令，或用鼠标右键单击电路原理图设计界面，在弹出的快捷菜单中选择“选项”|“文档选项”或“文件参数”命令，打开“文档选项”对话框，如图 2.13 所示。

该对话框中有 4 个选项卡，分别为“方块电路选项”“参数”“单位”和“Template”，在“方块电路选项”选项卡中可设置如下参数。

（1）　图纸大小。

在“标准风格”下拉列表框中选择合适的图纸尺寸，图中所示为 A4 大小的图纸，然后单击“确定”按钮确认。

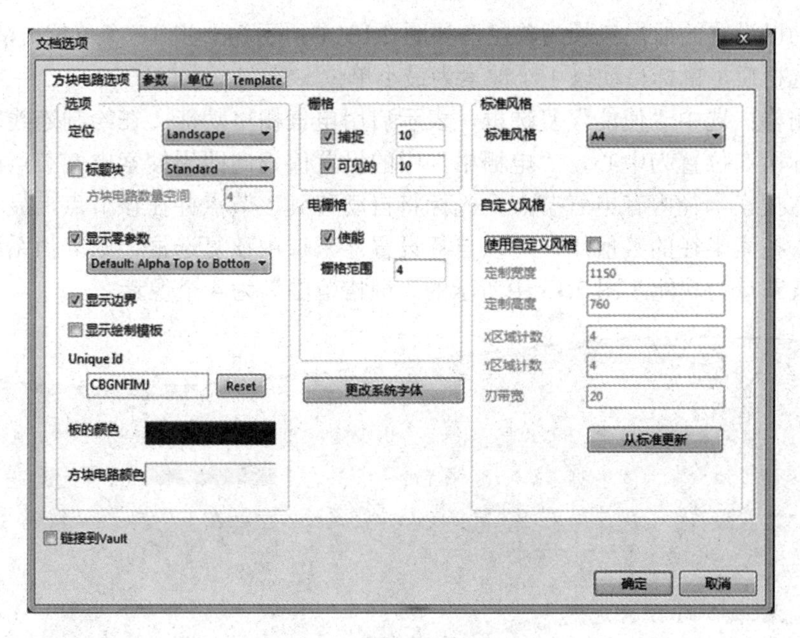

图 2.13　“文档选项”对话框

一般电子电路的图纸不要选择，A4 或 A3 足够。更复杂的电路会采用层次设计的方法来设计电路原理图，图纸也不必太大。也可以自定义图纸大小，为此选择“自定义风格”选项组中的“使用自定义风格”复选框，然后输入图纸的宽度和高度等参数即可。

（2）　图纸的标题栏、方向和颜色。

在“选项”选项组中设置如下选项。

◆ 图纸方向：在“定位”下拉列表框中选择“Landscape”（横向）或“Portrait”（纵向）命令。

◆ 图纸标题栏：图纸的标题栏是设计图纸的附加说明，可以在“标题块”文本框中简单描述图纸，包括名称、尺寸、日期和版本等，也可以作为日后图纸标准化时的信息。选中“标题块”复选框，可选择“Standard”（标准格式）或者“ANSI（美国国家标准格式）命令。

◆ 图纸颜色：选择“方块电路颜色”（即图纸底色）颜色框，打开“选择颜色”对话框，选中某一颜色。Altium Designer 16 默认的图纸颜色是淡的黄白色。

（3）　栅格与捕捉。

在进入电路原理图设计界面后可以看到背景是网格形的，这种网格被称为“栅格”。在电路原理图的绘制过程中栅格为元器件的放置、排列及线路的连接带来了极大的方便，使用户可以轻松地排列元器件和整齐地走线，极大地提高了设计速度和编辑效率，并且使电路原理图更加美观。

◆ 栅格：选中“栅格”选项组中的“可见的”复选框并设置栅格的单位，默认的单位为 10 个像素。若清除该复选框，则不显示栅格。

◆ 捕捉：用来与栅格配合使用，选中“捕捉”复选框，并设置捕捉的步长。鼠标的移动以设置的捕捉步长为单位，如图 2.13 中所示为一步 10 个单位；清除“捕捉”复选框后，鼠标移动以 1 个像素为最小单位。

◆ 电栅格：选中“使能”复选框，表示启用电气栅格功能。在绘制连线时系统会以光标所在位置为中心，“电栅格”中的设置值为向四周搜索电气节点的半径。如果在搜索半径内有电气节点，光标将自动移到该节点并在该节点上显示一个亮圆点。搜索半径的数值用户可以自行设置；未选中该复选框，则取消系统自动查找电气节点的功能。图 2.13 中所示的“栅格范围”为 4 个像素。

小技巧：恰当设置栅格和捕捉会提升电路原理图设计时的便捷性，能方便地捕捉到导线和元器件的管脚等。一般捕捉的步长要小于栅格的步长，栅格范围的步长要小于捕捉的步长。使用中可按快捷键 G，使捕捉的步长在 1 个单位→5 个单位→10 个单位→1 个单位范围内循环跳变。

2.2.2 管理元器件库

Altium Designer 16 包含了常用的各种元器件，元器件的分类为“库”。Altium Designer 16 的元器件库中的元器件数量庞大且分类明确，它采用下面两级分类方法。

（1） 一级分类：以元器件制造厂家的名称分类。

（2） 二级分类：在厂家分类下面以元器件种类（如模拟电路、逻辑电路、微控制器和 A/D 转换芯片等）分类。

用户要在 Altium Designer 16 的元器件库中调用一个所需要的元器件，首先应该知道该元器件的制造厂家及其分类，以便在调用该元器件之前把含有该元器件的元器件库载入系统。初学者一般使用 Miscellaneous Devices.IntLib（常用元器件库）和 Miscellaneous Connectors.IntLib（常用接插件库）中的元器件。如需要新的元器件库，可以到 Altium Designer 官方库下载，网址为 http://techdocs.altium.com/ display/ADOH/Download+Libraries。

1. 打开“库”面板

Altium Designer 16 提供了操作元器件和库文件的“库”面板，如图 2.14 所示。该面板是 Altium Designer 16 中重要的工作面板之一，读者应熟练掌握，并加以灵活运用。

一般常用如下操作打开“库”面板。

（1） 将光标移动到“库”标签处，打开一个“库”面板。

（2） 选择“文件”|“设计”|“浏览库”命令，打开“库”面板。

“库”面板主要由以下几个部分组成。

（1） 当前元器件库：其中显示当前加载的所有元器件库，单击右边的下拉箭头▼按钮可以显示所有元器件库的信息，也可以单击选择所需的元器件库。单击右边的…按钮选择库的类型，有“器件”“封装”和“3D 模型”3 种类型，如图 2.15 所示。

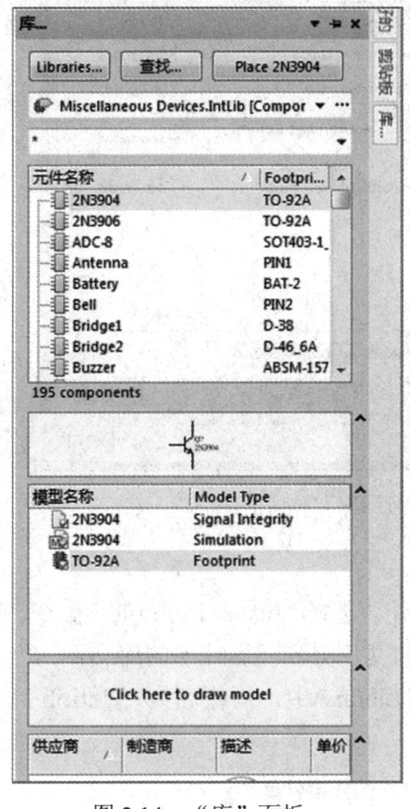

图 2.14　“库”面板

图 2.15　3 种类型的库

一般绘制电路原理图选择“器件”类型。

（2）元器件过滤栏：用于搜索或过滤库中元器件的名称，并在元器件列表中显示通配符“*”，显示所有元器件。如要搜索和显示电阻 RES，可以在过滤栏中输入“R”，则在元器件列表中显示所有以“R”开头命名的元器件。

◆ 元器件列表：显示所有符合搜索和过滤条件的元器件。
◆ 元器件电路原理图符号：显示所选元器件的电路原理图符号。
◆ 元器件模型：显示所选元器件的 3D 模型和 PCB 封装模型等信息。

2. 加载和卸载元器件库

虽然 Altium Designer 16 自带丰富的元器件库和数量庞大的元器件，但是实际应用时还需要根据电路设计的需要加载和删除相应的元器件库，以减少对计算机内存的使用。

可以选择“文件”|“设计”|“添加”或“移除库”命令，也可在“库”面板中单击“Libraries”按钮，打开“可用库”对话框，如图 2.16 所示。

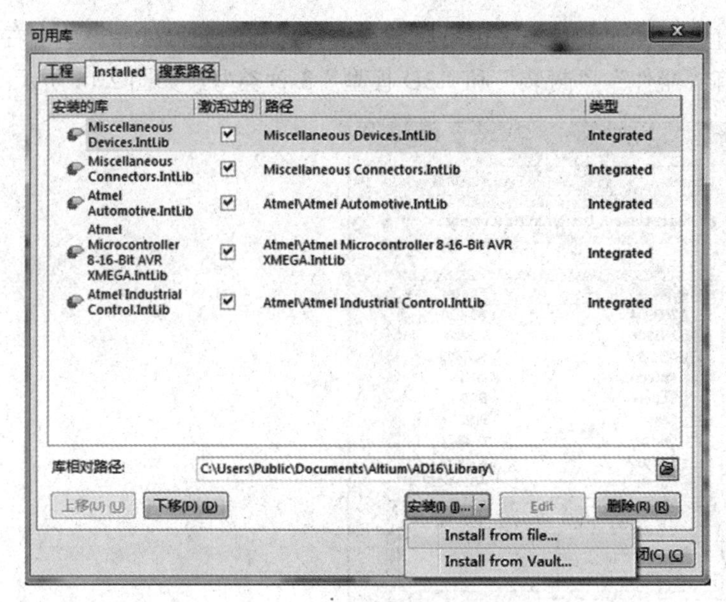

图 2.16　“可用库”对话框

其中显示系统此时加载的元器件库。

为加载相应元器件库，单击“安装”按钮。选择“Install from file”命令，显示“打开”对话框。查找 Altium Designer 16 元器件库的文件夹和元器件库的库文件，默认库文件存放在 C:\Users\Public\Documents\Altium\AD16\Library\中，后缀名为“.IntLib”。常用的元器件库如表 2.2 所示。

表 2.2　常用的元器件库

	元器件库名称	包含的元器件
1	Miscellaneous Devices.IntLib，常用元器件库	常用的电阻、电容、二极管、三极管、发光二极管、场效应管、运放和开关等
2	Miscellaneous Connectors.IntLib，常用接插件库	各种端口、连接器
3	Atmel Microcontroller 8-16-Bit AVR XMEGA.IntLib	Atmel 8～16 位 AVR 单片机
4	RenesasTechnology\Renesas Logic.IntLib	数字门电路和组合电路等

元器件库库文件的后缀名如表 2.3 所示。

表 2.3　元器件库库文件的后缀名

	元器件库库文件的后缀名	包含的元器件
1	*.IntLib	集成元器件库
2	*.SchLib	电路原理图元器件库
3	*.PcbLib	元器件封装库

3. 卸载元器件库

需要卸载相应的元器件库时，只要在“可用库”对话框中选中该元器件库，然后单击

“删除”按钮即可。

4. 查找元器件

选择“工具”|“发现器件”命令，或者单击“库”面板中的“查找”按钮，打开如图 2.17 所示的“搜索库”对话框。

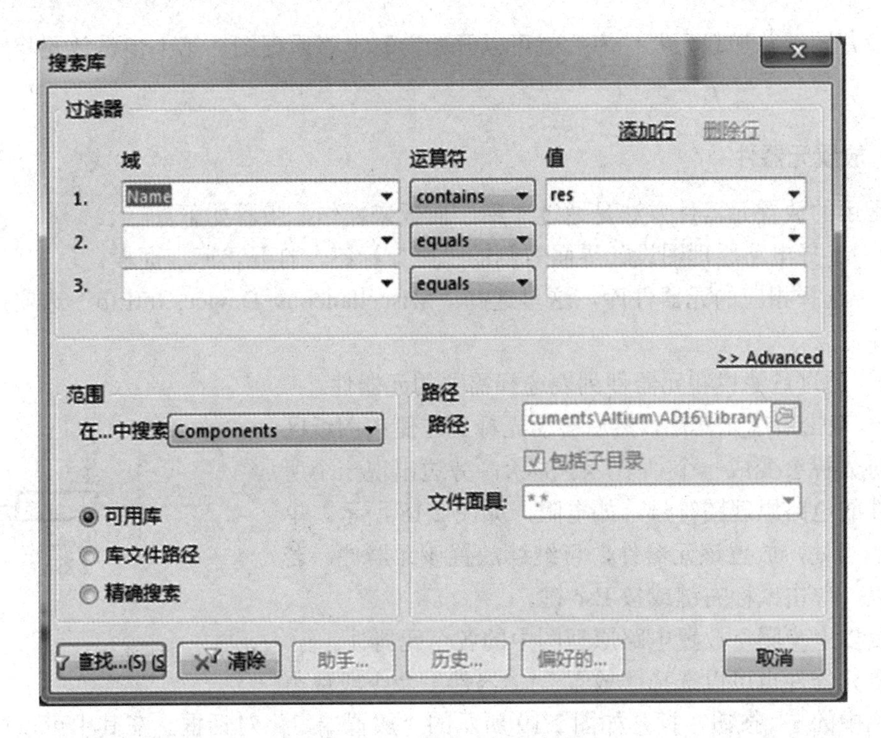

图 2.17　“搜索库”对话框

通过设置查找的条件、范围及路径，可以快速找到所需的元器件，有关选项如下。

（1）“域”下拉列表框：关键词的分类。

（2）“运算符”下拉列表框：关键词与系统中所有元器件库的比对逻辑关系，即完全相等，还是包含关键词等。域与运算符的含义如表 2.4 所示。

表 2.4　域与运算符的含义

	域	含　义		运 算 符	含　义
1	Name	在元器件的名称中搜索	1	equals	完全等于关键词，如 res
2	Dscription	在元器件的描述中搜索	2	contains	包含关键词，如*res*
3	Footprint	在元器件的封装名中搜索	3	start with	从关键词开始，如 res*
4			4	end with	以关键词结束，如*res

（3）“值”下拉列表框：要搜寻的元器件的关键词，如果知道某个元器件名字为“555”，那么其值为“555”。

（4）“范围”选项组：包括“Components”（元器件）、“Footprints”（封装）和

“3D Models”等选项。

（5）“路径”选项组：即搜索的路径，一般指向系统存放元器件库的\Altium\AD16\Library 文件夹。

2.2.3 放置与调整元器件

当设置图纸并加载元器件库后就可以开始绘制电路原理图，第 1 步是放置相应的元器件。

1. 放置元器件

最常用的放置元器件方法是通过“库”面板来操作，步骤如下。

（1）选择电路原理图设计界面右侧的“库”标签，打开“库”面板。

（2）选择相应的元器件库，这里选择“Miscellaneous Devices.IntLib”选项，即常用元器件库。

（3）通过过滤栏和元器件列表选择需要的元器件。

（4）双击所选元器件，然后移动光标到左侧的图纸区域。这时光标会变成一个“十”字形状，旁边出现一个所选元器件的电路原理图符号，如电阻，如图 2.18 所示。单击图纸适当处，放置该元器件，可继续放置该元器件。若放置结束，单击鼠标右键或按 Esc 键。

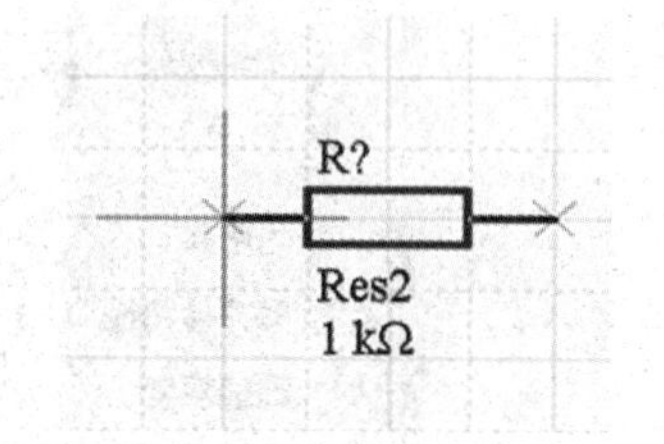

图 2.18　所选元器件的原理图符号

重复以上步骤，放置电路原理图中的各个元器件。

放置元器件也可以选择“放置”|“器件”命令或单击主工具栏中的 按钮，打开如图 2.19 所示的“放置端口”对话框。在其中可以选择已经放置的元器件，或单击“选择”按钮在打开的“浏览库”对话框中选择元器件库中的所需元器件，如图 2.20 所示。

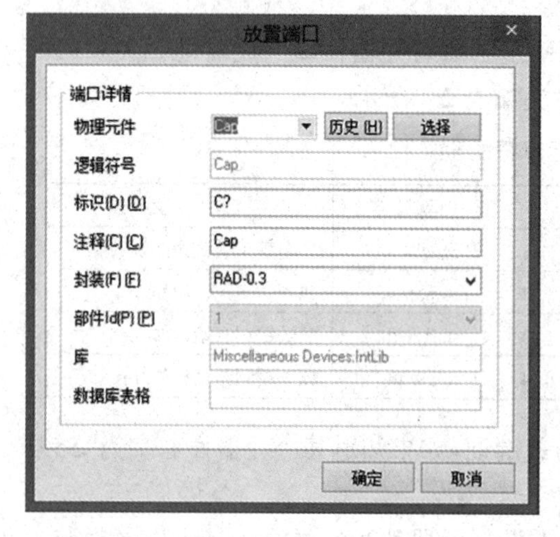

图 2.19　“放置端口”对话框

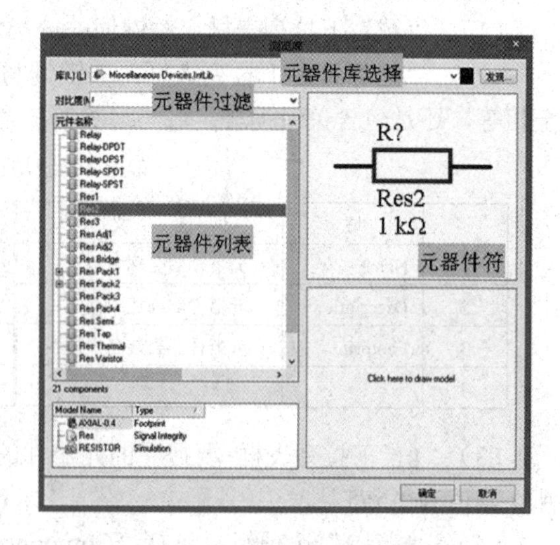

图 2.20　选择元器件库中的所需元器件

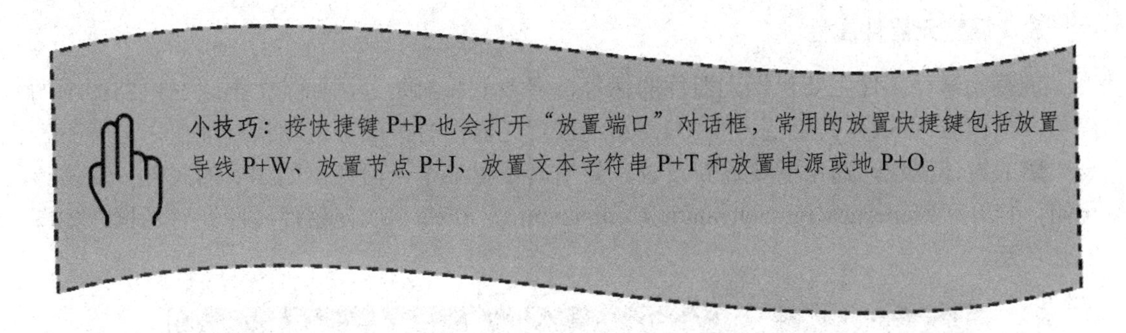

小技巧：按快捷键 P+P 也会打开“放置端口”对话框，常用的放置快捷键包括放置导线 P+W、放置节点 P+J、放置文本字符串 P+T 和放置电源或地 P+O。

2.　调整元器件位置

放置元器件后要适当调整其位置，以符合电路布局要求，也使电路原理图美观且整洁。

（1）选择元器件：单击选中某个元器件，该元器件周围出现绿色的方框表示被选中，如图 2.21 所示。

（2）移动元器件：元器件选中后光标放在绿色框内时就会变成✥符号，这时拖动该元器件到合适处即可。

（3）旋转或镜像元器件：在移动元器件的状态时若同时按下 Space 键，元器件将以 90°角逆时针旋转；若同时按下 X 键，元器件将做水平镜像；若同时按下 Y 键，元器件将做垂直镜像，如图 2.22 所示。

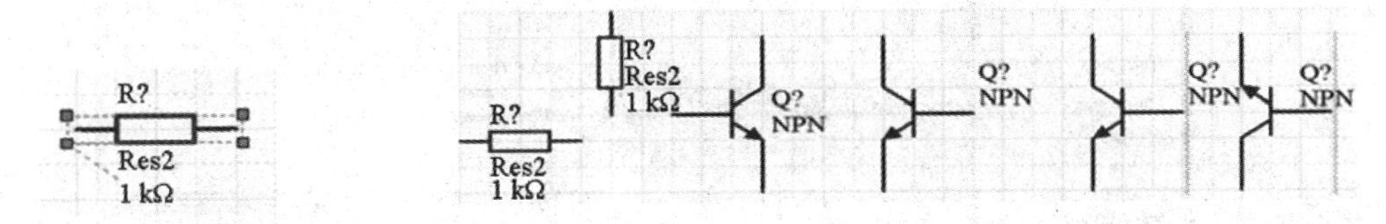

图 2.21　元器件选中状态　　　　图 2.22　元器件的旋转、水平镜像和垂直镜像

将所有的元器件的位置和方向按图 2.12 所示电路的要求基本调整到位后，元器件摆放整齐且布局合理，如图 2.23 所示。

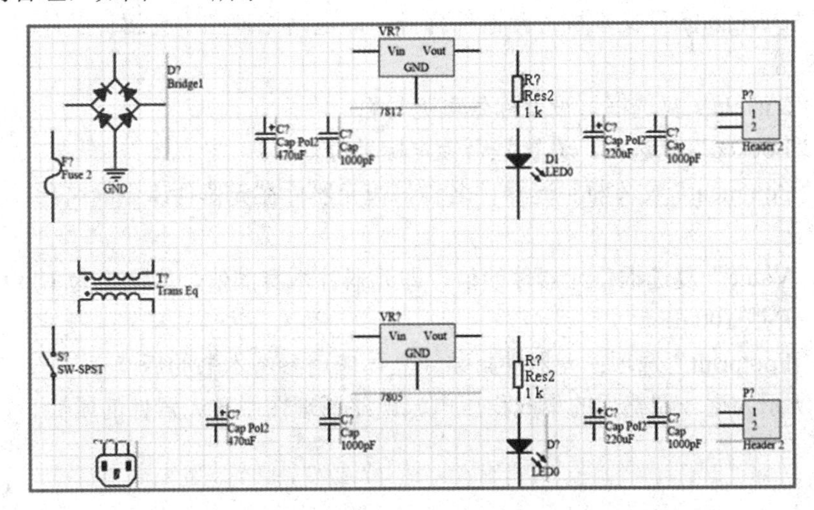

图 2.23　调整到位后的各元器件

3. 调整元器件属性

调整元器件属性主要包括元器件的标号、参数值和封装等，如某个电阻在电路图中的序号。如标号为 R2，其阻值为 1 kΩ。系统放置元器件时一般会有默认属性值，但并不符合电路的设计需求，通常需要重新设置。要重新设置某个元器件，如 R2 的属性，双击该电阻，打开“Properties for Schematic Component in Sheet”（元器件属性）对话框，如图 2.24 所示。

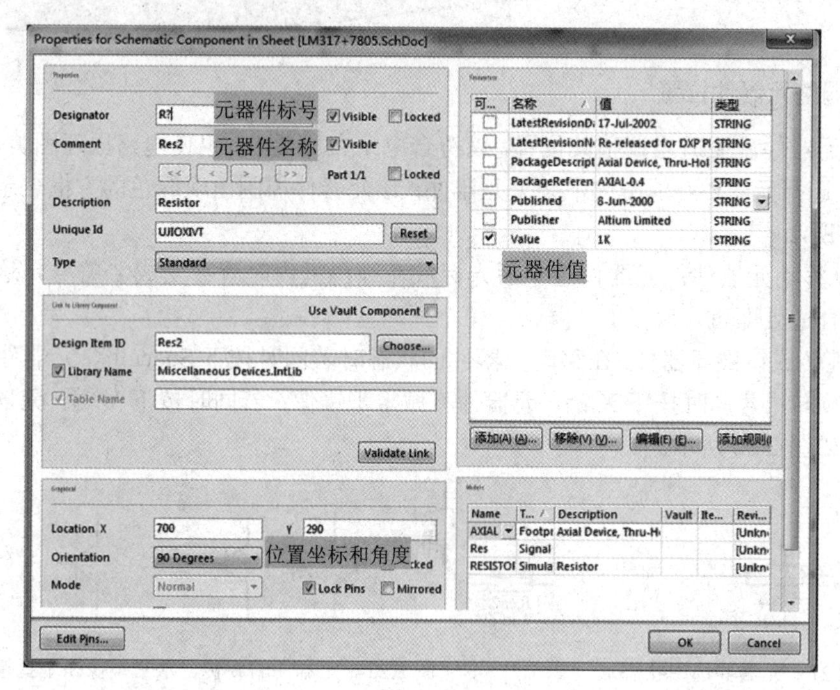

图 2.24 “Properties for Schematic Component in Sheet”对话框

其中的主要选项如下。

（1）“Designator”文本框：元器件标号，即电路原理图中元器件的序号，如电阻就是 R1 或 R2 等。

（2）“Visible”复选框：设置标号可见与否。

（3）“Locked”复选框：设置是否锁定标号位置。

（4）“Comment”文本框：元器件名称，即元器件在元器件库中的名称，一般可以不改或不显示。

（5）“Value”复选框：元器件的值，即元器件本身的值，如电阻为 1 kΩ或 10 kΩ，电容为 100 pF 或 100 μF。

（6）“Footprint”选项：元器件封装，具体应用参考本书的后续章节。

表 2.5 所示为逐一调整后的集成稳压电源电路原理图中各元器件的属性。

表 2.5　逐一调整后的集成稳压电源电路原理图中各元器件的属性

序　　号	元器件（Comment）	标号（Designator）	参数值（Value）	备　　注
1	Cap Pol2	C1 和 C5	470 μF	电解电容
2	Cap Pol2	C2 和 C6	220 μF	电解电容
3	Cap	C3、C4、C7、C8	1 000 pF	瓷片电容
4	LED0	D1 和 D3		发光二极管
5	Bridge1	D2		桥堆
6	Fuse 2	F1		保险丝
7	Plug AC Male	P1		交流插头
8	SW-SPST	S1	单刀单掷	开关
9	Trans Eq	T1		变压器
10	Res2	R1 和 R2	1 kΩ	电阻
11	Header 2	P2 和 P3		接插端口
12	Volt Reg	V1 和 V2	7812 和 7805	集成稳压块

元器件标号和值等属性的文本也可以直接用拖动或旋转方法放置到合适位置。

2.2.4　放置导线

元器件之间的逻辑关系是通过导线（Wire）连接来实现的，导线也是电路原理图中最重要和最多的要素，放置导线的方法主要有以下 4 种。

（1）　选择“放置”|“导线”命令。

（2）　单击“布线”工具栏中的放置线按钮。

（3）　按快捷键 P+W。

（4）　在电路原理图设计界面中单击鼠标右键，在弹出的快捷菜单中选择“放置”|“导线”命令。

光标状态变成十字形，此时移动光标到放置导线的某个元器件的管脚。显示一个红色米字标志，表示找到了元器件的一个电气节点。可从该点绘制导线，如图 2.25 所示。单击确定此导线的起点，移动光标与起点间会拉出一条细线，即导线的“雏形”。再移动光标到导线的终点，即另一个元器件的某个管脚。系统又会捕捉到一个电气节点。显示一个红色米字标记，如图 2.26 所示。再次单击确定导线的终点，这根导线绘制完毕，如图 2.27 所示。

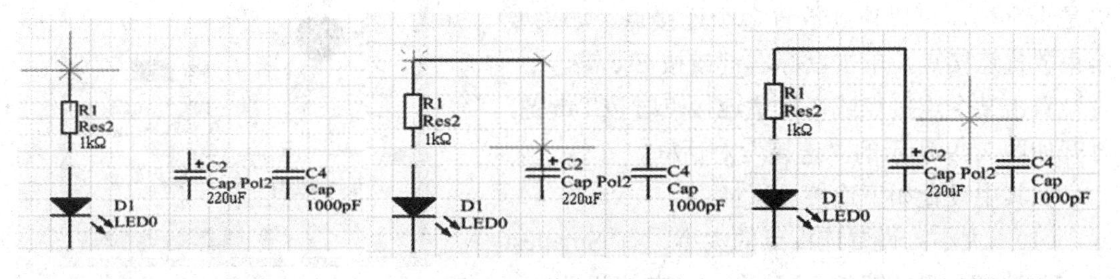

图 2.25　导线起点　　图 2.26　确定导线的终点　　图 2.27　绘制的导线

当一根导线绘制后系统仍在放置导线状态，可以继续绘制下一条导线。如果要结束绘制导线，单击鼠标右键或按 Esc 键。

在绘制导线状态下按 Tab 键或双击绘制的导线，打开“线”对话框，如图 2.28 所示。

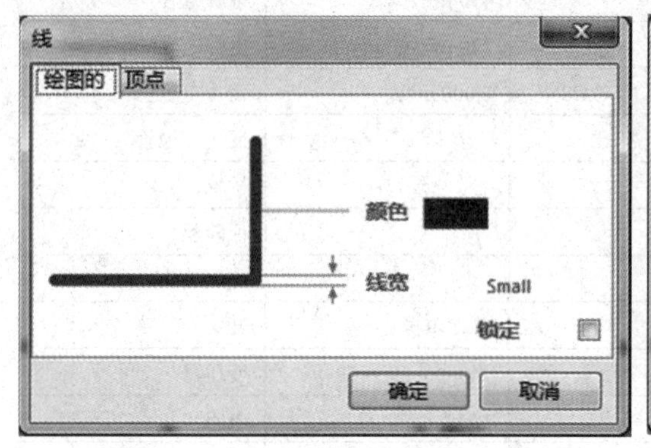

（a）“绘图的”选项卡

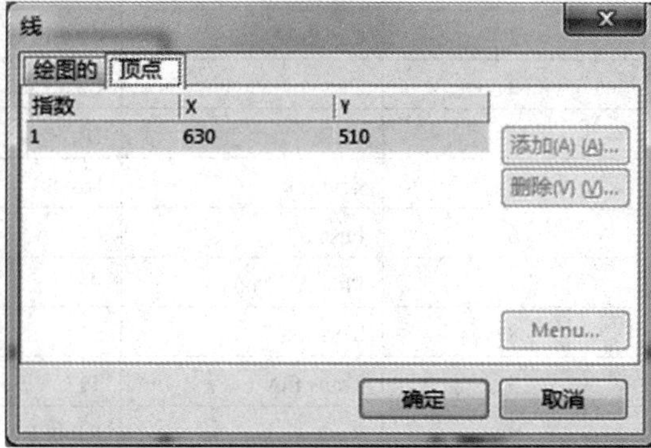

（b）“顶点”选项卡

图 2.28 “线”对话框

在“绘图的”选项卡中设置导线的如下属性。

（1） 线宽：设置直线的宽度，有 Smallest（最细）、Small（细）、Medium（中）和 Large（大）可选。

（2） 种类：设置线的种类为 Sliod（实线）、Dashed（虚线）、Dotted（点线）或 Dashed Dotted（点画线）。

（3） 颜色：设置直线的颜色，单击颜色框，打开“选择颜色”对话框后设置。

在“顶点”选项卡中设置直线的精确坐标点。

设置后单击“确定”按钮。

一般在电路图中要重点标出的导线可以加粗或用其他颜色加以区别。

2.2.5 放置连接点

导线与导线的交点即连接点，一般在绘制导线时自动产生连接点。也可以根据需要放置连接点，为此选择“放置”|“手工接点”命令。光标变成十字形并跟随一个节点的小圆点，移动光标将连接点放置到电路中的导线上。此时光标仍是十字形，可以连续放置多个连接点。如果要结束放置连接点，单击鼠标右键或按 Esc 键。

双击某个连接点或在放置连接点时按 Tab 键，打开如图 2.29 所示的“连接”对话框。

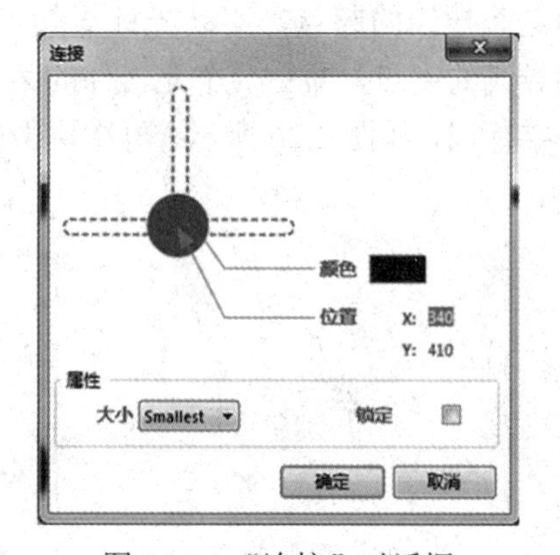

图 2.29 “连接”对话框

在其中设置如下连接点属性。

（1） 大小：设置连接点的大小，有 Smallest（最细）、Small（细）、Medium（中）和 Large（大）可选。

（2） 位置：通过输入 *X* 轴和 *Y* 轴的坐标来精确定位节点的位置。

（3） 颜色：设置直线的颜色，单击颜色框，在打开的“选择颜色”对话框中选择。一般是默认的棕色，与自动产生的导线交叉点的深蓝色有所差异。

2.2.6　放置电源和地

电路中的电源和地是必不可少的要素，在电路设计中通常将二者统称为“电源端口”。选择“放置”|“电源端口”命令，或单击“布线”工具栏中的电源端口 Vcc 或 GND 端口按钮，光标变成十字形并拖出一个电源端口符号。移动光标将其放置到电路中的合适位置。放置后光标仍是十字形，可以连续放置多个电源端口。如果要结束放置，单击鼠标右键或按 Esc 键。

双击某个电源端口或在放置电源端口时按 Tab 键，打开如图 2.30 所示的“电源端口”对话框。

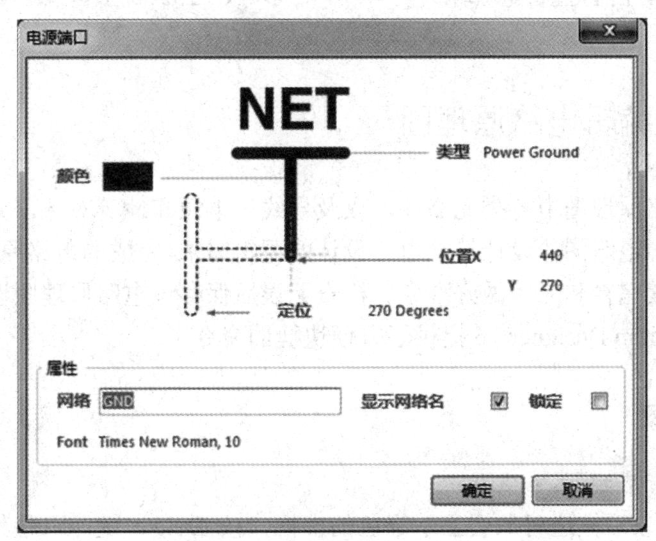

图 2.30　“电源端口”对话框

在其中设置的属性如下。

（1） 网络：可以设置该电源端口的网络名，相同网络名的对象在电气上是相互连接的。一般将地的网络名设置为“GND”，电源的网络名设置为“Vcc”。

（2） 显示网络名：选择后会在电路原理图中显示该网络名的名称。

（3） 颜色：设置电源端口的颜色，单击颜色框在打开的“选择颜色”对话框中选择，一般为默认的棕色。

（4） 类型：根据端口符号的形式不同可分为几种类型，包括 Wave（波浪形）、Power Ground（电源）、Signal Ground（信号地）和 Earth（接地）等。不同类型的电源端口如图 2.31 所示，要注意的是电源端口或地的图形符号相互之间的电气关系是通过网络名来实现的。

单击主工具栏中的电源端口按钮显示的放置电源端口按钮如图 2.32 所示，可以根据电路设计的需要快速放置不同类型的电源或地。

图 2.31　不同类型的电源端口

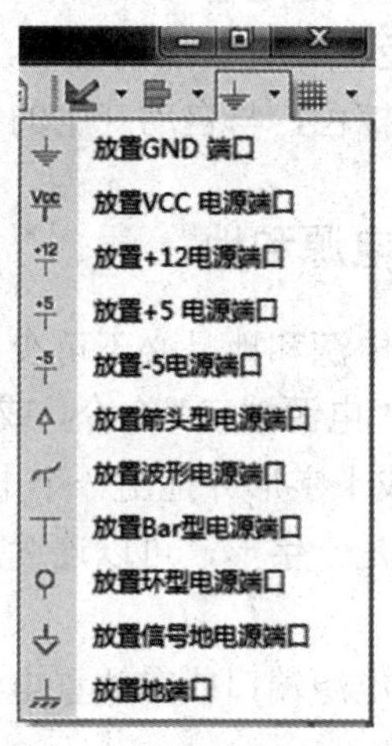

图 2.32　放置电源端口的按钮

任务 3　快速编辑电路原理图

通过放置电路原理图中各类元器件，以及导线、电源和地等对象，并设置各对象的属性使集成稳压电源电路图的设计符合电路设计的逻辑需求。完成的电路原理图完整且美观，为电路设计的后续完善和应用做好准备。检查无误后保存该电路原理图设计，在编辑整理电路原理图时 Altium Designer 16 提供了方便快捷的命令。

2.3.1　删除对象

删除对象的方法如下。

（1）选择对象后被选对象会显示绿色的虚框，按 Delete 键即可将其删除。如果要删除大块区域的电路，可以用鼠标框选这一区域的元器件或导线等对象，然后按 Delete 键将其删除。

（2）当需要删除多个对象，但是这些对象又不在一个区域时，可以按住 Shift 键依次选择多个对象后按 Delete 键将被选对象删除。

（3）为删除批量对象，选择“编辑”|“删除”命令或按快捷键 E+D，光标变成十字形，依次选择需要删除的对象。删除结束，单击鼠标右键或按 Esc 键。

2.3.2　撤销操作

当删除或其他操作完成后，如果需要还原以前的某种状态，可选择“编辑”|“Undo”命令，或单击主工具栏中的撤销按钮。为设置撤销次数，选择主菜单中的“DXP”|“参数选择”命令，打开“参数选择”对话框，如图 2.33 所示。

在其中设置撤销的次数，然后单击“确定”按钮。

图 2.33　“参数选择”对话框

2.3.3　打破导线

在设计电路原理图时为了方便和快速，一般是将导线绘制为长导线，有起点和终点。在编辑电路原理图需要修改导线时往往是将这根导线整体删除、移动或执行其他操作，为修改带来不便。如只要修改导线的一小部分，而保留大部分属性及位置等要素，可以将该导线“打破”。即分割成多段导线，方法如下。

（1）用鼠标右键单击需要修改的导线，在弹出的快捷菜单中选择“打破线”命令，如图 2.34 所示。

（2）光标形状变成平行短双线，其长度就是要分割去除导线的部分。将其移至被选导线需要分割之处，单击完成该导线的分割，如图 2.35 所示。

图 2.34　“打破线”命令

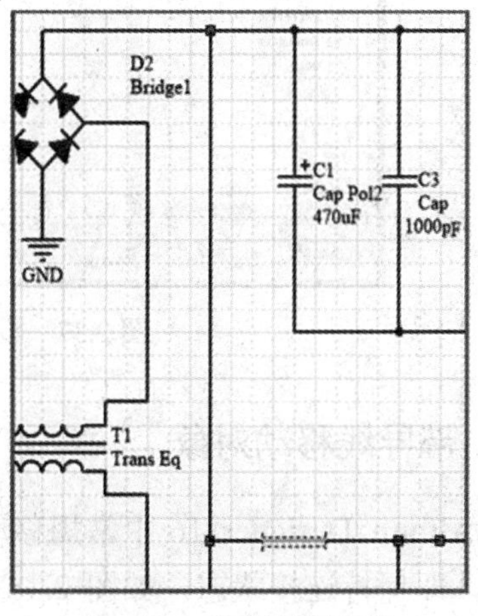

图 2.35　分割某根导线

（3） 此时光标仍是平行短双线的形状，可继续打破导线的其他部分。单击鼠标右键或按 Esc 键结束，打破分割后的导线如图 2.36 所示。

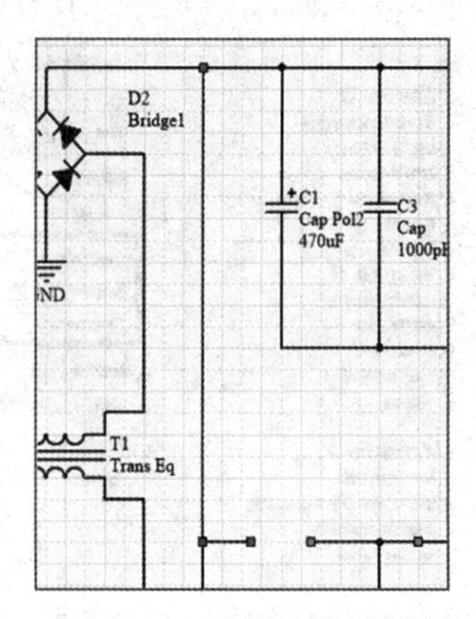

图 2.36　打破分割后的导线

打破分割线的分割长度等参数与选择“DXP” | “参数选择”命令后的设置有关，如图 2.37 所示。

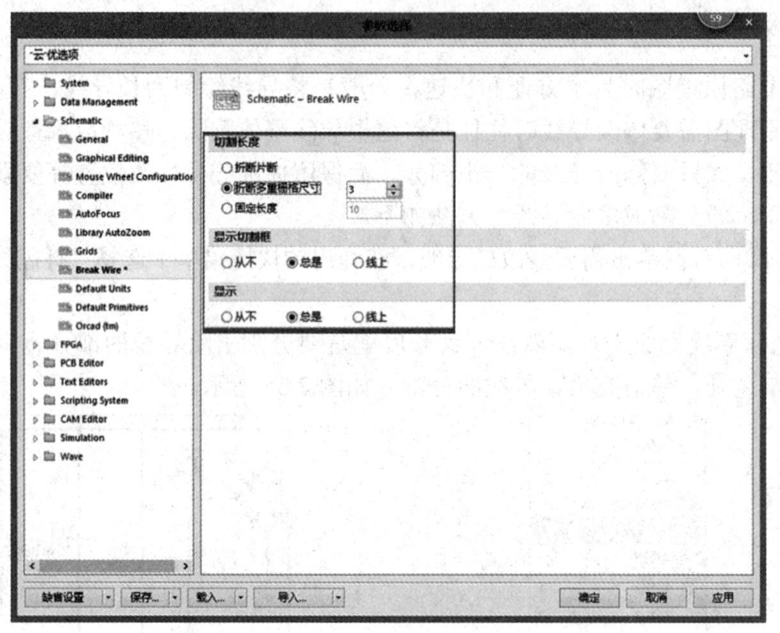

图 2.37　设置打破分割线的长度等参数

2.3.4　带导线移动对象

在 Altium Designer 16 中常规移动和拖动对象时已经绘制的导线不会跟随对象的拖动而移动，即保持连接状态，如图 2.38 和图 2.39 所示。这样在初始的绘制电路原理图比较方便，但小范围修改已经绘制好的电路原理图很不方便。这时可以应用 Altium Designer 16

的带导线移动对象的功能，方法如下。

（1） 按住 Ctrl 键选择需要移动的导线，然后将其拖动到合适的位置，对应的连接导线也会跟随对象移动而移动。为了不使电路原理图导线显得杂乱，一般要尽量只在垂直或水平方向移动导线。

（2） 如要带导线移动多个元器件可以按快捷键 M+D，在光标变成十字形后选中要移动的对象并将其移动到合适的位置，如图 2.40 所示。

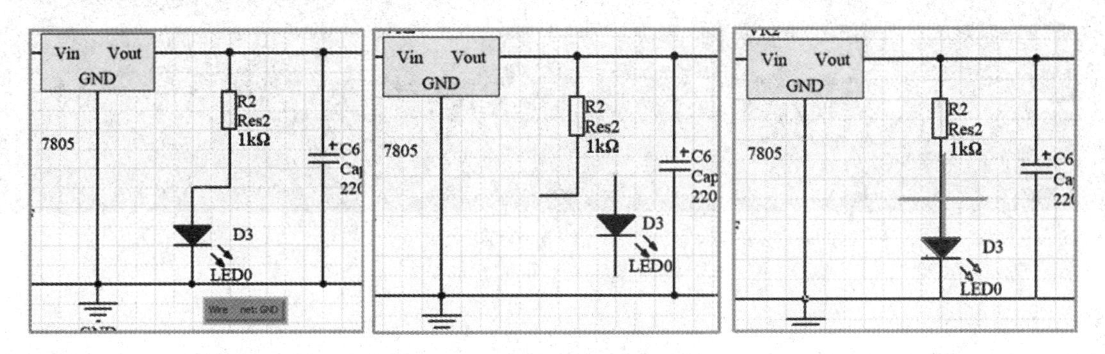

图 2.38　需要修改的电路　　图 2.39　直接移动造成导线断开　　图 2.40　带导线移动

（3） 此时光标仍是十字形，系统仍在带导线移动的命令状态，可继续选择并移动对象。单击鼠标右键或按 Esc 键结束移动。

技能与练习

（1） 在硬盘中新建一个文件夹 Lianxi1 和一个工程项目 Lianxi.PrjPcb，并在此项目中新建一个原理图文件 My_Sheet1.SchDoc。

（2） 将 My_Sheet1.SchDoc 的图纸设置为 800 像素×600 像素。

（3） 打开素材文件\各章节实例与练习\1 文件夹中的电路原理图文件 20 W 功率放大器.SchDoc，并将此电路原理图添加到工程项目 Lianxi.PrjPcb 中。

（4） 练习视图操作的各种命令及快捷操作。

（5） 在 My_Sheet1.SchDoc 中绘制一张电路原理图，如图 2.41 所示。

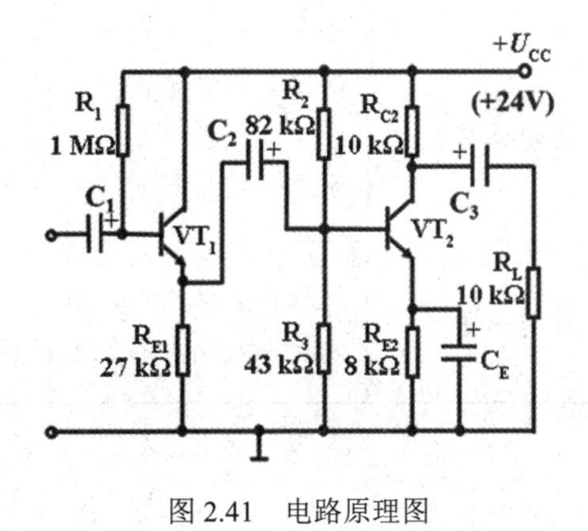

图 2.41　电路原理图

项目3 设计复杂电路原理图

本项目讲解如何设计复杂电路原理图，这是 Altium Designer 16 原理图设计的精髓部分，如电路原理图库文件的创建和编辑、层次电路的设计，以及放置网络名等；同时使用更加快捷的方法在电路原理图中编辑元器件属性和摆放元器件，使电路原理图设计更加方便与快捷，从而使读者进一步提升电路原理图设计能力。

<table>
<tr><td rowspan="4">知识技能导航</td><td>知识了解</td><td>设计电路原理图库文件的基本步骤</td></tr>
<tr><td>知识熟知</td><td>创建电路原理图库文件
设计层次电路原理图</td></tr>
<tr><td>技能掌握</td><td>创建电路原理图库文件
放置总线及网络名
元器件的自动对齐和自动标号</td></tr>
<tr><td>技能高手</td><td>元器件自动对齐的快捷操作
元器件复制和粘贴的快捷操作</td></tr>
</table>

实际的电路原理图比较复杂，需要采用更加方便的功能和方法来发挥 Altium Designer 16 的作用。

在本项目中将介绍电路原理图的一些高级编辑操作，以进一步提高读者编辑原理图的水平。对于结构复杂的电路系统，还将介绍采用层次化电路的设计方法。

任务 1　设计 2.1 声道功率放大器的电路原理图

2.1 声道功率放大器的电路原理图如图 3.1 所示。

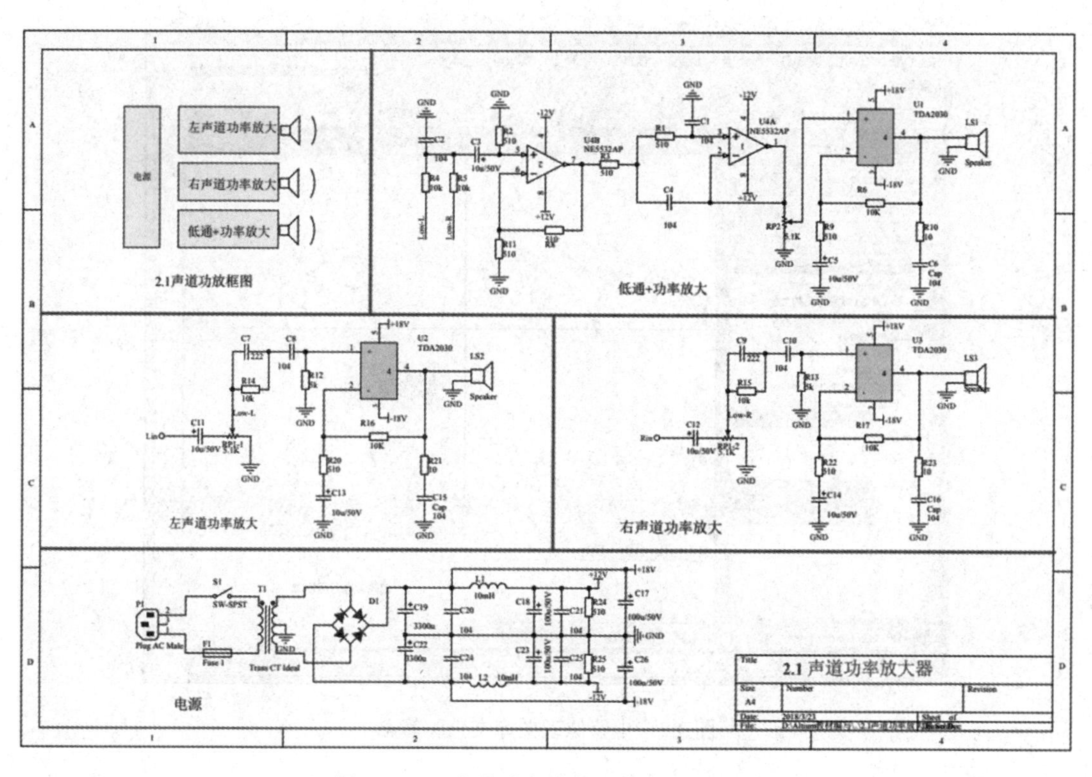

图 3.1　2.1 声道功率放大器的电路原理图

该电路相对比较复杂，元器件较多，其中还有自制的元器件 TDA2030；另外，该电路中的部分电路结构完全一样，如左声道功率放大电路与右声道功率放大电路。图中的元器件 NE5532 在 Texas Instruments\TI Operational Amplifier.IntLib 库中。

3.1.1　创建电路原理图库文件

电路原理图主要由元器件和连接它们的导线组成，Altium Designer 16 提供了相当完备的内置集成库文件。其中所存放的库元器件数量非常多，几乎涵盖了世界上所有芯片制造厂商的产品。有时可能无法直接找到某些比较特殊且非标准化或者新开发的元器件，某些现有元器件的电路原理图符号外形及其他模型形式也有可能并不符合实际电路的设计要求，在这些情况下，要求用户能够创建或者编辑元器件库，并绘制合适的电路原理图符号或者其他模型形式。

Altium Designer 16 提供了多功能的库文件编辑器，使用户能够随心所欲地创建符合自己要求的元器件库和新元器件，并将元器件库加载到工程中使得工程完整且移植方便。

1. 电路原理图库文件编辑器

选择“文件”|“新建”|“库文件”|“原理图”命令，创建一个默认名为“SchLib1. SchLib”的电路原理图库文件；同时打开电路原理图库文件编辑器，如图 3.2 所示。

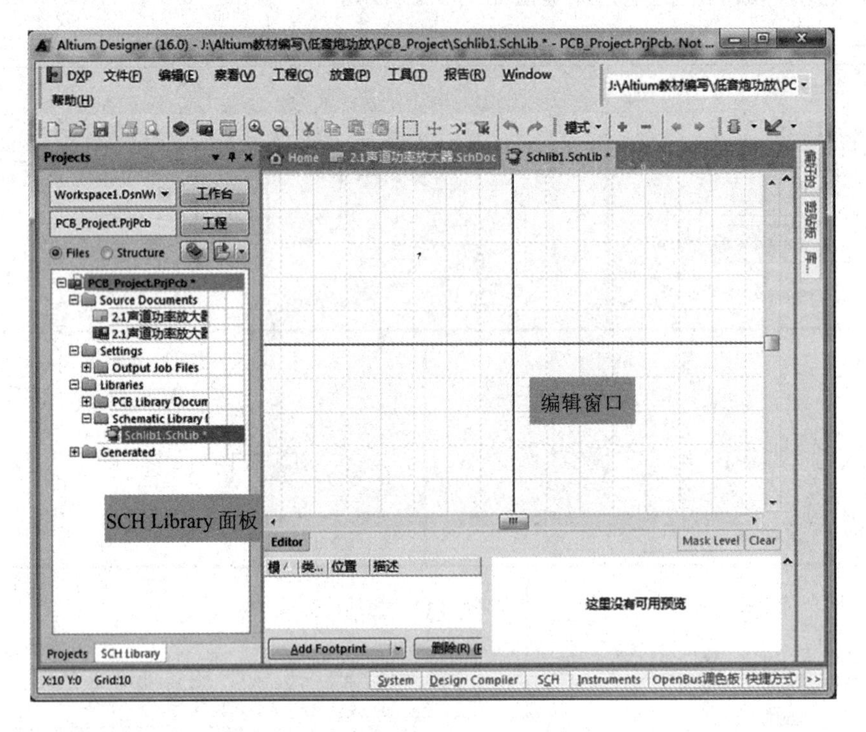

图 3.2　电路原理图库文件编辑器

该编辑器的界面主要由如下几个部分组成。

（1）　编辑窗口：其中被十字坐标轴划分为 4 个象限，坐标轴的交点即为该窗口的原点。一般在绘制元器件时其原点就放置在编辑窗口的原点处，而具体元器件的绘制和编辑则在第 4 象限内进行。

（2）　“SCH Library”面板：包括元器件列表栏、别名栏和引脚等，可以一目了然地了解当前编辑的元器件的信息，如图 3.3 所示。

电路原理图库文件编辑器提供了两个实用、特有且重要的工具，即绘制工具栏和 IEEE 符号工具栏。它们分别用于绘制电路原理图符号，以及通过模型管理器为元器件添加相关的模型。

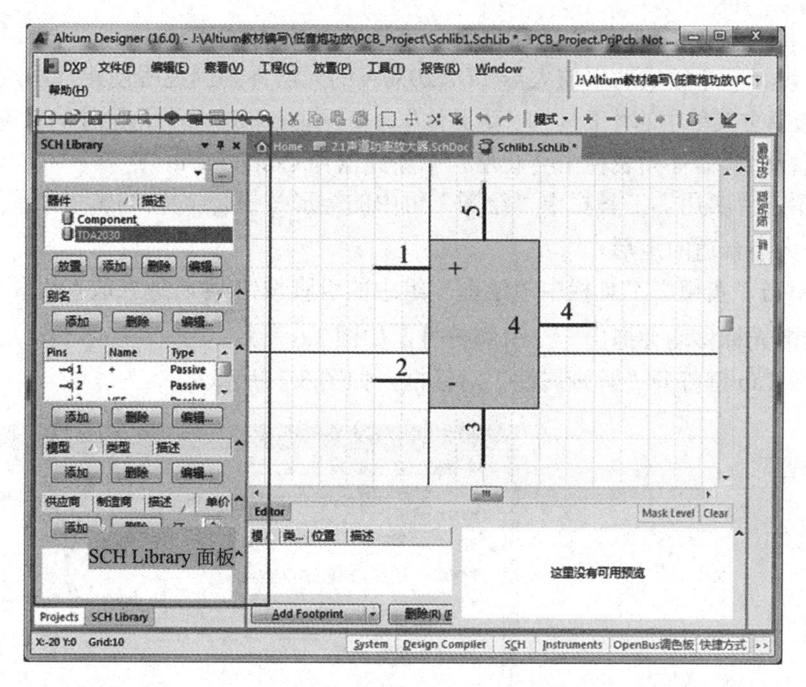

图 3.3 “SCH Library”面板

（1） 绘制工具栏：提供绘制元器件标识符及引脚的必要功能按钮，如直线、弧线、文本、多边形和引脚等，如图 3.4 所示。

（2） IEEE 符号工具栏：提供 IEEE 采用的电气符号，如图 3.5 所示。

图 3.4 绘制工具栏

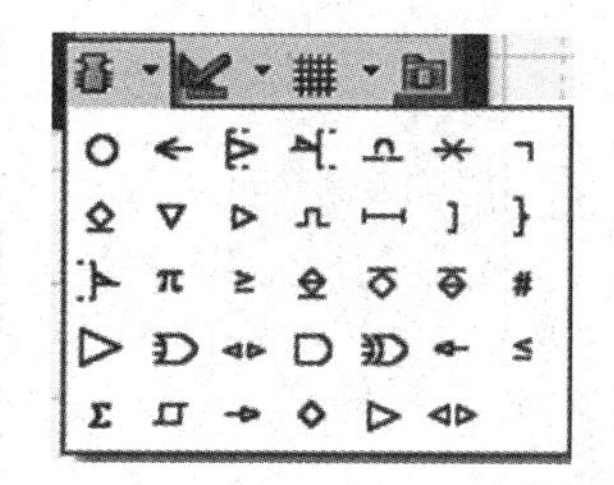

图 3.5 IEEE 符号工具栏

可选择“放置”|“IEEE 符号”命令逐一放置符号，这里不一一详述。

2. 绘制元器件标识符与引脚

电路原理图中的元器件由用于标识元器件功能的标识符和元器件引脚两大部分组成，标识符是一个符号集，仅仅起标识元器件功能的作用，一般简单、直观且正确即可；元器件引脚是元器件的核心部分，每一个都要和实际元器件的管脚对应，所以元器件引脚是有电气功能的。引脚序号用来区分各个引脚，引脚名称用来提示引脚功能。引脚序号是必须有的，而且不同引脚的序号不能相同；引脚名称根据需要设置，应能反映该引脚的功能。每一个元器件引脚都包含序号和名称等信息，它在元器件图中的位置并不重要，可以不按照顺序放置。

我们以设计一个集成功率放大器 TDA2030A 的元器件为例说明创建过程。

（1） 选择主菜单中的“工具”|“新器件”命令，进入新建一个元器件的状态，在“SCH Library”面板的元器件列表栏中会新增一个新元器件 Component。

（2） 单击“实用”工具栏中“绘图”组中的矩形按钮，在编辑窗口的十字坐标附近绘制一个大小合适的矩形。

（3） 单击“实用”工具栏中“绘图”组中的引脚按钮，进入放置引脚命令状态。在编辑区域随光标移动会拖出一个引脚符号，如图 3.6 所示。

（4） 按 Tab 键打开“管脚属性”对话框，如图 3.7 所示。

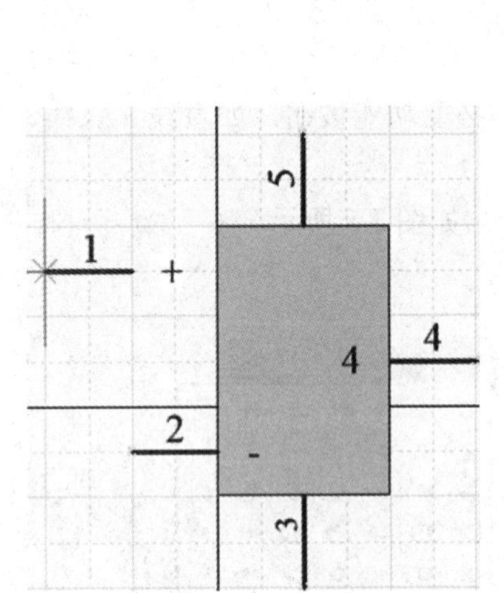

图 3.6　引脚符号

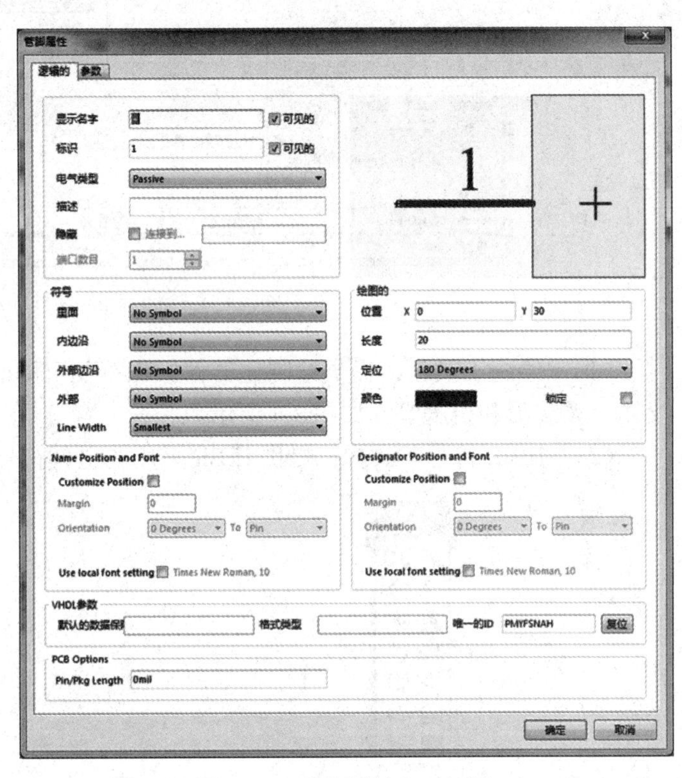

图 3.7　“管脚属性”对话框

其中的主要选项如下。

◆ “显示名字”文本框：在其中输入 TDA2030A 的同相输入端，即“+”作为引脚名。如需要注明低电平有效的符号，如 $\overline{\text{INT0}}$，则在该文本框中输入 I\N\T\0\。根据需要，名字可以可见或隐藏，为此选择或清除“可见的”复选框即可。

◆ “标识”文本框：引脚的序号，必不可少。一般从数字序号 0 或 1 开始，系统放置引脚时序号会自动递增。

◆ “符号”选项组：设置引脚上或引脚内部的符号以符合电气的识图规范，如设置一些上升沿、下降沿和时钟符号等，这里不加详述。

◆ “长度”文本框：引脚的长度默认是 30 个单位，可根据需要设置。

（5） 单击“SCH Library”面板中的编辑按钮或选择“工具”|“器件属性”命令，打开“Properties”对话框，在其中设置元器件的如下属性。

◆ Default Designator：默认标识符，即在绘制电路原理图时使用该元器件显示的默认标识符。这里 TDA2030A 是集成电路，将 Default Designator 设置为“U?”，则放置时就会在电路原理图中显示“U?”。根据需要该标识符可以可见或隐藏，为此选择或清除“可见的”复选框即可。

◆ Default Comment：元器件说明。这一项不是必须的，该属性也可以选择可见或隐藏。

◆ Description：元器件性能描述，可以为空。

如需要改变元器件在电路原理图库文件中的名称，选择“工具”|“重新命名器件”命令，打开“Rename Component”对话框。在其中输入新的元器件名称“TDA2030A”，如图 3.8 所示。

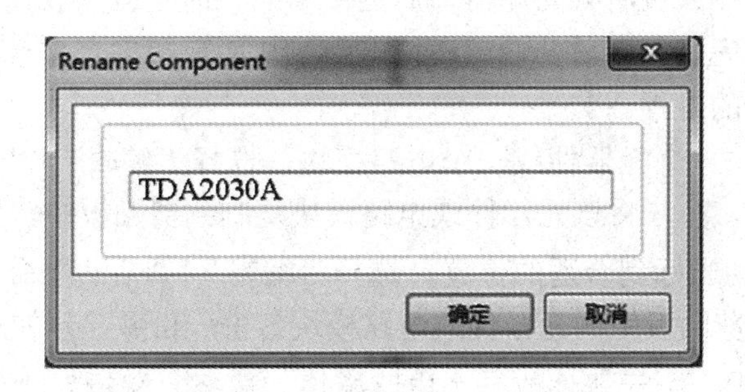

图 3.8　输入新的元器件名称“TDA2030A”

（6） 单击“确定”按钮，新的电路原理图库文件 SchLib1.SchLib 中新增了一个新的元器件 TDA2030A，单击保存按钮保存。在设计电路原理图时需要使用该元器件时只要加载包含它的电路原理图库文件即可。

3.1.2　放置分部件

如果在电路原理图库文件中新增的元器件有多个分部件，则选择“工具”|“新部件”命令，逐一绘制各个分部件，在“SCH Library”面板的“器件”下拉列表框中显示该元器件的分部件，如图 3.9 所示，HD74AC00 有 Part A、Part B、Part C、Part D 共 4 个分部件。

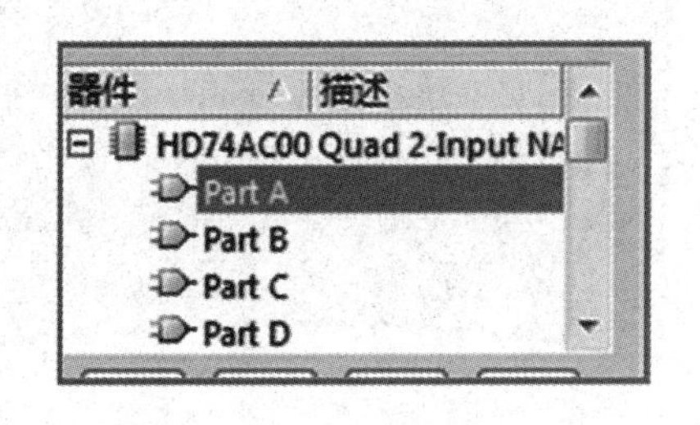

图 3.9　元器件的分部件列表

在 2.1 声道功率放大器的电路原理图设计中用到了运算放大器 NE5532，该元器件是双运放，即一个集成电路中有两个完全一样的运放。放置多个分部件的元器件时系统自动显示元器件的标号+分部件号，如 U1A 和 U1B 等，如图 3.10 所示。

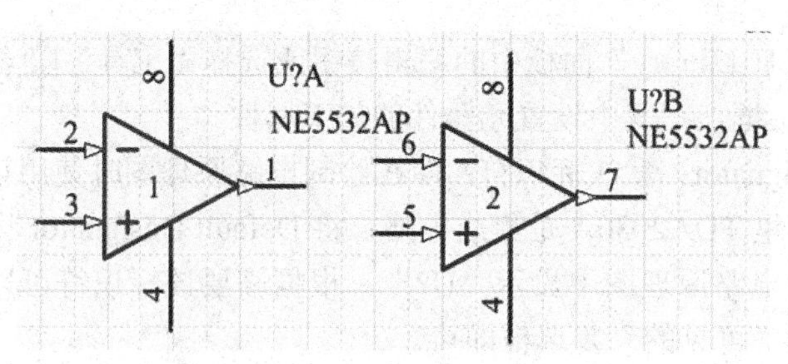

图 3.10　元器件的标号+分部件号

分部件号是自动分配的，一般不用特意改变。

3.1.3　复制与粘贴元器件

在电路原理图设计界面中将大部分元器件放置到位，但是该电路的特点是有部分电路完全相同，这时不要在放置所有的元器件后连接导线。而是应该放置某个模块电路的元器件并连接导线，然后完全复制后粘贴该模块电路。从而获得多个完全相同的模块电路，加快了电路原理图设计的进程。

（1） 复制：选中一个元器件或一个电路模块，选择“编辑”|“复制”命令或单击主工具栏中的复制按钮，将该元器件或电路模块复制到剪贴板中。

（2） 粘贴：移动光标到合适的位置，选择“编辑”|“粘贴”命令或单击主工具栏中的粘贴按钮，将剪贴板中的元器件或电路模块备份一份并显示在光标处。

（3） 剪切：选中一个元器件或一个电路模块，选择“编辑”|“剪切”命令或单击主工具栏中的剪切按钮，将该元器件或电路模块剪切到剪贴板，原有的元器件或电路模块同时被删除。

（4） 橡皮图章：移动光标到合适的位置，选中一个元器件或一个电路模块。单击主工具栏中的橡皮图章按钮，将剪贴板中的元器件或电路模块备份一份并显示在光标处。橡皮图章的功能是直接复制粘贴，更加方便灵活。

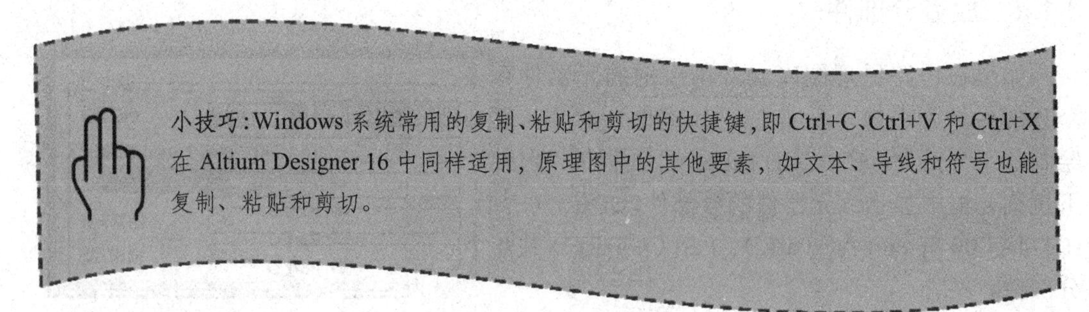

3.1.4　对齐元器件

完善的电路原理图应该是元器件分布均匀且排列整齐，可以借助 Altium Designer 16 的对齐功能来实现，对齐功能主要有对齐和均匀分布等。选中需要编辑的元器件，然后选择“编辑”|“对齐”命令，显示的下拉菜单如图 3.11 所示。也可以单击主工具栏中的对齐

按钮 ，显示的对齐按钮如图 3.12 所示。这里对几个电阻和电容进行顶对齐后再水平均匀分布，前后的效果如图 3.13 所示。

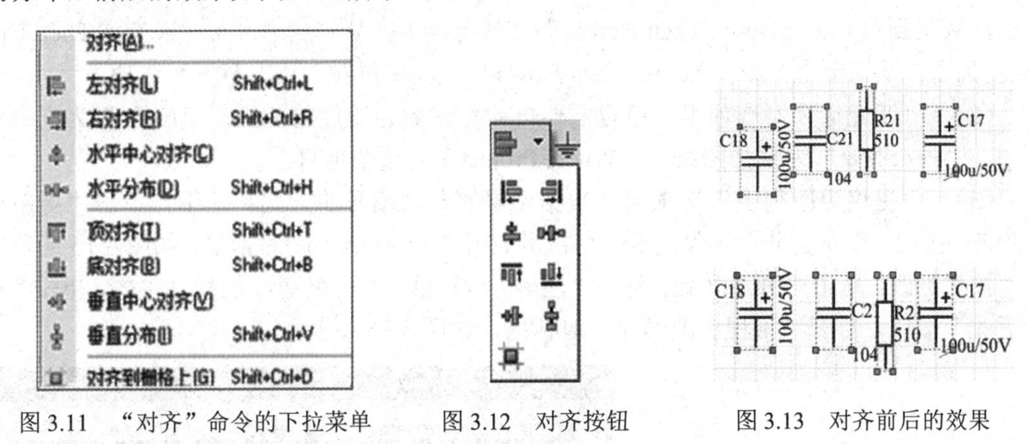

图 3.11　“对齐”命令的下拉菜单　　图 3.12　对齐按钮　　图 3.13　对齐前后的效果

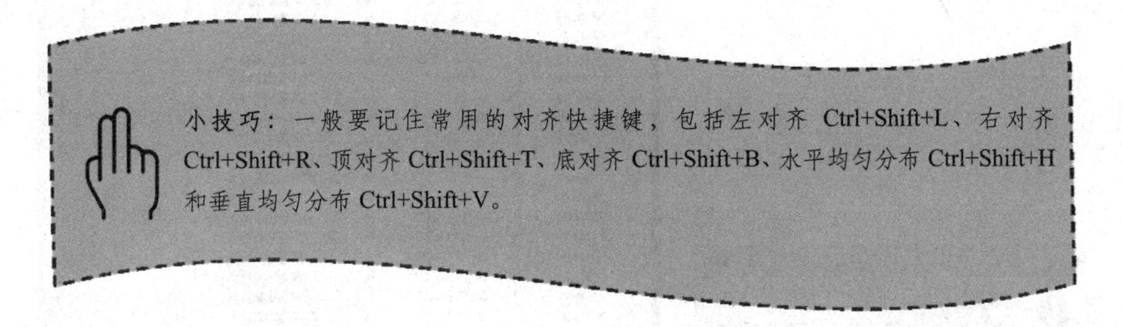

小技巧：一般要记住常用的对齐快捷键，包括左对齐 Ctrl+Shift+L、右对齐 Ctrl+Shift+R、顶对齐 Ctrl+Shift+T、底对齐 Ctrl+Shift+B、水平均匀分布 Ctrl+Shift+H 和垂直均匀分布 Ctrl+Shift+V。

3.1.5　元器件自动标号

元器件自动标号功能可自动为电路原理图中所有元器件按照某种规律分配元器件的标号，减少手工分配的麻烦，而且可以避免手工分配产生的错误。

选择“工具”|“注解”命令，打开如图 3.14 所示的“注解”对话框。

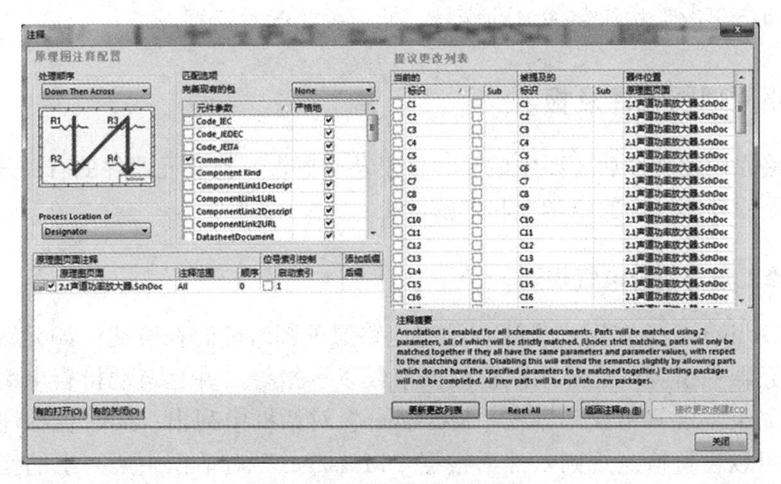

图 3.14　“注解”对话框

其中的选项如下。

（1）“处理顺序”下拉列表框：自动编号的路径，可选择“Up Then Across”（从下至上，从左到右）、“Down Then Across”（从上至下，从左到右）、“Across Then Up”（从左到右，从下至上）或“Across Then Down”（从左到右，从上至下）选项。

（2）“匹配选项”选项组：设置需要自动标识的元器件的范围，“None”为无设置范围，“Per Sheet”为整张图纸，“Whole Project”为整个项目。

（3）“提议更改列表”选项组：根据设置的自动编号的方式和范围，单击“更新更改列表”按钮。系统会分析标号的变动状况并打开“Information”对话框，如图 3.15 所示。

接受更改，单击“OK”按钮，返回“注解”对话框。此时要更改的标号生效，单击“接受更改”按钮，打开“工程更改顺序”对话框，如图 3.16 所示。

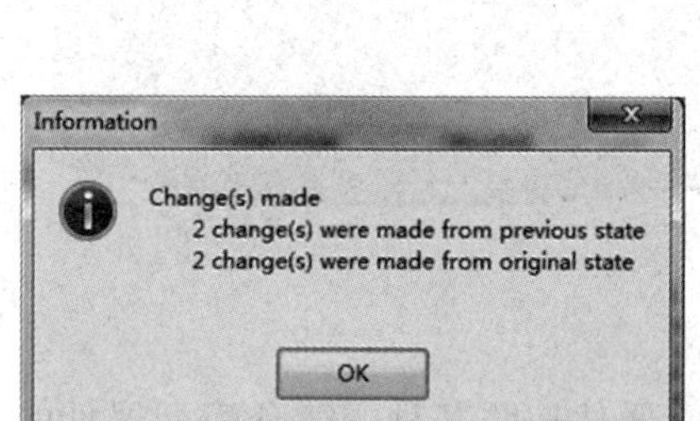

图 3.15 “Information”对话框

图 3.16 “工程更改顺序”对话框

单击“执行更改”按钮完成自动标号，然后关闭此对话框。

3.1.6 电路原理图编译及报告

绘制电路原理图文件后还要生成多种报表及库报告，检查元器件的有关规则等，以进一步完善电路原理图设计的科学性和严密性。

1. 编译工程与检查电气规则

Altium Designer 16 在用户设计和绘制电路原理图时随时在查错，如元器件标号重复时就会在该元器件引脚附近显示红色的波浪线以示报警。并且自动检查电路原理图的电气接地性，如果发现有错误，则在“Messages”对话框中列出；同时也标注在电路原理图中。用户可以设置检测规则，然后根据“Messages”对话框中所列出的错误信息修改电路原理图。

（1） 设置电路原理图自动检测参数。

选择“工程”|“工程参数”命令，打开“Options for PCB Project PCB_Project.PrjPcb”对话框，如图 3.17 所示。

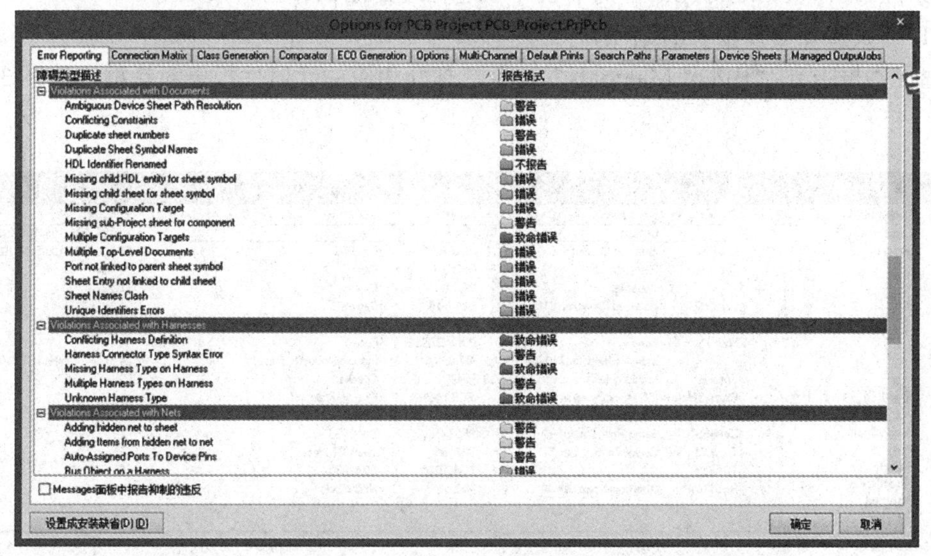

图 3.17　“Options for PCB Project PCB_Project.PrjPcb”对话框

其中的选项较多，一般不需要改变设置，故在此不加详述。

（2） 编译电路原理图。

在“Options for PCB Project PCB_Project.PrjPcb”对话框中设置电路原理图电气错误等级后，即可编译电路原理图，以检查其电气规则。选择“工程”|“Compile Document”命令编译文件，编译后的自动检测结果将存放在“Messages”面板中。如有电气规则错误，则选择“察看”|“Workspace Panels”|“System”|“Messages”命令或选择右下方的“System”|“Messages”命令，打开“Messages”对话框，如图 3.18 所示。

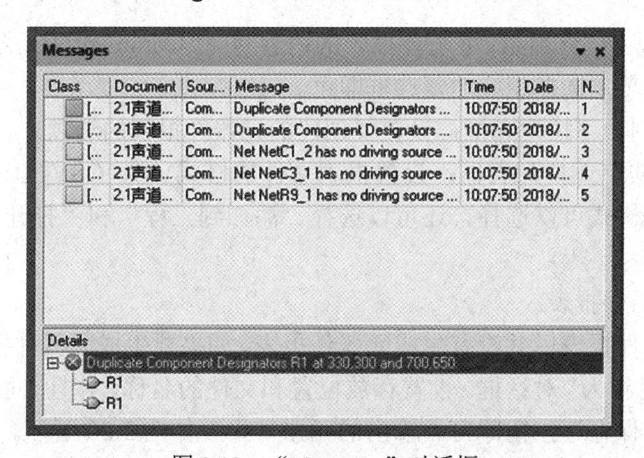

图 3.18　“Messages”对话框

如检测电路原理图有错误或报警，要在修改后再次检查。

2. 电路原理图的元器件报表

元器件报表主要用来列出当前项目中用到的所有元器件的标识、封装形式和库参考等，即元器件清单，根据这份元器件清单就可以进行装配测试和物料采购等。

（1） 设置元器件报表的选项。

选择“报告”|“Bill of Materials”命令，打开相应的元器件报表对话框，如图 3.19 所示。

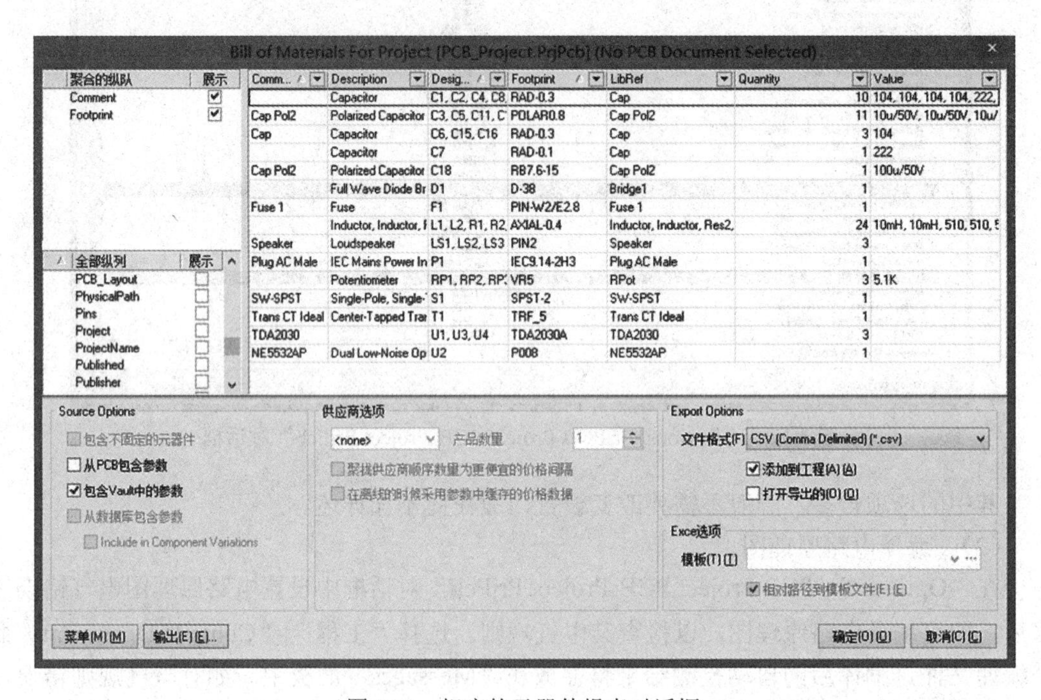

图 3.19 相应的元器件报表对话框

主要选项如下。

- ◆ “聚合的纵队”选项组：可选择报表的内容包含“Comment”（元器件）和“Footprint”（封装）选项，选择相应的复选框即可。
- ◆ “全部纵列”下拉列表框：设置要创建的元器件报表的选项。
- ◆ “文件格式”下拉列表框：设置报表文件的格式，有 CSV、Excel、Pdf、HDML 和 TXT 等格式可以选择，还可以选择“添加到工程”和“打开导出的”两个复选框。

（2） 输出元器件报表。

设置上述元器件报表后并没有生成元器件报表，如果要生成元器件报表文件，单击“输出”按钮，打开“另存为”对话框。设置存放位置和文件的名称，并且一般选择保存为 Excel 格式，然后单击“保存”按钮即可。输出的元器件报表如图 3.20 所示。

Comment	Description	Designato	Footprint	LibRef	Quantity	Value
	Capacitor	C1, C2, C	RAD-0.3	Cap	10	104, 104, 104, 104,
Cap Pol2	Polarized Ca	C3, C5, C	POLAR0.8	Cap Pol2	11	10u/50V, 10u/50V, 1
Cap	Capacitor	C6, C15,	RAD-0.3	Cap	3	104
	Capacitor	C7	RAD-0.1	Cap	1	222
Cap Pol2	Polarized Ca	C18	RB7.6-15	Cap Pol2	1	100u/50V
	Full Wave Di	D1	D-38	Bridge1	1	
Fuse 1	Fuse	F1	PIN-W2/E2	Fuse 1	1	
	Inductor, In	L1, L2, F	AXIAL-0.4	Inductor,	24	10mH, 10mH, 510, 51
Speaker	Loudspeaker	LS1, LS2,	PIN2	Speaker	3	
Plug AC M	IEC Mains Po	P1	IEC9.14-2	Plug AC M	1	
	Potentiomete	RP1, RP2,	VR5	RPot	3	5.1K
SW-SPST	Single-Pole,	S1	SPST-2	SW-SPST	1	
Trans CT	Center-Tappe	T1	TRF_5	Trans CT	1	
TDA2030		U1, U3, U	TDA2030A	TDA2030	3	
NE5532AP	Dual Low-Noi	U2	P008	NE5532AP	1	

图 3.20　输出的元器件报表

至此通过新建电路原理图库文件创建了 2.1 声道功率放大器电路中所需的 TDA2030A 器件，并根据图纸的需要将各个元器件摆放到位，使用连接导线、应用对齐、复制粘贴和自动标号等功能快速完成了复杂电路原理图的设计。然后检查有关规则，无误后导出电路原理图元器件的清单。

任务 2　使用绘图工具

使用绘图工具能放置没有电气性能的直线、圆弧和文本之类的对象，一般用于一些示意说明，如在 2.1 声道功率放大器的电路原理图设计中绘制的单元电路分割线及电路的总框图。

3.2.1　放置直线

选择“放置”|“绘图工具”|“走线”命令或单击主工具栏中的放置线按钮 ╱，光标变成十字形状，选择直线的起点和终点即可绘制该直线。

双击该直线或在绘制时按 Tab 键，打开“PolyLine”对话框。默认为“绘图的”选项卡，如图 3.21 所示。

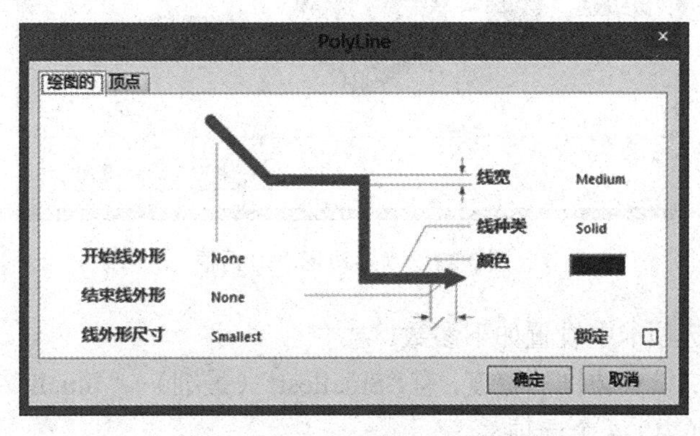

图 3.21　“绘图的”选项卡

在其中设置如下参数。

（1） 线宽：设置直线的宽度，有“Smallest”（最细）、“Small”（细）、“Medium”（中）和“Large”（大）4 个选项。

（2） 线种类：设置线的种类，有“Sliod”（实线）、“Dashed”（虚线）、“Dotted”（点线）和“Dashed Dotted”（点画线）4 个选项。

（3）颜色：设置直线的颜色。

“顶点”选项卡主要用于设置直线的精确端点坐标，如图 3.22 所示。

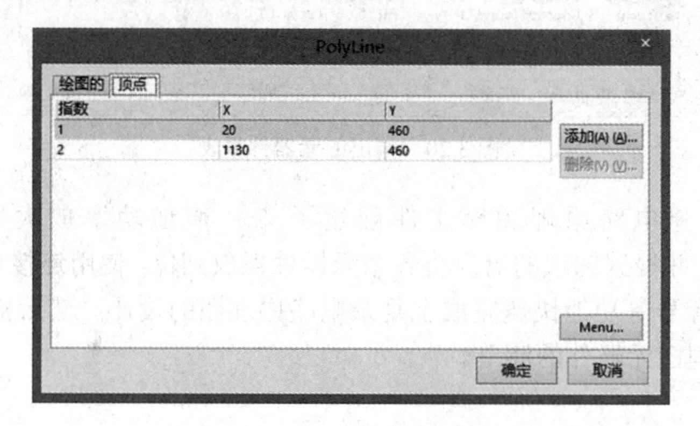

图 3.22 “顶点”选项卡

3.2.2 放置多边形

选择“放置”|“绘图工具”|“多边形”命令或单击主工具栏中的放置多边形按钮，光标变成十字形状，选择多边形的各端点即可绘制多边形。

双击多边形或在绘制时按 Tab 键，打开“多边形”对话框，如图 3.23 所示。

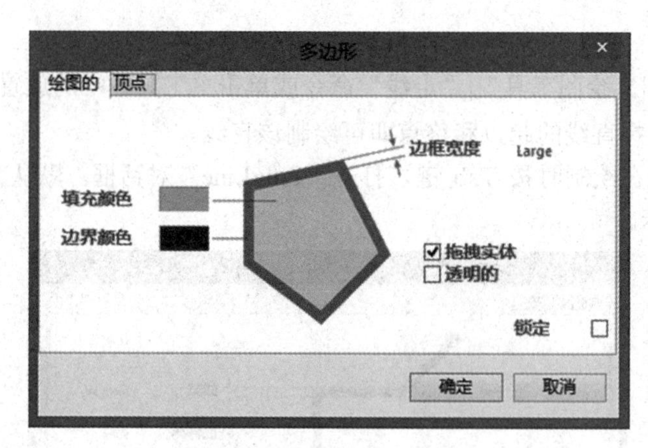

图 3.23 “多边形”对话框

在“绘图的”选项卡中设置如下参数。

（1） 边框宽度：设置边框的宽度，有“Smallest”（最细）、“Small”（细）、“Medium”（中）和“Large”（大）4 个选项。

（2）种类：设置边框的种类，有“Sliod”（实线）、“Dashed”（虚线）、“Dotted”（点线）和“Dashed Dotted”（点画线）4 个选项。

（3）填充颜色：设置多边形内部的填充色。

（4）边界颜色：设置边框线条的颜色

“顶点”选项卡主要用于设置边框的精确端点坐标。

3.2.3　放置椭圆弧

选择“放置”|“绘图工具”|“椭圆弧”命令或单击主工具栏中的放置椭圆弧按钮，光标变成十字形状，分别拖动多个坐标点来确定曲线的形状，包括起点（第 1 控制点）、第 2 控制点、第 3 控制点和终点（第 4 控制点）。

双击该椭圆弧或在绘制时按 Tab 键，打开“椭圆弧”对话框，如图 3.24 所示。

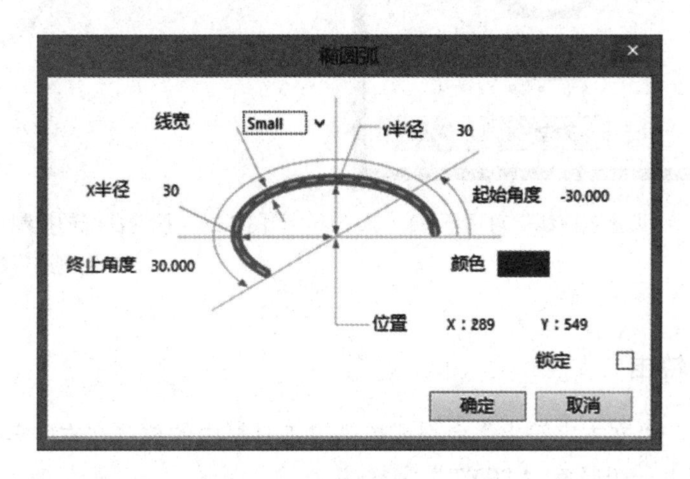

图 3.24　“椭圆弧”对话框

在其中设置如下参数。

（1）*X* 半径：椭圆弧的 *X* 轴半径的长度。

（2）*Y* 半径：椭圆弧的 *Y* 轴半径的长度。

（3）线宽：椭圆弧的弧线宽度，有“Smallest”（最细）、“Small”（细）、“Medium”（中）和“Large”（大）4 个选项。

（4）起始角度：椭圆弧弧线的起始角度。

（5）终止角度：椭圆弧弧线的结束角度。

（6）颜色：椭圆弧弧线的颜色。

3.2.4　放置曲线

选择“放置”|“绘图工具”|“贝塞尔曲线”命令或单击主工具栏中的放置贝塞尔曲线按钮，光标变成十字形状。分别设置多个坐标点来确定曲线的形状，包括起点（第 1 控制点）、第 2 控制点、第 3 控制点和终点（第 4 控制点）。

双击该贝塞尔曲线或在绘制时按 Tab 键，打开“贝塞尔曲线”对话框，如图 3.25 所示。

在其中设置如下参数。

（1） 曲线宽度：曲线的弧线宽度，有“Smallest”（最细）、“Small”（细）、“Medium”（中）和“Large”（大）4 个选项。

（2） 颜色：贝塞尔曲线的颜色。

曲线的其他轨迹形状通过拖动曲线的控制点来修改，如图 3.26 所示。

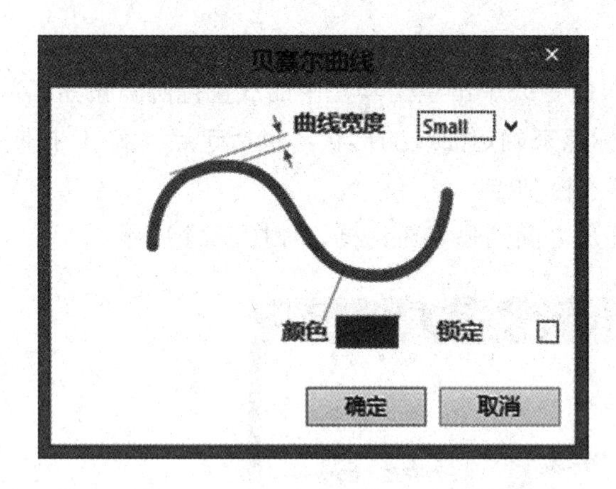

图 3.25 “贝塞尔曲线”对话框

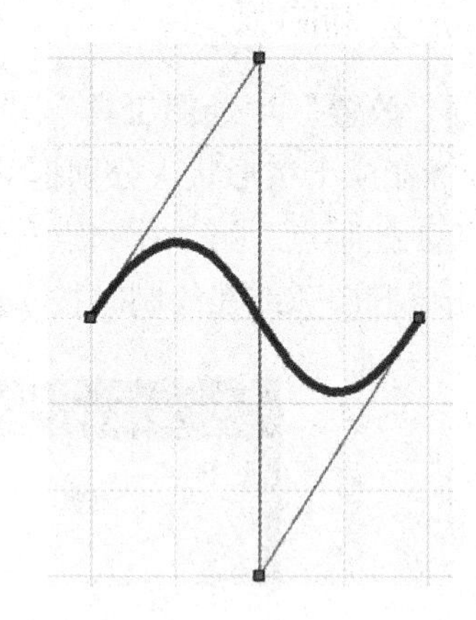

图 3.26 拖动曲线的控制点来修改曲线的其他轨迹形状

3.2.5 放置字符串

选择“放置”|“文本字符串”命令或单击主工具栏中的放置文本字符串按钮，光标变成十字形状并拖出一个带有“TEXT”字样的文本框。移动到合适的位置后单击放置文本框，此时仍处于放置字符串状态，可继续放置字符串，放置后单击鼠标右键或按 Esc 键。双击该字符串或在放置字符串时按 Tab 键，打开“标注”对话框，如图 3.27 所示。

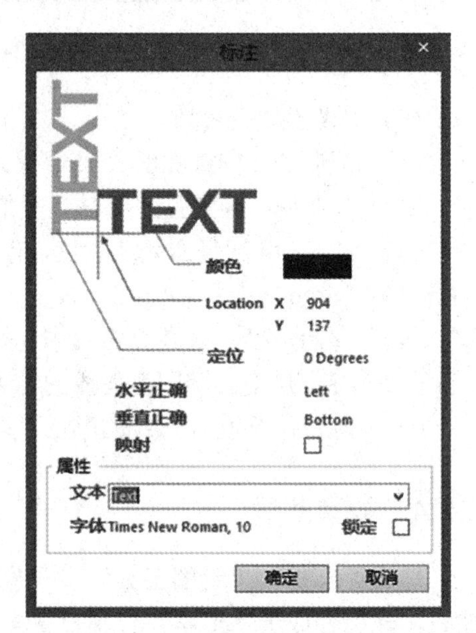

图 3.27 “标注”对话框

在其中设置如下参数。

（1） 文本：文本字符串显示的字符。

（2） 水平正确：设置字符串水平放置的起点，有“Left”（左）、“Right”（右）和“Center”（中心）3 个选项。

（3） 垂直正确：字符串垂直放置的起点，有“Top”（顶）、“Bottom”（底）和“Center”（中心）3 个选项。

（4） 定位：字符串的旋转角度。

（5） 颜色：字符串的颜色。

3.2.6 放置图像

选择“放置”|“绘图工具”|“放置图像”命令或单击主工具栏中的放置图像按钮，光标变成十字形状并拖出一个带有图像的边框。单击合适位置确定放置图像区域的左端点，继续拉出图像框的大小到合适的位置后单击确定放置图像区域的右端点，打开“打开”对话框。选择一个图像文件，单击“打开”按钮该图像被放置到原理图中。

双击该图像或在放置图像时按Tab键，打开“绘图”对话框，如图3.28所示。

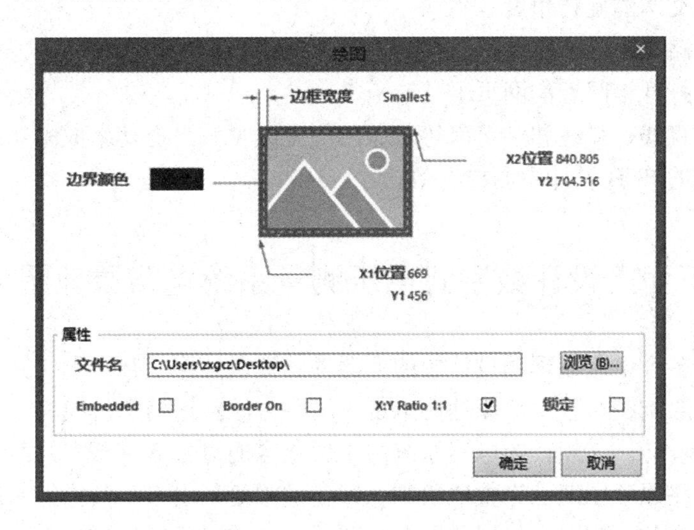

图3.28　“绘图”对话框

在其中设置如下参数。

（1） 文件名：指向图片的位置及名称，可以单击“浏览”按钮重新选择图像文件。

（2）边框宽度：图像边框的宽度，有“Smallest”（最细）、“Small”（细）、“Medium”（中）和“Large”（大）4个选项。

（3） 边界颜色：图像边框的颜色。

3.2.7 放置链接

选择“放置”|“绘图工具”|“放置链接”命令或单击主工具栏中的放置链接按钮，光标变成十字形状，并拖出一个带有“Link Text”字样的字符串框，单击合适的位置后将其放置好。

双击该链接字符或在放置时按Tab键，打开“超链接”对话框，如图3.29所示。

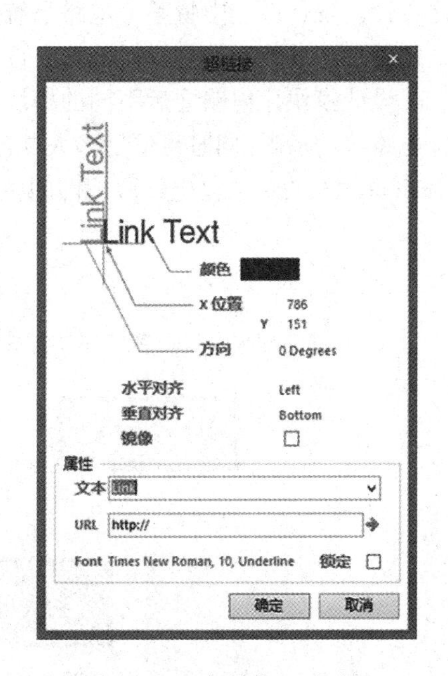

图3.29　“超链接”对话框

在其中设置如下参数。

（1） 文本：链接的名称。

（2） URL：链接的网址。

（3） 颜色：文本的颜色。

（4） 水平对齐：文本水平放置的起点，有“Left”（左）、“Right”（右）和“Center”（中心）3 个选项。

（5） 垂直对齐：文本垂直放置的起点，有“Top”（顶）、“Bottom”（底）和“Center”（中心）3 个选项。

（6）方向：文本的旋转角度。

设置后在电路原理图中将光标放置到该链接文本名上，在文本名下方打开链接的网络地址，单击即可打开该网址的网页。

放置矩形、直线、弧线和字符串等对象绘制完成 2.1 声道功率放大器的电路原理图，绘图工具在后续的 PCB 设计中同样有效。

任务 3　自下而上设计数字式电压测量系统电路原理图

虽然前面在多个电路原理图设计中的元器件的数量达到了几十个，并且均是将整个系统的电路元器件绘制在一张电路原理图纸上，这种方法只适用于规模较小且逻辑结构比较简单的电路系统设计。大规模的电路系统由于所包含的对象数量繁多，结构关系复杂，所以很难在一张电路原理图纸上完整地绘制。即使勉强绘制出来，其错综复杂的结构也非常不利于电路的分析与检测。大规模的复杂电路系统应该采用新的设计方法，即电路的模块化设计。设计过程中将整个电路系统按照功能分解成若干个电路模块，每个电路模块完成一定的独立功能。即有相对的独立性，各模块之间有相应的端口可以相互联系或通信。

设计模块化电路之后不同的模块可以由不同用户分别绘制在不同的电路原理图上，这样电路结构清晰；同时也便于多人共同参与设计，设计简便，加快了工作进程。这就是 Altium Designer 16 的层次化电路原理图的概念，如图 3.30 所示。

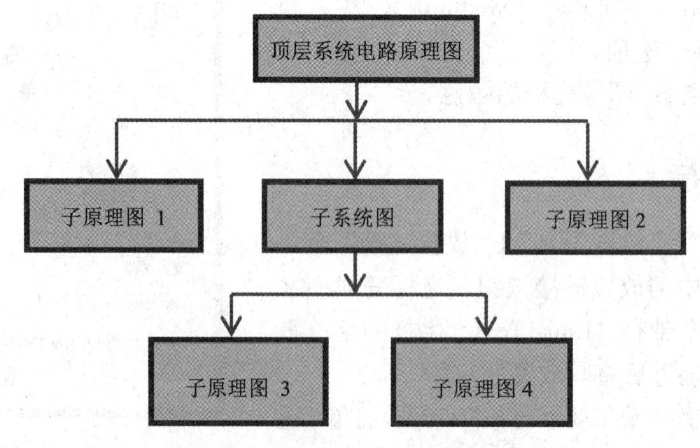

图 3.30　层次化电路原理图的概念

层次电路原理图设计模块的划分原则是每一个电路模块应该有明确的功能特征和相对独立的结构，而且还要有简单且统一的接口，便于模块之间的连接。设计时为每一个具体的电路模块分别绘制相应的电路原理图，一般称为“子原理图”，而各个电路模块之间的连接关系则是采用一个顶层系统电路原理图来表示的。顶层系统电路原理图主要由若干个方块电路图符号组成，用来展示各个电路模块之间的系统连接关系，并描述整体电路的功能结构。

层次电路的设计有两种方法，一种是自上而下的层次设计；另一种是自下而上的层次设计。前者的层次设计思想是在设计单元电路之前规划好每个模块的设计参数，以及输入/输出的端口和方式，然后详细设计每一个模块。该设计方法要求用户在系统级的控制方面有较多的设计和考虑，电路的模块划分比较清楚，参数可逐级细化完善；后者则是用户首先设计单元电路原理图，然后根据其功能来搭建系统的整体功能，进而生成上层电路原理图。

对于一个功能明确且结构清晰的电路系统来说，采用自上而下的层次电路设计方法能够清晰地表达用户的设计理念。但在有些情况下，特别是在电路的模块化设计过程中，不同电路模块的不同组合会形成功能完全不同的电路系统时，用户可以根据具体设计需要选择若干个已有的电路模块组合产生一个符合设计要求的完整电路系统，此时该电路系统可以使用自下而上的层次电路设计流程来完成。

本节以数字式电压测量系统设计为例来阐述系统层次化设计的架构方法，根据数字式电压测量系统原理将此系统划分成 Power（电源）、AC-DC（交流直流调理）、mcu（主控）和 adc0809（模数转换）4 个模块，如图 3.31 所示。

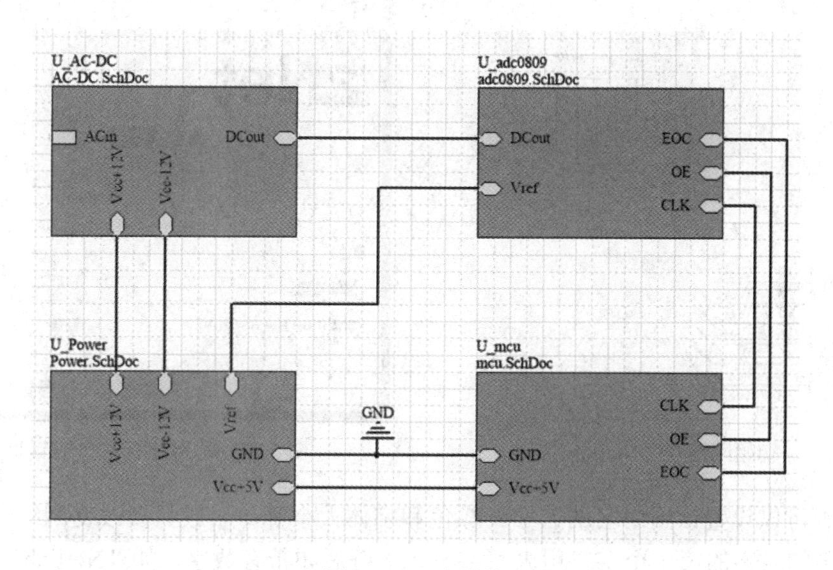

图 3.31　4 个模块

每一个模块采用前面介绍的方法单独设计和绘制电路原理图，即子原理图，并在子原理图中放置各模块间输入/输出的端口。然后将子原理图生成顶层系统电路原理图中的方框图，以构建数字式电压测量系统的顶层框图。

3.3.1 绘制总线形式的电路原理图

在电路原理图绘制过程中元器件之间的电气连接一般使用导线，导线多了显得凌乱，这时可以通过设置网络名（NetLabel）和绘制总线的方法来实现。本节以数字式电压测量系统设计中的 mcu 模块的电路原理图 mcu.Schdoc 来说明复杂电路原理图中网络标号、总线和端口等的使用。

新建工程项目文件“数字式电压测量系统.PrjPcb”，在此工程项目中新建一个电路原理图文件并命名为“mcu.SchDoc”。在该文件中放置元器件和导线等，其相应的参数设置等不再赘述。

1. 放置网络名

网络名具有实际的电气连接意义，具有相同网络名的导线或者元器件引脚无论在电路图上是否连接在一起，其电气关系都是连接在一起的。特别是在连接的线路比较远，或者线路过于复杂，使走线比较困难时，使用网络名代替实际走线可以简化电路原理图。

在 mcu 文件中放置网络名的步骤如下。

（1） 选择“放置”|“NetLabel”命令或单击“布线”工具栏中的 Net 按钮，光标变成十字形状并带有一个初始网络名“NetLab1”，如图 3.32 所示。

（2） 按 Tab 键，打开“网络标签”对话框，如图 3.33 所示。

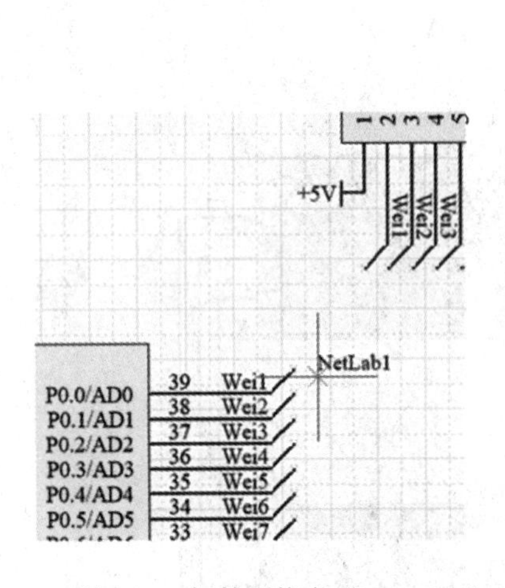

图 3.32　初始网络名“NetLab1”

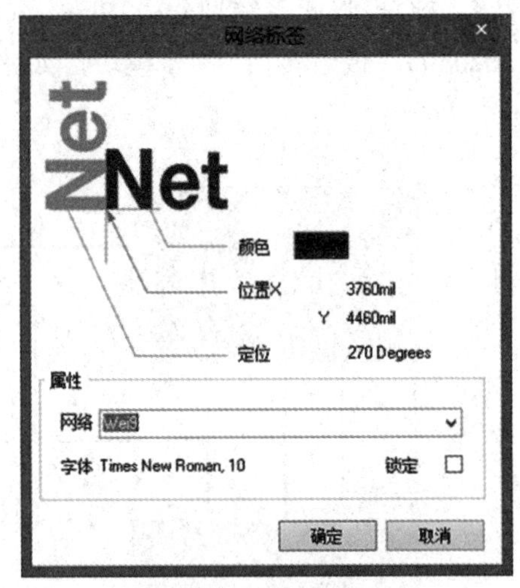

图 3.33　“网络标签”对话框

在其中可以设置该网络名的名字、颜色和字体大小等，一般只要改变网络名的名字即可。网络名的名字的第 1 个字符用大写字符，字符后如带有数字，如“NetLab1”，则默认加入下一个网络名的数字，即变成“NetLab2”，依此类推。

（3） 移动光标到需要放置网络名的导线上，当出现红色交叉标志时单击完成放置。此时光标仍处于放置网络名的状态，重复操作即可放置其他网络名。这里我们将网络名改成“Wei1”，放置到单片机的 P0.0 端口，单击鼠标右键或按 Esc 键退出放置网络名操作。

为设置网络名的作用范围，选择“工程”|“工程参数”命令，打开“Options for PCB Project 数字电压表.PrjPcb”对话框。打开“Options”选项卡中的“网络识别符范围”下拉列表框，其中的选项如图 3.4 所示。

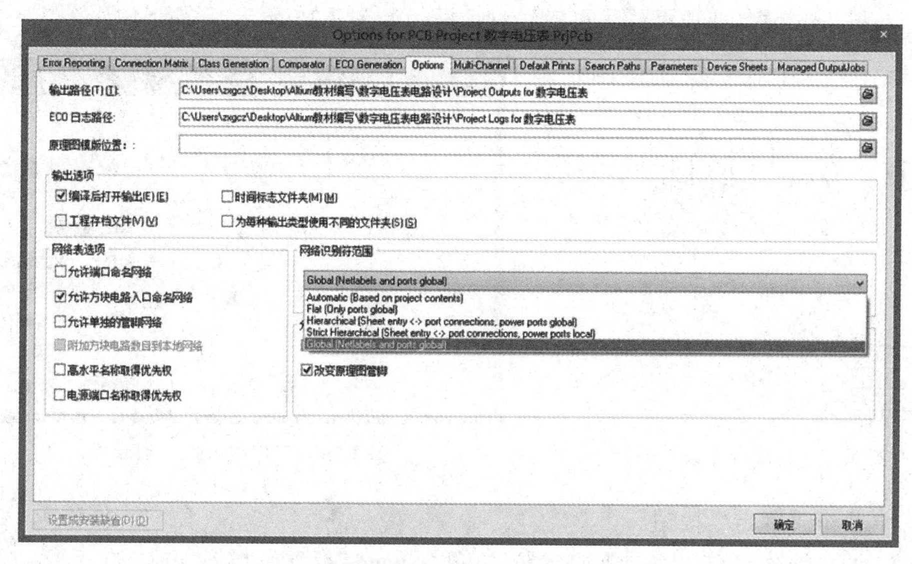

图 3.34　“网络识别符范围”下拉列表框中的选项

说明如下。

（1） Automatic：默认选项，表示系统会检测项目图纸内容，从而自动调整网络标识的范围。检测及自动调整的过程为：如果电路原理图中有 Sheet Entry 标识，则网络名的范围调整为 Hierarchical；如果没有，但是有 Port 标识，则调整为 Flat；如果既没有 Sheet Entry 标识，又没有 Port 标识，则调整为 Global。

（2） Flat：扁平式图纸结构，这种情况下网络名的标识范围仍在单张图纸以内，而 Port 的标识范围扩大到所有图纸。各图纸只要有相同的 Port 名，即可发生信号传递。

（3） Hierarchical：层次式结构，这种情况下网络名和 Port 的标识范围在单张图纸以内。Port 可以与上层的 Sheet Entry 连接，以纵向方式在图纸之间传递信号。

（4）Global：开放的连接方式，这种情况下网络名和 Port 的标识范围扩大到所有图纸，各图纸只要有相同的 Port 或相同的网络名即可发生信号传递。

2. 放置总线分支线

虽然网络名具备了电气连接功能，但从图中较多的网络名并不能直观地看出这个元器件的引脚与哪些元器件的引脚相连接，这时我们可以用总线符号来引导查找相同网络名的引脚或导线。总线包括数据总线、地址总线和控制总线，它们是具有相同性质的并行信号线的组合，在数字电路中较多。应用总线使电路的画法更加简单和方便，电路更加简洁和直观。总线分支线（BusEntry）是单一导线与总线的连接线，用其使电路原理图更为美观、清晰且具有专业水准。总线分支线与总线一样，没有任何电气连接的意义，因此它们并不是必须的。

我们在数字式电压测量系统的 mcu.Schdoc 电路原理图中的单片机 P0 端口放置 8 条总

线分支线，方法如下。

（1） 选择“放置”|“总线进口”命令或单击“布线”工具栏中的放置总线分支线按钮，这时光标变成十字形状并带有一条 45° 短斜线，即总线分支线，如图 3.35 所示。

（2） 按 Tab 键，打开“总线入口”对话框，如图 3.36 所示，一般不需设置。

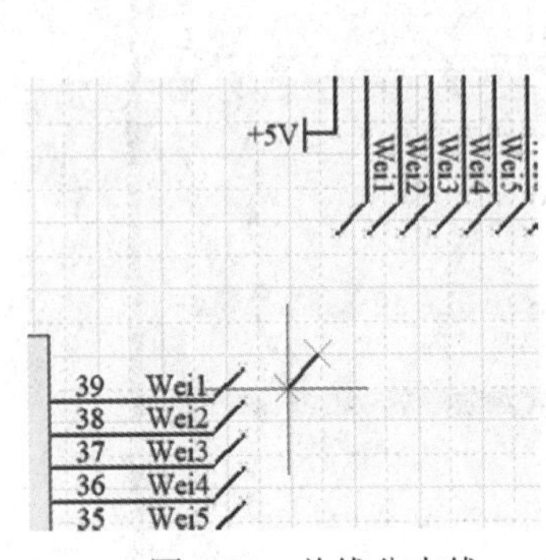

图 3.35　总线分支线

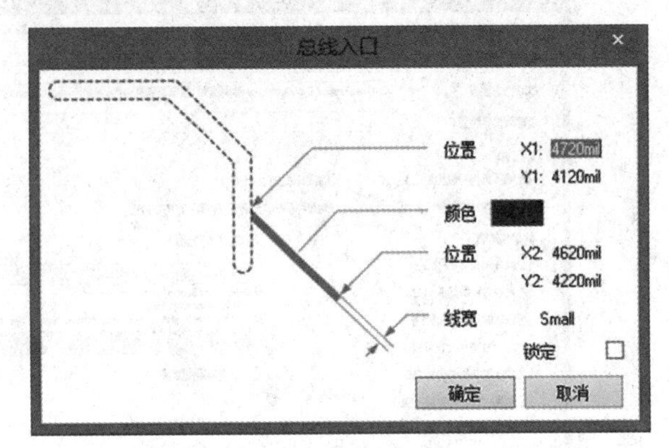

图 3.36　“总线入口”对话框

（3） 单击“确定”按钮。

（4） 如总线分支线的方向需要旋转，可按 Space 键以逆时针方向转动。

（5） 移动光标到需要放置总线分支线的导线上，当出现红色交叉标志时单击即可完成放置。

此时光标仍处于放置总线分支线的状态，重复操作即可放置其他总线分支线，单击鼠标右键或按 Esc 键退出放置总线分支线的操作。

3. 放置总线

放置总线分支线后可以放置总线，总线是一条粗线，没有电气性能。操作步骤如下。

（1） 选择“放置”|“总线”命令或单击“布线”工具栏中的放置总线按钮，这时光标变成十字形状，处于画线状态。

（2） 按 Tab 键，打开“总线”对话框，如图 3.37 所示，一般不要设置。

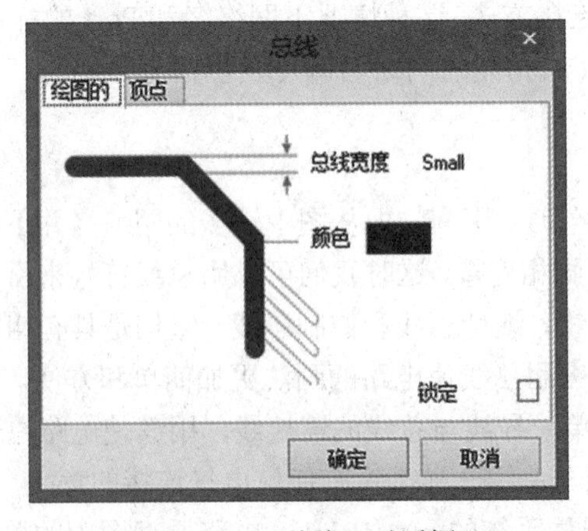

图 3.37　“总线”对话框

（3） 单击“确定”按钮。

（4） 单击需要放置总线的起点，移动光标拉出总线的雏形，单击需要确认的拐弯点。

（5） 继续把总线全部画完，单击鼠标右键或按 Esc 键可退出操作。

数字式电压测量系统中的 mcu.Schdoc 电路原理图主要是采用网络名和总线的方法设计完成的。

4. 放置电路端口

电路端口即输入/输出端口，用于不同电路或图纸之间的电气连接，相同名称的输入/输出端口在电气关系上是连接在一起的。一般情况下，在单张电路原理图中很少使用端口连接，只有在多张图纸或层次电路设计中才会用到。

图纸符号之间也借助于电路端口，可以使用导线或总线完成连接，而且在同一个项目中的所有电路原理图（包括顶层系统电路原理图和子原理图）中相同名称的输入/输出端口和电路端口之间在电气上都是相互连接的。

在 mcu.Schdoc 电路原理图中为单片机的 P1.2、P1.3 和 P1.5 引脚放置端口标记，步骤如下。

（1） 选择“放置”|“端口”命令或单击“布线”工具栏中的放置电路端口按钮，光标变成十字形状并拖出一个端口符号，如图 3.38 所示。

（2） 按 Tab 键，打开“端口属性”对话框，如图 3.9 所示。

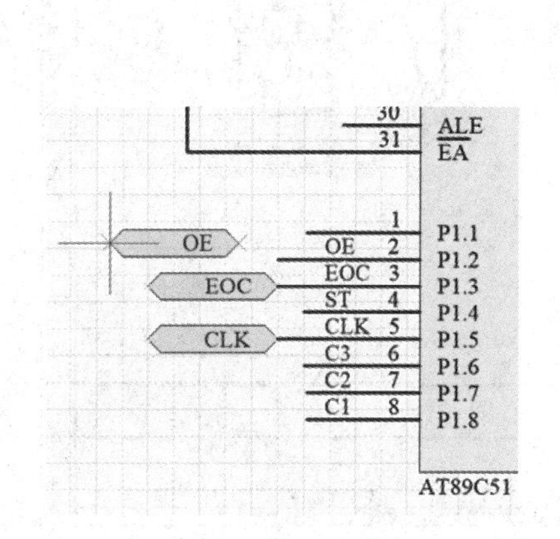

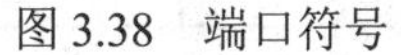

图 3.38　端口符号

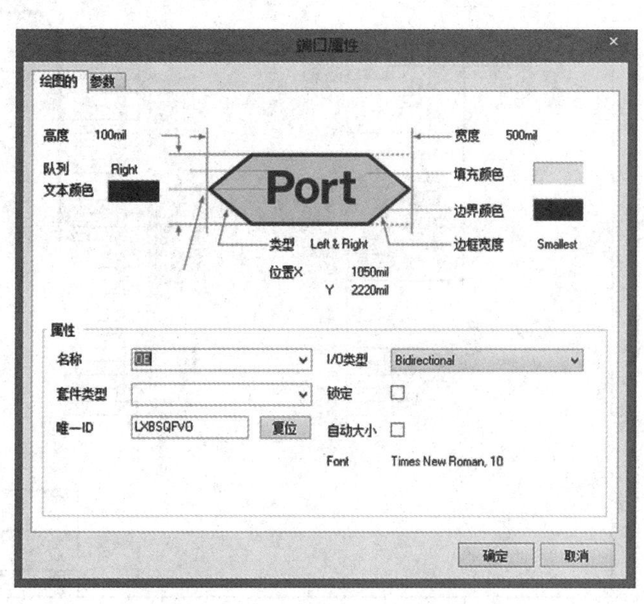

图 3.39　“端口属性”对话框

在其中设置如下选项。

◆ 端口的高度、宽度和颜色等：可设置端口的长宽、边框和填充色等，这里不加详述。

◆ 队列：端口名称文本的对齐方式，包括“Left”（左对齐）、“Right”（右对齐）

和“Center”（居中）3 个选项。

◆ 名称：输入端口的名称，这是端口最重要的属性，相同端口名的端口在电气上是相互连通的。端口名称中最后一位字符如果是阿拉伯数字，则连续放置端口时默认的端口名会自动递增，如“Port1”和“Port2”等。

◆ I/O 类型：端口是输入还是输出类型，包括“Unspecified”（未指定）、“Input”（输入）、“Output”（输出）和“Bidirectional”（双向）4 个选项。

（3） 设置后单击“确定”按钮。

（4） 单击需要放置端口处（位置）的起点坐标，移动光标拉出端口，观察端口的大小并再次单击确认。

在数字式电压测量系统的 mcu.Schdoc 电路原理图中放置 3 个端口，分别为“EO”“EOC”和“CLK”。

绘制完毕的 mcu.Schdoc 电路原理图如图 3.40 所示。

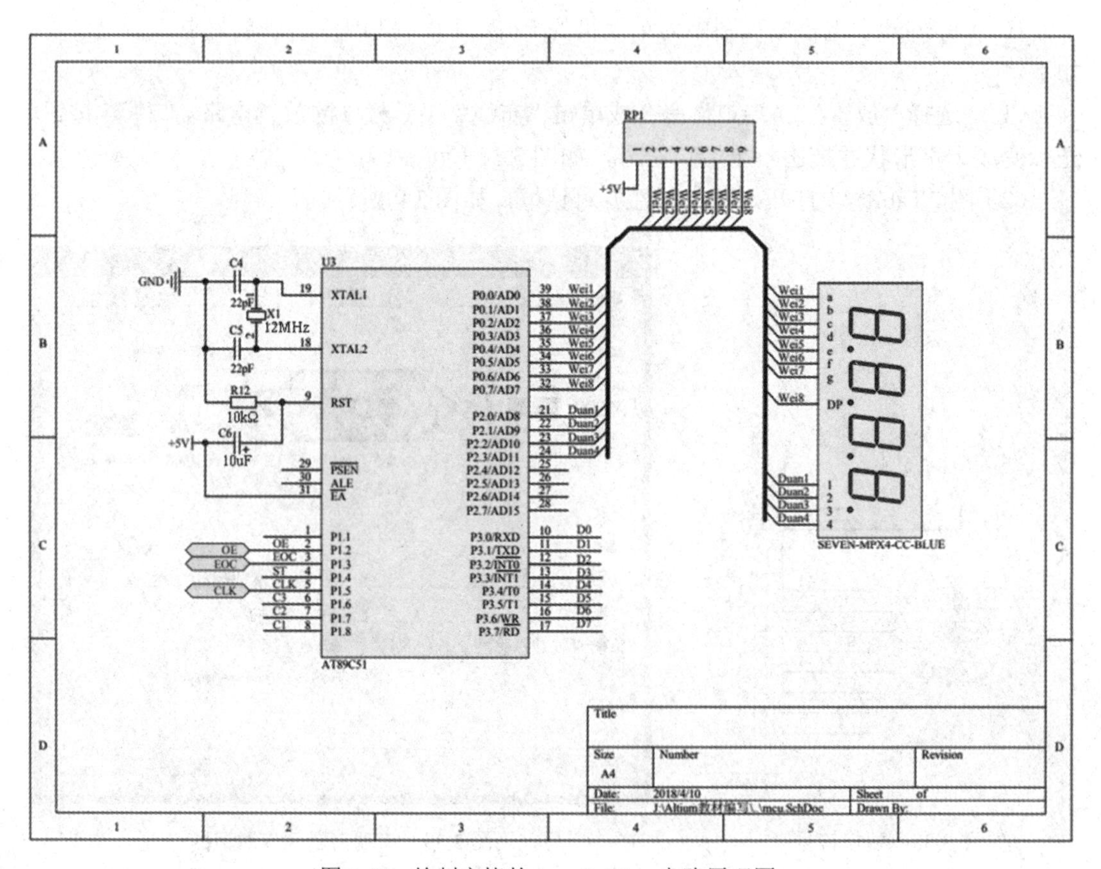

图 3.40 绘制完毕的 mcu.Schdoc 电路原理图

用同样的方法绘制其他模块的电路原理图，AC-DC.SchDoc 的电路原理图如图 3.41 所示。

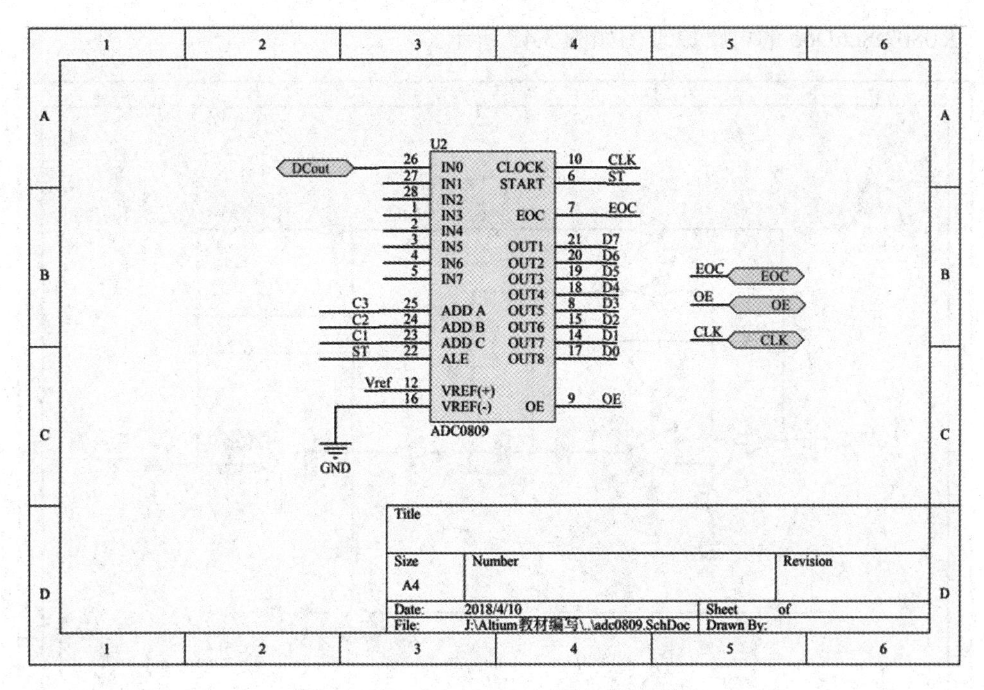

图 3.41　AC-DC.SchDoc 的电路原理图

Power.SchDoc 的电路原理图如图 3.42 所示。

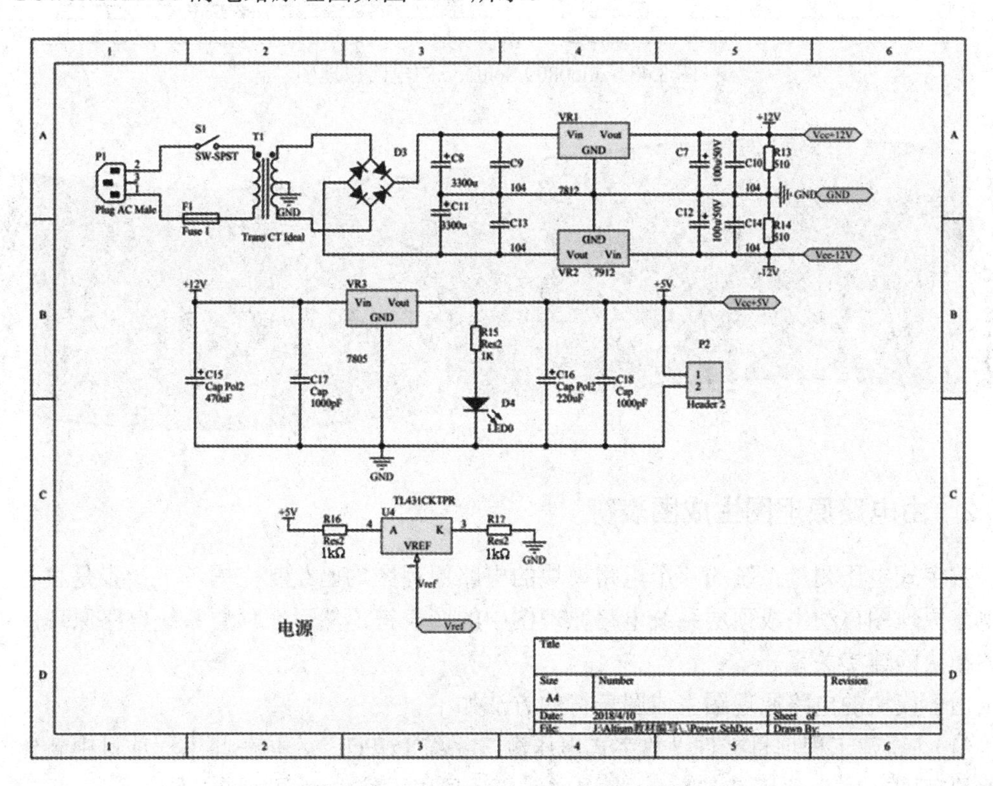

图 3.42　Power.SchDoc 的电路原理图

adc0809.SchDoc 的电路原理图如图 3.43 所示。

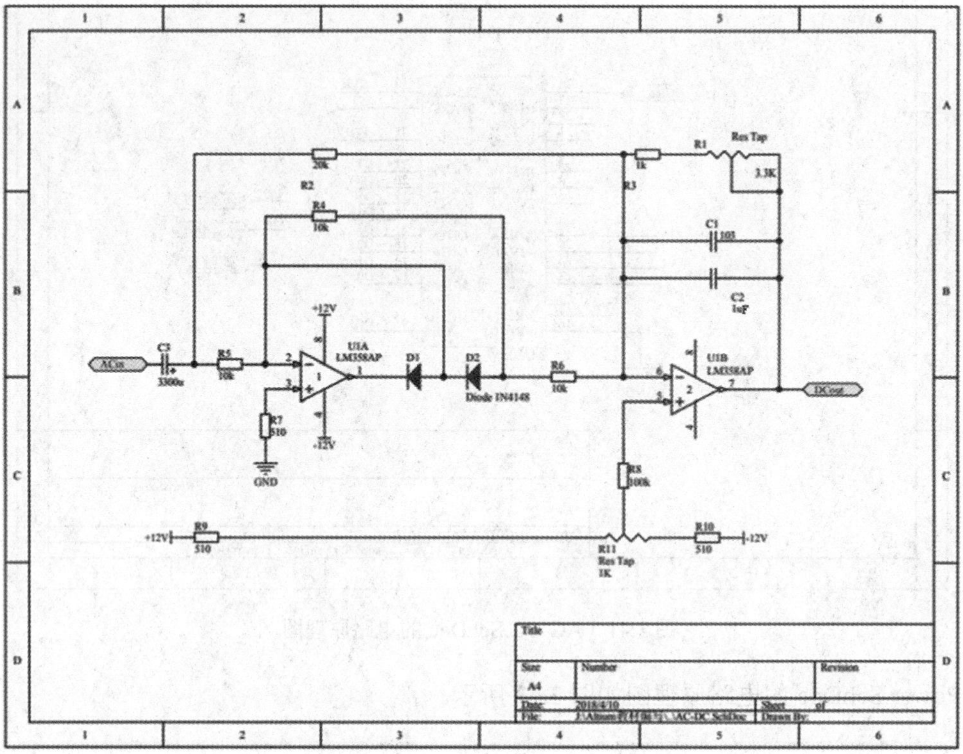

图 3.43　adc0809.SchDoc 的电路原理图

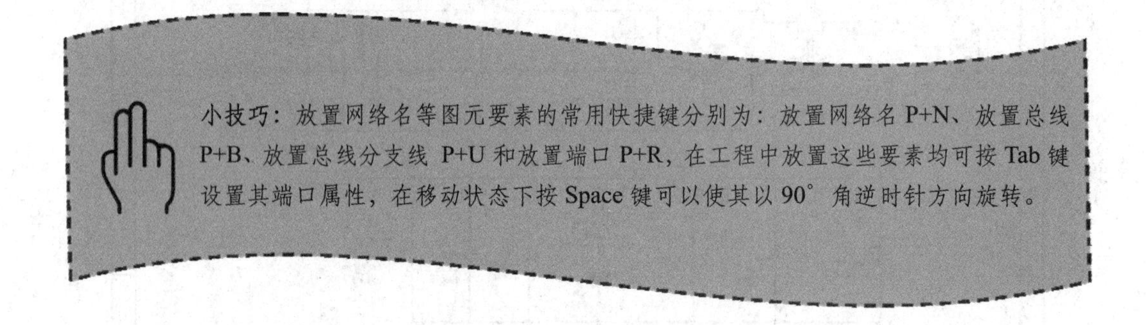

小技巧：放置网络名等图元要素的常用快捷键分别为：放置网络名 P+N、放置总线 P+B、放置总线分支线 P+U 和放置端口 P+R，在工程中放置这些要素均可按 Tab 键设置其端口属性，在移动状态下按 Space 键可以使其以 90°角逆时针方向旋转。

3.3.2　由电路原理图生成图表符

数字式电压测量系统的 4 个电路模块的电路原理图均已绘制完毕，下一步是将各模块的电路原理图自动生成顶层系统电路原理图中的图表符，然后在顶层系统电路原理图中构建各模块的连接关系。

由各模块的电路原理图生成图表符的方法如下。

（1） 新建工程项目文件“数字式电压测量系统.PrjPcb”，并在此工程项目中新建一个电路原理图文件 System.SchDoc，将该文件作为顶层系统电路原理图文件。

（2） 打开 System.SchDoc 文件，此时该电路原理图为空白图纸。选择“设计”|“由

HDL 或图纸生成图表符”命令，打开“Choose Document to Place”对话框，如图 3.44 所示。

（3） 选择一个要生成图表符的电路原理图文件，如 mcu.Schdoc。

（4） 单击“OK”按钮关闭对话框并在电路原理图设计界面中出现一个随光标移动的图表符，单击合适的位置放置该图表符，如图 3.45 所示。

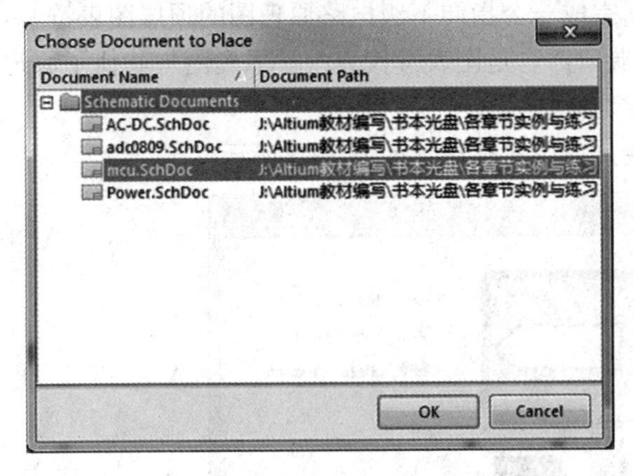

图 3.44　“Choose Document to Place”对话框

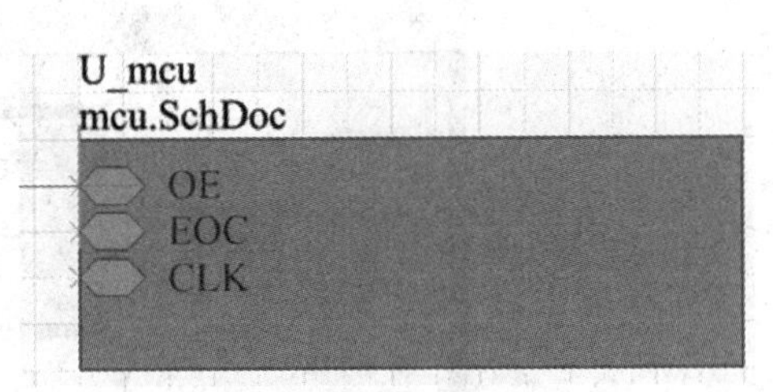

图 3.45　放置图表符

（5） 图表符是代表电路原理图的一种方框图，双击它打开“方块符号”对话框，如图 3.46 所示。

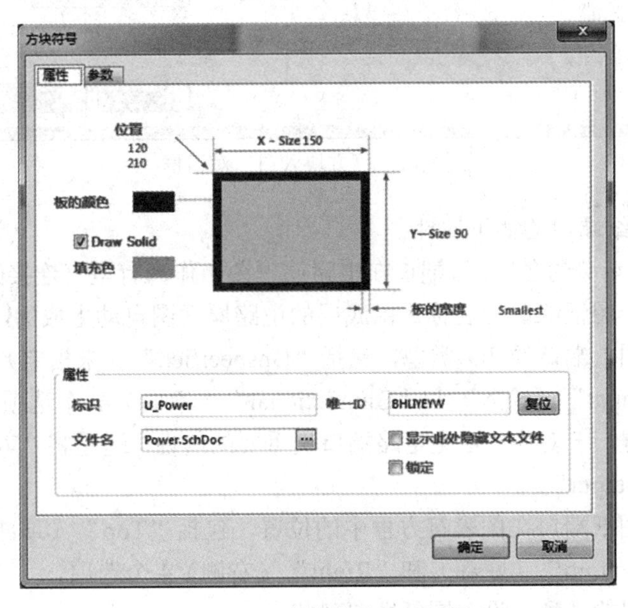

图 3.46　“方块符号”对话框

在其中设置图表符的如下属性。

◆ 标识：该图表符的名称在电路原理图中是唯一的，可以根据需要设置，这里在“标识”文本框中输入“U4_mcu”。

◆ 文件名：指自下而上的下级子原理图的名称，选择“mcu.SchDoc”文件。

◆ 位置：图表符方框在电路原理图中起点的坐标值，可以直接输入坐标数值。
◆ X-Size 和 Y-Size：图表符在电路原理图中的宽度和高度，可以直接输入坐标的数值。
◆ 板的颜色：图表符边框的颜色。
◆ 填充色：图表符内部填充的颜色。

（6） 设置后单击“确定”按钮，绘制完成一个指向下级电路原理图的顶层图表符。

在放置图表符内部有自动生成的电路端口，它是图表符代表的子原理图与其他子原理图电气上的连接通道，应放置在图表符边缘的内侧。

（7） 双击某个图纸端口，打开“方块入口”对话框，如图 3.47 所示。

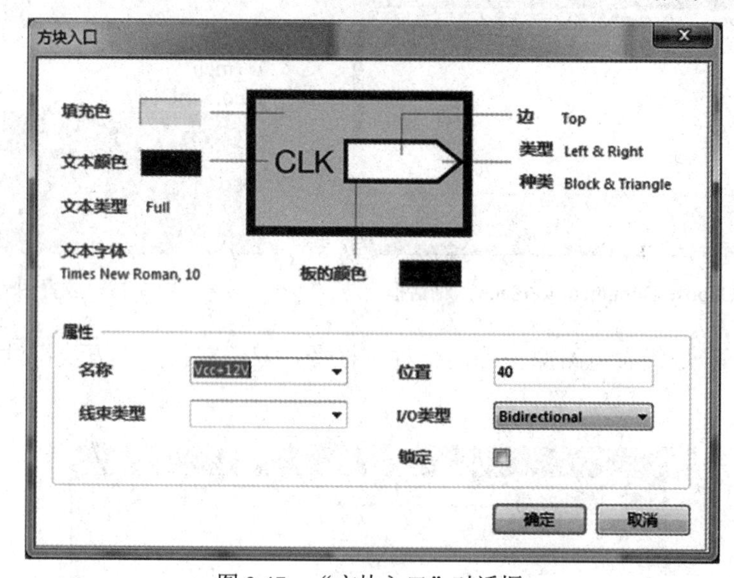

图 3.47 “方块入口”对话框

在其中设置图纸端口的如下属性。

◆ 名称：图纸端口的名称，该端口在电路原理图中作为有电气连接的输入/输出端口，这里每一个图纸端口的名称是由底层的电路原理图自动生成的，不可更改。
◆ 种类：指图纸端口的 IO 类型，包括“Unspecified”（未指定）、“Output”（输出）、“Input”（输入）和“Bidirectional”（双向）4 个选项。通常与电路端口外形的设置一一对应，这是电路端口最重要的属性，这里将“Vcc+12V”端口属性设置为“Output”。
◆ 边：设置图纸端口在图表符方框中的位置，包括“Top”（顶部）、“Left”（左侧）、“Bottom”（底部）和“Right”（右侧）4 个选项。
◆ 类型：端口的类型，设置图纸端口现状。
◆ 边的颜色：图纸端口边框的颜色。
◆ 填充色：图纸端口内部填充的颜色。
◆ 文本颜色：图纸端口上文字的颜色。

（8） 设置后单击“确定”按钮。

按同样的方法为其他 3 个子原理图生成相应的图表符，最后结果如图 3.48 所示。

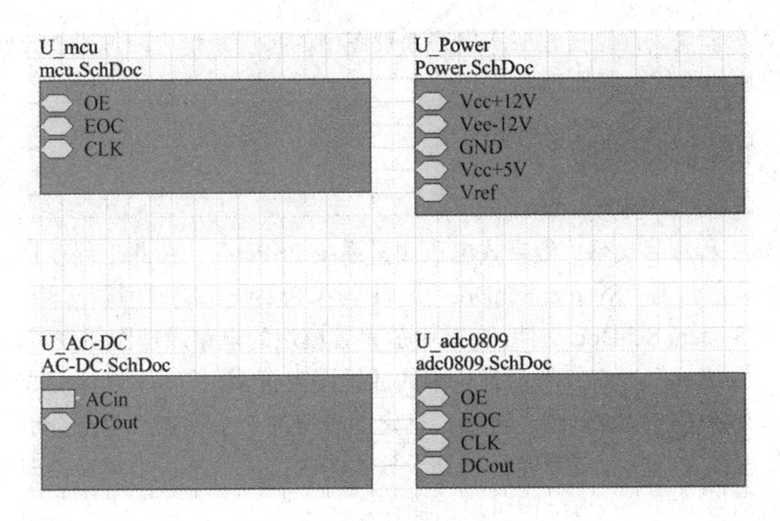

图 3.48　最后结果

3.3.3　完成顶层系统电路原理图的设计

根据系统各模块之间的电气逻辑关系用导线或网络名连接各图表符中的图纸端口，以实现系统的整体功能，如图 3.49 所示。

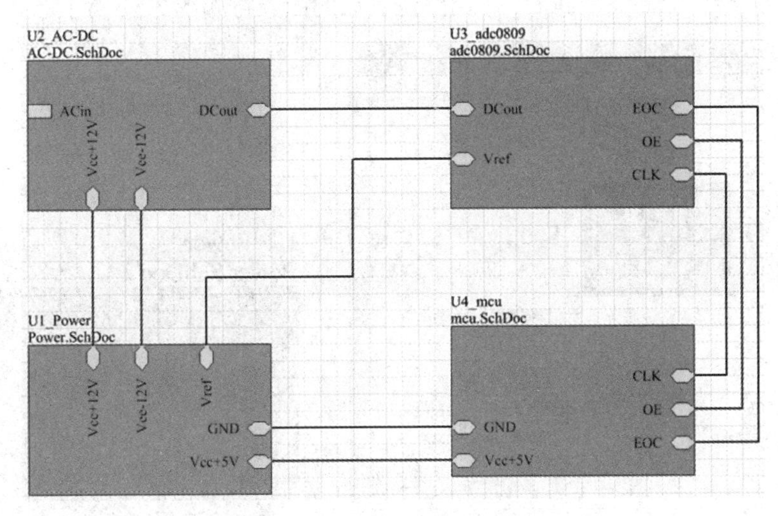

图 3.49　连接各图表符中的图纸端口

至此通过设置系统的各单元模块及模块与模块间的连接关系完成顶层系统电路原理图的设计。

任务 4　自上而下设计数字式电压测量系统

我们采用层次电路的自上而下设计方法将实际的总体电路按照电路模块的划分原则划分为 4 个电路模块，即 Power（电源）、AC-DC（交流直流调理）、mcu（主控）和 adc0809

（模数转换）4 个模块。首先搭建层次电路原理图中的顶层系统电路原理图，然后分别绘制每一个电路模块的具体电路原理图。

1. 搭建系统电路原理图

搭建系统电路原理图的步骤如下。

（1） 新建工程项目文件“数字式电压测量系统.PrjPcb”，在此工程项目中新建一个电路原理图文件并命名为“System.SchDoc”，将其作为系统电路原理图文件。

（2）打开 System.SchDoc 文件，在其中放置各模块的电路原理图图表符。选择“放置”|“图表符”命令或单击“布线”工具栏中的放置图表符按钮，光标变成十字形状并带有图表符图形。单击需要放置图表符处，确定图表符的一个顶点，单击合适位置确定其对角顶点即可放置图表符。放置后光标仍处于放置图表符的状态，重复操作即可放置其他图表符，单击鼠标右键或者按 Esc 键可退出操作。

（3） 此时放置的图表符并没有具体意义，需要进一步设置，包括标识符、所表示的子原理图文件及一些相关的属性等。双击需要设置属性的图表符或在绘制状态时按 Tab 键，打开“方块符号”对话框。在其中设置标识、文件名、大小和尺寸等属性，如图 3.50 所示。

（4） 按同样的方法绘制其他 3 个图表符并设置属性，标识分别为“U2_AC-DC”“U3_adc0809”“U4_mcu”，指向的子原理图文件的名称分别设置为“AC-DC.SchDoc”“adc0809.SchDoc”“mcu.SchDoc”，调整位置后的图表符如图 3.51 所示。

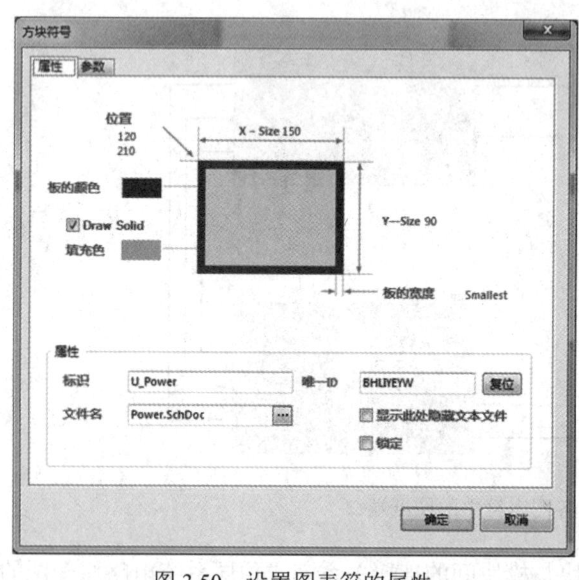

图 3.50 设置图表符的属性

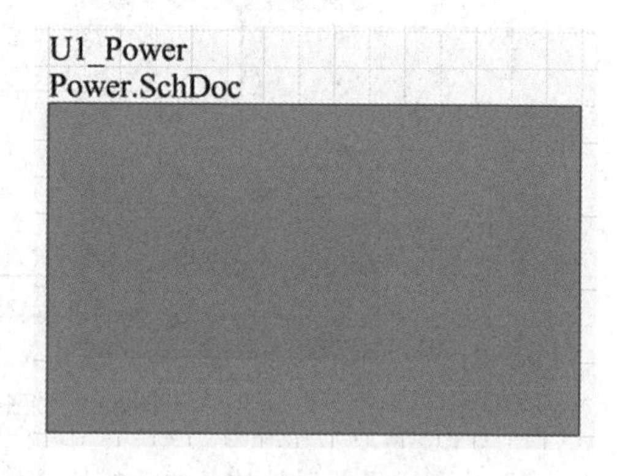

图 3.51 调整位置后的图表符

（5） 选择“放置”|“添加图纸入口”命令或单击“布线”工具栏中的放置图纸入口按钮，这时光标变成十字形状并带有一个图纸入口图形符号。移动光标到图表符方框内部，选择放置电路端口的位置会出现一个随光标移动的电路端口。但其只能在图表符方框内部的边框上移动，单击适当位置放置电路端口。此时光标仍处于放置图纸端口的状态，继续放置其他图纸端口，单击鼠标右键或者按 Esc 键即可退出操作。

（6）根据层次电路图的设计要求，在顶层系统电路原理图中每一个图表符方框上的图纸端口和代表的子原理图中的一个电路输入/输出端口相对应，包括端口名称及接口形式等。双击需要设置属性的图纸端口或在绘制状态时按 Tab 键，打开“方块入口”对话框。设置各图纸端口的属性，结果如图 3.52 所示。

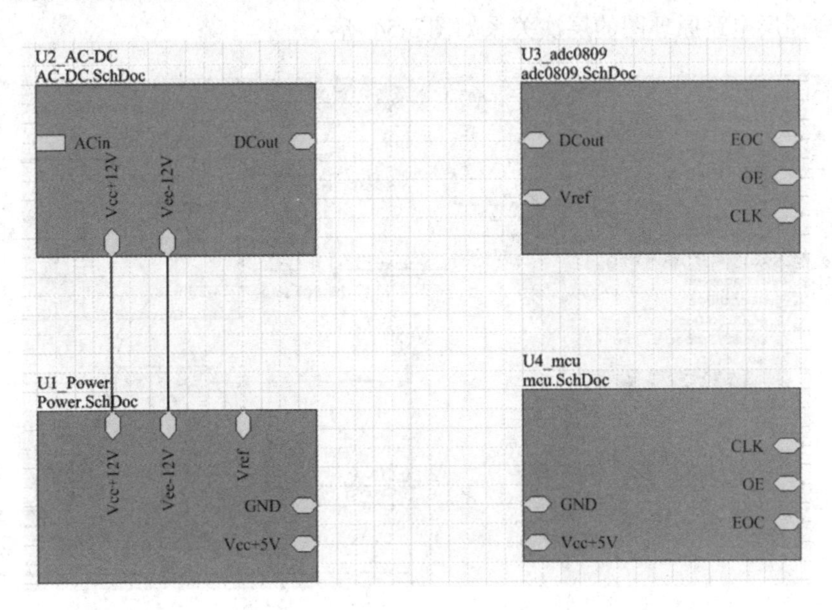

图 3.52　设置电路端口属性的结果

（7） 根据各模块之间的电气逻辑关系用导线或网络名连接各图表符中的图纸端口，以实现系统的整体功能。

至此通过设置系统的各单元模块及模块与模块间的连接关系，设计完成顶层的电路原理图。

2. 产生子原理图

选择“设计”|“产生图纸”命令，光标变成十字形状。单击“U1_Power”的图表符，系统自动在工程项目文件数字式电压测量系统.PrjPcb 中添加一个新的电路原理图文件并打开，该文件的名称为“U1_Power”图表符中设置的子原理图的文件名“Power.SchDoc”。打开的电路原理图文件 Power.SchDoc 中自动增加了 4 个电路的输入/输出端口，端口的名称与“U1_Power”图表符中的图纸端口名一致，如图 3.53 所示。

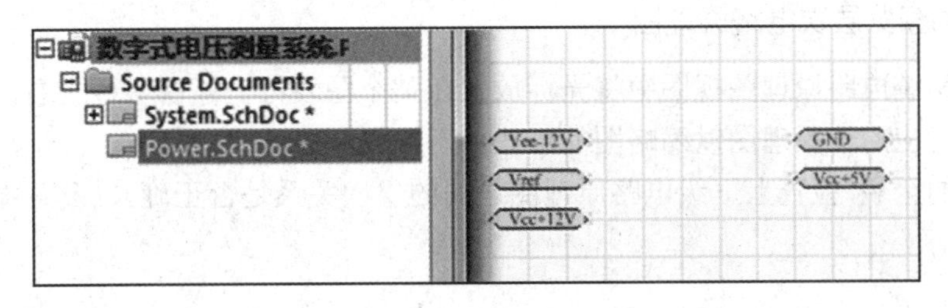

图 3.53　端口的名称与“U1_Power”图表符中的图纸端口名一致

在电路原理图文件 Power.SchDoc 中绘制完成此模块的电路，并连接对应的电路端口及设置图纸的相关属性。

按同样的方法将其他图表符均自动生成相应的子原理图，并完成各自的子原理图设计，将对应的电路端口连接到电路相应的电气节点上。这样由图表符自动生成相应的子原理图、子原理图与顶层电路原理图的层次关系如图 3.54 所示。

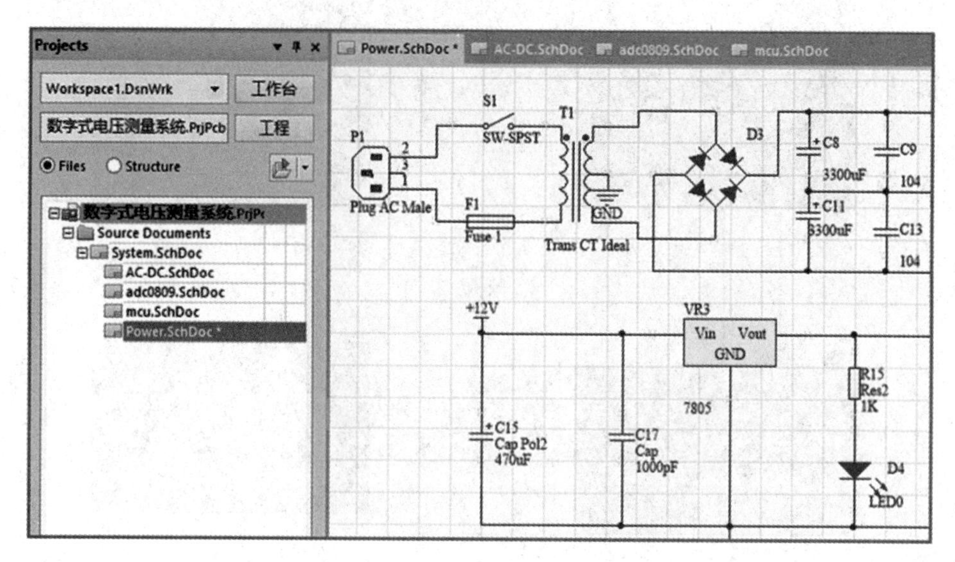

图 3.54　子原理图与顶层电路原理图的层次关系

以同样的方法绘制其他 3 个图表符，并绘制完成子原理图。

任务 5　层次电路原理图的上下自动切换与链接

绘制完成的层次电路原理图中一般包含顶层系统电路原理图和多张子原理图，用户在编辑时经常要在这些图中来回切换查看，以了解完整的电路结构。由于层次较少的层次电路原理图结构简单，因此直接在“Projects”（工程）面板中选择相应电路原理图文件的图标即可切换查看；而包含较多层次的原理图结构十分复杂，通过“Pojects”面板切换容易出错。Altium Designer 16 提供了层次电路原理图切换的专用命令，以帮助用户在复杂的层次电路原理图之间方便地切换，实现多张电路原理图的同步查看和编辑。

1.　浮动预览层次电路原理图

在顶层系统电路原理图视图中将光标放置在某个图表符上停留两秒左右，系统自动将这个图表符对应的子原理图以缩略图的形式显示在光标右方的屏幕上。使用户能快速地浏览子原理图的全貌，检查上下级电路原理图之间的层次关系是否正确，以及各端口的状况，如图 3.55 所示。

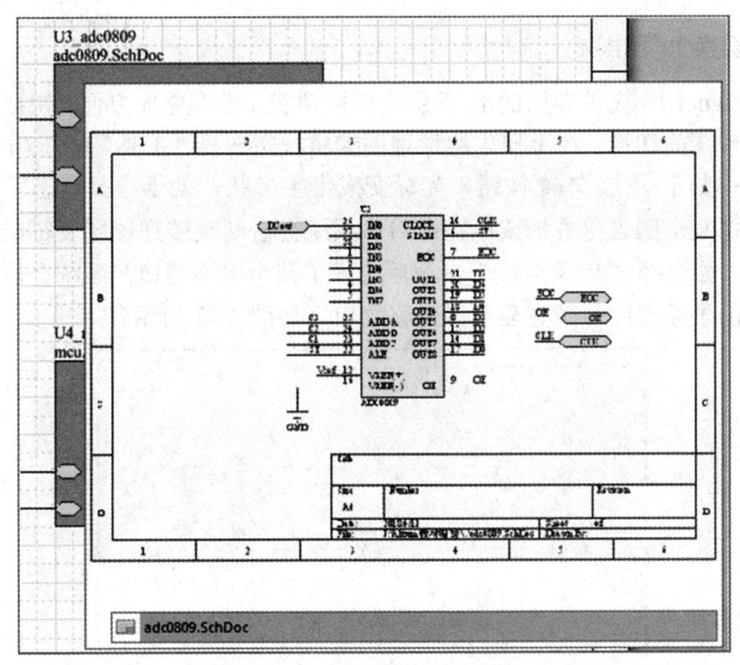

图 3.55　浮动预览子原理图

缩略图下方有子原理图的文件名和链接，需要打开或切换到该子原理图时单击缩略图文件名即可，快速方便。如果将光标在系统电路原理图某个电路端口上放置两秒左右，将在对应的子原理图缩略图中高亮显示这个电路端口。缩略图下方有系统中所有用到该端口的子原理图的文件名和链接，需要打开或切换到该子原理图单击相应的缩略图文件名即可，如图 3.56 所示。

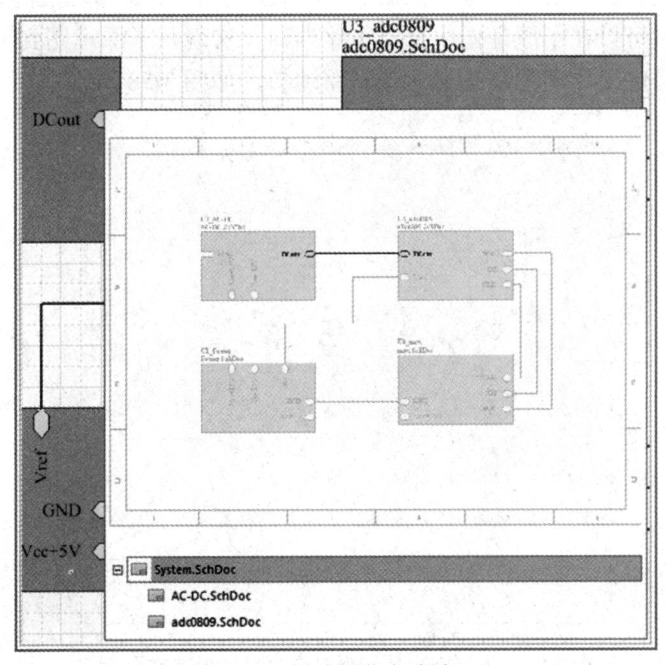

图 3.56　浮动预览电路端口

2. 快速切换上/下层次

Altium Designer 16 提供专用的上/下层次切换功能，可以更加方便、快捷且精确地在上下层次电路原理图间切换。在上层电路原理图编辑状态选择“工具”|“上/下层次”命令或单击主工具栏中的上/下层次按钮，光标变成十字形状，处于选择状态。这时在上层电路原理图中选择某个图表符方框或电路端口，系统会自动跳转到该图表符或电路端口所对应的子原理图。如选择“上/下层次”命令后选择了某个电路端口，系统会自动跳转到该电路端口所对应的子原理图并高亮显示该电路端口，如图 3.57 所示。

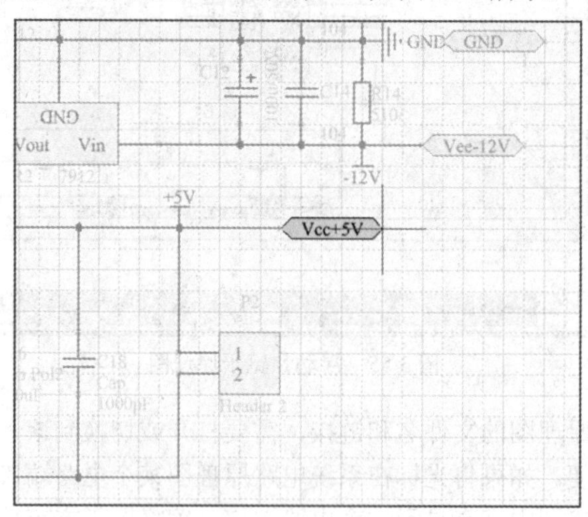

图 3.57　高亮显示所选电路端口

从上层自动跳转到下层的子原理图后，光标仍是十字形状，即系统仍处于上/下层次切换功能状态。这时可以在子原理图中选择电路端口，实现从子原理图到上层电路原理图的跳转切换并在上层电路原理图高亮显示该电路端口，如图 3.58 所示。

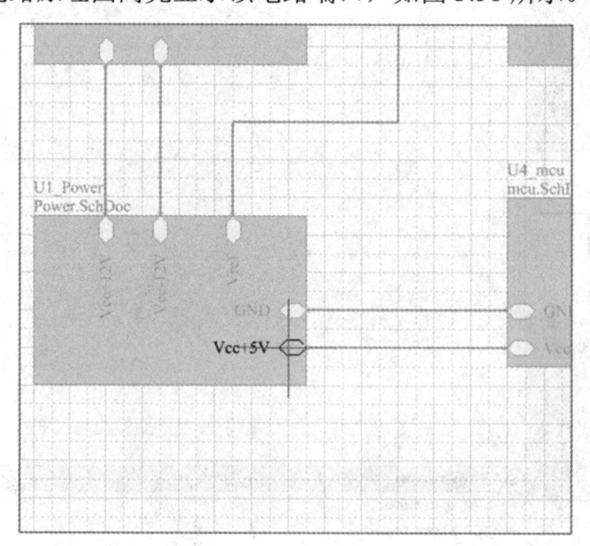

图 3.58　下层向上层切换时高亮显示所选电路端口

这样可以从上到下或从下到上灵活切换查看电路设计的细节，特别是各模块之间的逻辑连接关系。如要结束上下层次切换功能，单击鼠标右键或按 Esc 键即可。

技能与练习

（1） 参照本书素材文件\各章节实例与练习\3\练习\Sheet1.pdf 绘制电路原理图，部分电路原理图元器件可以自制，练习创建与编辑元器件库。

（2） 参照本书素材文件\各章节实例与练习\3\练习\555.jpg 新建该元器件。

（3） 自动标号题（1）电路原理图中元器件的序号，从左到右，从上至下。

（4） 在题（1）的电路原理图中空白处放置字符串“STM32 设计”。

（5） 设计打开本节的数字式电压测量系统，并练习层次电路的设计和切换。

项目 4　PCB 设计基础

现代电子电路的载体是 PCB，因此 PCB 设计也是整个电路设计中的重要一环。

本项目主要介绍 PCB 的基础知识，并通过简单的集成稳压电源的 PCB 设计来介绍 PCB 设计的基本方法与流程。

知识技能导航	知识了解	PCB 的基础知识
	知识熟知	覆铜板的概念及应用 PCB 设计的基本方法与流程
	技能掌握	PCB 编辑界面操作 放置元器件、焊盘和导线 新建和保存设计文档等 导入网络表
	技能高手	快速放置元器件、焊盘和导线

任务 1　了解 PCB

PCB 是重要的电子部件和电子元器件的支撑体，由于它采用电子印刷术制作，故又称“印刷电路板”。

1936 年奥地利人保罗·爱斯勒（Paul Eisler）首次在一台收音机中采用了 PCB。在 PCB 出现之前，电子元器件之间的互连都是依靠导线实现的。由于市场需要，PCB 在 20 世纪 50 年代初期开始大规模投入工业化生产，当时主要是采用印制及蚀刻法制造简单的单面电路板。1936 年，保罗·爱斯勒提出并首创了铜箔腐蚀法工艺，第二次世界大战中，美国利用该工艺技术制造 PCB 用于军事电子装置中获得了成功，由此引起电子制造商的重视。1953 年出现了双面 PCB，并采用电镀贯穿孔工艺实现了两面导线互连。随着整个科技水平和工业水平的提高，PCB 行业得到了蓬勃发展，图 4.1 所示为多层 PCB。

图 4.1　多层 PCB

大量新式材料、新式设备和新式测试仪器的相继涌现，促使 PCB 进一步向高密度的互连、高可靠性、高附加值和自动化生产的方向发展。随着计算机及通信产品市场的迅猛发展，不但要求 PCB 能够有效地传送信号，更要求不断向轻、薄和短小方向发展，PCB 的设计也就越来越复杂。国内外对未来 PCB 生产制造技术发展动向的论述基本上是一致的，即高密度、高精度、细孔径、细导线、细间距、高可靠、多层化、高速传输、轻量和薄型，在生产上同时向提高生产率、降低成本、减少污染，以及适应多品种和小批量生产的方向发展。

4.1.1 PCB 组成

PCB 的主要材料是覆铜板，它由基板、铜箔和黏合剂构成。基板是由高分子合成树脂和增强材料组成的绝缘层板，在其表面覆盖着一层电导率较高且焊接性良好的纯铜箔。铜箔覆盖在基板一面的覆铜板称为“单面覆铜板”，基板的两面均覆盖铜箔的覆铜板称为“双面覆铜板”。铜箔通过黏合剂牢固地覆在基板上，常用覆铜板的厚度有 1.0 mm、1.5 mm 和 2.0 mm 共 3 种。

1. PCB 的种类

覆铜板的种类较多，按绝缘材料不同分为纸基板、玻璃布基板和合成纤维板；按黏合剂树脂不同分为酚醛极、环氧极、聚酯极和聚四氟乙烯极等；按用途不同分为通用型板和特殊型板。合成纤维板可靠性高且高频性较好，常用做实验电路板，易于检查；纸质板的价格便宜，适用于大批量生产要求不高的产品并具有良好的透明度，主要用在工作温度和工作频率较高的无线电设备中。

2. PCB 的结构

PCB 可以分成单面板、双面板和多层板，单面板如图 4.2 所示。

图 4.2　单面板

（1） 单面板。

单面板指仅一面有覆铜或有印制铜导线的电路板，用户只能在该板的一面布置元器件和布线。由于只能使用一面，所以在布线时有很多限制。此种 PCB 功能有限，现在基本上很少采用。

（2） 双面板。

双面板指仅有两面有覆铜或有印制铜导线的电路板，用户可以在板的两面布置元器件和布线。此种 PCB 现在是市场上的主流，如图 4.3 所示。

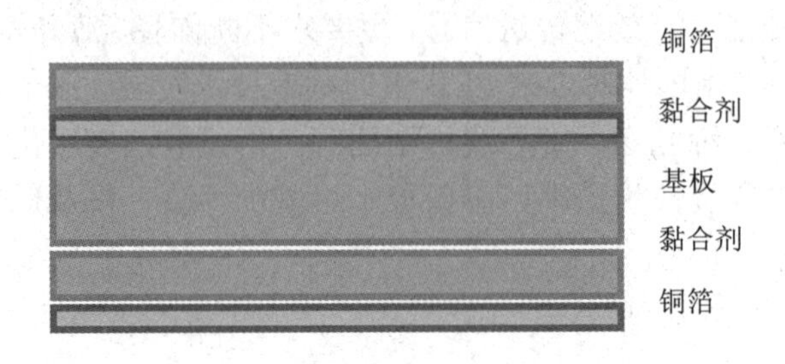

图 4.3　双面板

（3）多层板。

用一块双面板作为内层、两块单面板作为外层或两块双面板作为内层和两块单面板作为外层的 PCB，通过定位系统及绝缘黏结材料交替在一起且导电图形按设计要求进行互联的 PCB 成为 4 层或 6 层。即多层 PCB，其结构如图 4.4 所示。

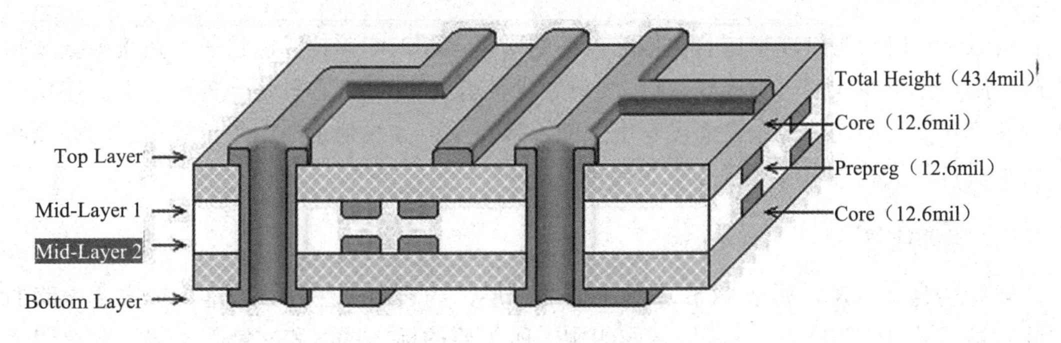

图 4.4　多层 PCB 的结构

随着 SMT（表面安装技术）的不断发展，以及新一代 SMD（表面安装器件）的不断推出，如 QFP、QFN、CSP 和 BGA。特别是 MBGA 使电子产品更加智能化与小型化，因而推动了 PCB 工业技术的重大改革和进步。自 1991 年 IBM 公司首先成功开发出高密度多层 PCB（SLC）以来，各国也相继开发出各种各样的高密度互联（HDI）微孔板。这些加工技术的迅猛发展，促使了 PCB 的设计已逐渐向多层和高密度布线的方向发展。多层 PCB 以其设计灵活、稳定可靠的电气性能和优越的经济性能，现已广泛应用于电子产品的生产制造中。多层 PCB 的设计重点是高密度组装和布线状况下的电气兼容。

4.1.2　PCB 设计的常用术语

1.　铜箔导线

PCB 上用于物理连接的铜箔通常称为“印制铜箔”，也称“铜箔导线”或“走线”。铜箔导线连接 PCB 的各个焊盘，是 PCB 实现电路连接最重要的部分。铜箔导线是电流的载体，要考虑承受电流的能力，设计时要考虑铜箔的厚度和宽度等要素。

2.　焊盘

焊盘是 PCB 元器件的连接点，通常要通过焊锡的焊接将元器件的引脚焊接在 PCB 的某个铜箔处使元器件和 PCB 互通。然后连接到其他元器件，从而形成一个完整的电路。焊盘一般有通孔焊盘和贴片焊盘，通孔焊盘需要钻孔，插入元器件的管脚；贴片焊盘直接将贴片元器件的管脚放置在铜箔上面，因为不用钻孔，所以 PCB 的利用率高且元器件的组装密度高。

3.　过孔

在双面板和多层 PCB 中为连接各层之间的印制导线，在各层需要连接导线的交汇处钻一个公共孔，即过孔，也称“金属化孔”。在工艺上过孔的孔壁圆柱面上用化学沉积的方法镀上一层金属，用于联通中间各层需要联通的铜箔，而过孔的上下两面做成圆形焊盘形状。

4. 预拉线

布线时一般会提供观察用且类似橡皮筋的网络连线，即预拉线，它是由系统根据规则生成后用来指引布线的一种连线。预拉线与导线有本质的区别，它只是一种形式上的连接，表示各个焊点间的连接关系，而没有电气的连接意义；导线则是根据预拉线指示的焊点间连接关系布置且具有电气连接意义的连接线。

5. 丝印字符

丝印层为文字层，属于 PCB 中最上面的一层，一般用于注释。这是为了方便电路的安装和维修等在 PCB 的上下两层表面印刷上所需要的标志图案和文字代号等，即丝印字符。

6. 绿油

绿油是涂覆在 PCB 不需焊接的线路和基材上的一种油漆，用做阻焊剂。目的是将不需要焊接的铜箔遮盖起来，一是防止自动化焊接时沾上焊锡产生的短路；二是长期保护所形成的线路图形。绿油通常是液态感光油漆，常见的是绿色。目前红色阻焊油漆或其他颜色的油漆也十分常见，但是专业术语还是俗称“绿油”。

7. 安全间距

安全间距是 PCB 上导线与导线或导线与焊盘之间的最小间距，小于这个间距容易发生电气击穿或发电现象，使电路产生不安全的问题与危害。安全间距主要与 PCB 的绝缘性能和导体间的电压等级有关系，具体的安全间距的数值可参阅相关规范。

8. 定位孔

定位孔在焊接和装配过程中用于 PCB 的定位，定位后将 PCB 固定才能进行精确的自动贴片或自动插件。定位孔在 PCB 上没有电气特性，是一个机械挖孔。

9. 安装孔

PCB 装配元器件后用螺丝经过安装孔将电路板固定在机箱内，它可以有电气性能，一般接地或接金属的机箱外壳。

10. 工艺边

在 PCB 自动组装工艺流程中，PCB 需要在生产线上传输移动，为防止设计好的 PCB 边缘安装元器件后与生产线发生碰撞，在 PCB 边缘预留了几毫米的留边，即工艺边。工艺边主要为了辅助生产，不属于 PCB 的一部分，在生产完成后可以去除。

11. 拼板

拼板是自动化生产的需要，当设计的 PCB 尺寸较小，不方便在自动化生产线上批量生产时将设计好的 PCB 按一定规律和要求拼成一个大板。这样可以提高自动化生产的效率，图 4.5 所示为工艺边和 2×3 拼板。

图 4.5　工艺边和 2×3 拼板

12. V-Cut

V-Cut 即 V 形切割，切割时刀具沿拼板边缘线移动。但刀具下的刀并不把板子切透，在板子背面同样的位置再切一刀也不切透。要切割的地方从截面来看是上下两个 V 形，只有中间连接，所以双面 V-Cut 使得 PCB 轻轻一掰就会断开。V-Cut 一般用于拼板或加工艺边，在贴芯片后出厂时掰断。

4.1.3　PCB 的设计流程

使用 Altium Designer 16 设计 PCB 一般采用流程化的步骤来实现，设计流程如图 4.6 所示。

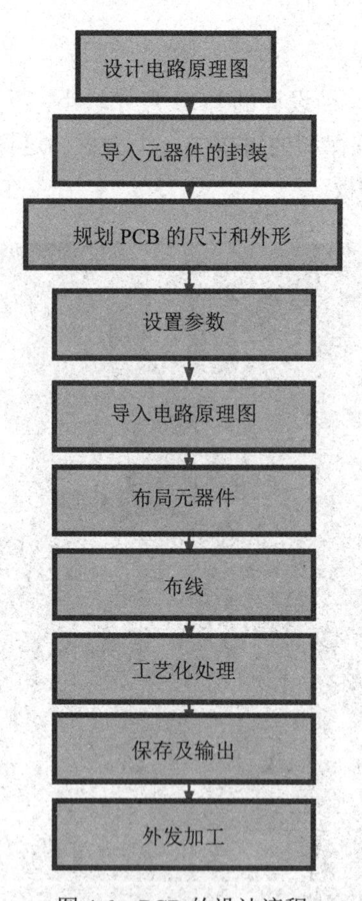

图 4.6　PCB 的设计流程

按设计流程一步步实现既思路清晰，有章可循，也不容易出错。

（1） 设计电路原理图。

根据设计要求绘制电路原理图，其中的元器件标号要准确无误。

（2） 导入元器件的封装。

根据工程项目的要求导入或更改元器件的封装，也可以在电路原理图设计时添加各元器件的封装。元器件的封装是 PCB 设计的重要因素之一，而电路原理图中的同一种类的元器件可能会对应不同封装。如同是电阻，R1 是通孔的 AXIAL0.4，R2 是贴片的 0805。这一步决定了最后完工的 PCB 能否与元器件匹配和安装，要重点确认。

（3） 规划 PCB 的尺寸和外形。

PCB 是物理硬件，必须由工厂生产。所以需要规划 PCB 的形状、尺寸和安装方式等物理参数，这些参数要精确无误；否则很容易造成后续工作的麻烦。

（4） 设置参数。

主要是设置 PCB 层数、PCB 编辑界面及 PCB 封装库等。

（5） 导入电路原理图。

导入设计好的电路原理图，从而将 PCB 工程的设计正式从电路原理图设计转到 PCB 布局和布线设计步骤。在 Altium Designer 16 中导入电路原理图相当简单，而且电路原理图和 PCB 图的修改及更新也十分方便。

（6）　布局元器件。

布局元器件要根据电路设计、电路板的功能和电气规范等要求将各元器件摆放到合理的位置，使其既能发挥应有功能，也使后续的元器件安装和调试方便与可靠。布局元器件有一定的算法和功能，但是主要要依靠用户的经验来完成。

（7）　布线。

放置元器件后要用导线连接各焊盘（元器件管脚），使各元器件能正常工作。布线要考虑走线的宽度、间距和路线等要素，这一步是 PCB 设计的重要步骤，也是整个设计环节中最重要和最花时间的步骤。Altium Designer 16 有先进的自动布线的算法来降低布线的难度，只要设置正确布线参数，自动布线的通过率能达到 100%，然后只要人工适当地调整即可。

（8）　工艺化处理。

工艺化处理是当 PCB 设计的布局和布线基本无误后对其进行符合自动化生产工艺流程的处理，如覆铜、泪滴、拼板和标注等。

（9）　保存及输出。

全部设计完成并检查无误后要保存、导出和打印工程项目等，Altium Designer 16 可以根据需要导出相应的文件格式，如导出光绘的 Gerber 格式或者数控加工的 CAM 格式等。

（10）　外发加工。

将工程文件以相应的文件格式发给加工厂或客户生产。

任务 2　集成稳压电源的 PCB 布局设计

我们已经在项目 2 中设计完成集成稳压电源的电路原理图，本节以完成其 PCB 设计的过程介绍 PCB 编辑界面及其功能，以及电路原理图导入、手动布局和手工布线的基本步骤。

4.2.1　PCB 编辑界面

打开项目 2 中设计的集成稳压电源项目的过程文件“1A 稳压电源.PrjPcb”，在此工程项目中已有一个设计好的电路原理图文件“Power.SchDoc”。

（1）　新建 PCB 文件。

为新建 PCB 文件，选择“文件”|“新建”|“PCB”命令或单击主工具栏中的新建按钮。打开工作面板区中的“Files”面板，选择“新的”栏中的“PCB Files”命令。系统新建一个 PCB 文件，默认名为“PCB1.PcbDoc”“PCB2.PcbDoc”“PCB3.PcbDoc”等。

选择主菜单中的“文件”|“保存”命令或单击主工具栏中的保存按钮，打开“保存”对话框。选择保存路径并输入文件名，这里采用 PCB 默认的文件名并且保存在工程文件夹中。

也可以用模板来直接创建 PCB 文件，模板是已经创建好的公司或个人的 PCB 图纸格式和多种工业板卡的外形等。新建 PCB 文件时直接按这个风格来创建可以节省大量时间。也可以自己创建模板，打开工作面板区中的“Files”面板，选择“从模板新建文件”|“PCB

Templates”命令，打开“Choose existing Document”对话框，如图 4.7 所示。

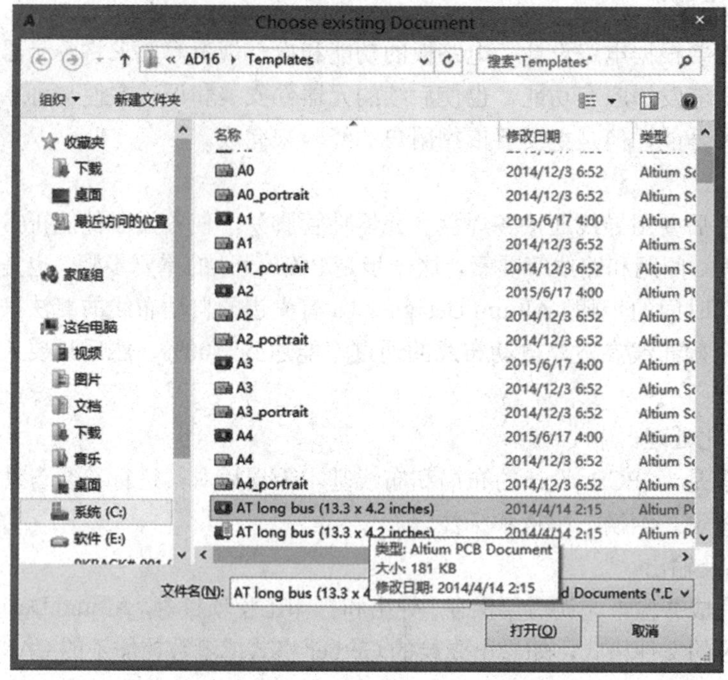

图 4.7 “Choose existing Document”对话框

选择“AT long bus”选项，单击“打开”按钮，系统在 PCB 编辑界面的编辑窗口中载入该模板的数据，如图 4.8 所示。

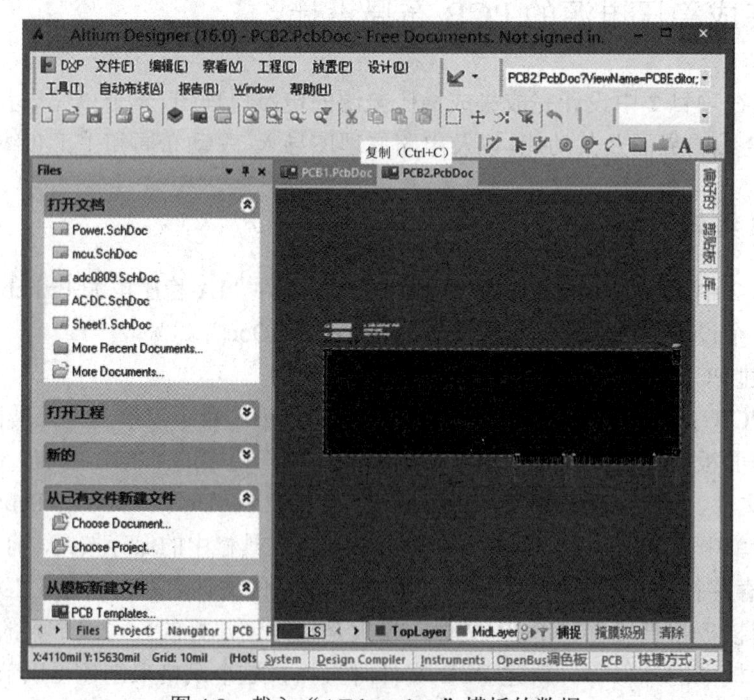

图 4.8 载入“AT long bus”模板的数据

（2） PCB 编辑界面。

系统自动打开新建 PCB 文件，并显示 PCB 编辑界面，如图 4.9 所示。

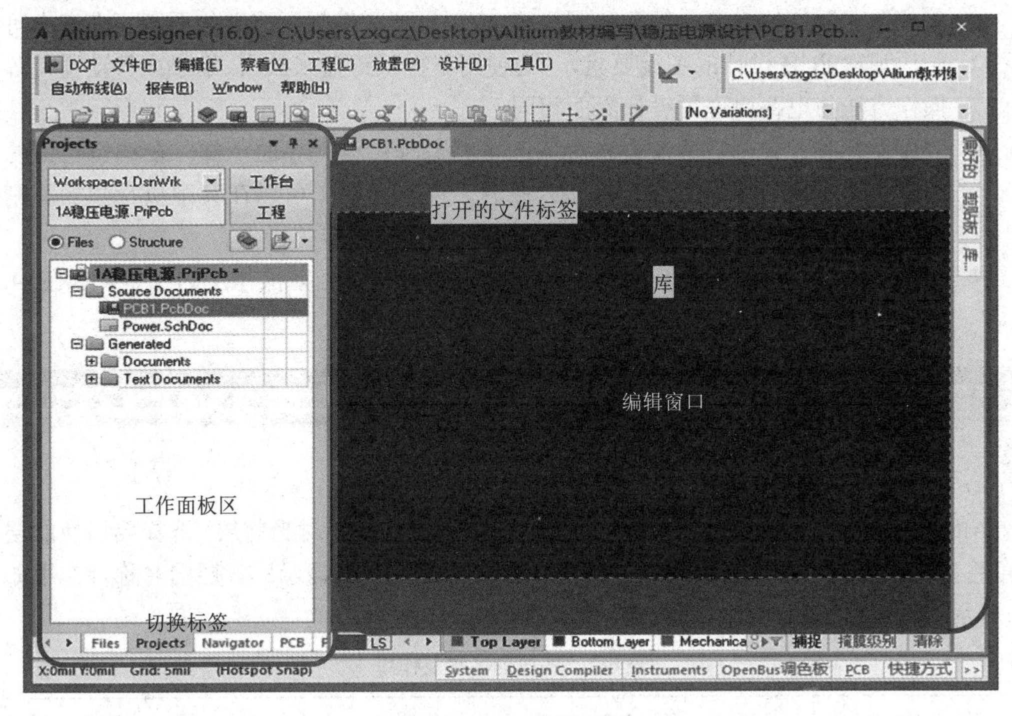

图 4.9　PCB 编辑界面

PCB 编辑界面与电路原理图设计界面类似，主要由菜单栏、主工具栏、工作面板区、编辑窗口、布线工具栏和库标签等构成。

◆ 菜单栏：主要提供常用的文件操作，以及有关 PCB 设计的命令。

◆ 工具栏：包括主工具栏、“PCB 标准”工具栏、“布线”工具栏、“绘制”工具栏和“应用程序”工具栏。

“布线”工具栏如图 4.10 所示。

图 4.10　“布线”工具栏

其中提供了交互式布线时采用的放置 PCB 相关图元的命令按钮，如放置导线、多根导线、差分布线、焊盘、过孔、弧线、矩形、覆铜、文本和器件的命令按钮。

“应用程序”工具栏如图 4.11 所示。

图 4.11　“应用程序”工具栏

其中放置了绘图、排列对齐、尺寸标注、查找和捕捉等常用的命令按钮。

- ◆ 编辑窗口：PCB 编辑窗口是默认的黑色区域，是 PCB 实际形状所包含的区域，用来放置元器件的封装、焊盘和导线等 PCB 设计和编辑所需要的要素。在其中可以一边观察 PCB 设计的图元要素，一边使用鼠标或键盘来放大、缩小或移动窗口等，操作方法与电路原理图设计界面相同。
- ◆ “库”标签：元器件库文件的标签与电路原理图设计界面一样，在编辑窗口的右边。使用时可以单击“库”标签，打开“库”面板，可以在其中执行添加和删除元器件的库文件，以及查找和放置相应元器件的封装等操作。
- ◆ 层切换标签：在编辑窗口操作区的下方有一排切换当前操作层的标签，如图 4.12 所示。

图 4.12　切换当前操作层的标签

Altium Designer 16 的 PCB 设计同时显示多层，但操作针对当前层。选择要切换的层，即可将其变成当前层，当前层默认的颜色在整排标签的左端显示。各层的名称及作用如表 4.1 所示，读者要了解其基本的概念。

表 4.1　各层的名称及作用

序　号	名　称	作　用
1	Top Layer（顶层信号层）	放置元器件和走线
2	Mid-Layer（中间信号层）	放置走线
3	Bottom Layer（底层信号层）	放置元器件和走线
4	Top Overlay（顶层丝印层）	放置顶层字符
5	Bottom Overlay（底层丝印层）	放置底层字符
6	Mechanical Layers（机械层）	为整个 PCB 的外观和尺寸
7	Multilayer（多层）	多层，即每一层均有
8	Keepout layer（禁止布线层）	定义电气特性铜箔的布线边界

4.2.2　设置集成稳压电源的 PCB 参数

根据 PCB 设计的流程，新建 PCB 设计文件后要添加相应的元器件库文件，并且要设置 PCB 的物理参数及层数等属性。

1. 设置单位

PCB 设计涉及物理长度，如导线宽度和焊盘直径等。Altium Designer 16 的单位主要有两种，即公制（Metric）和英制（Imperial）。公制的标准单位是毫米（mm）；英制的标准单位是毫英寸（mil），二者的换算关系如表 4.2 所示。

表 4.2　公制和英制的换算关系

英　制	公　制
1 in	25.4 mm
1 000 mil	25.4 mm
100 mil	2.54 mm
10 mil	0.254 mm

一般在 PCB 工程应用中使用英制尺寸，有时也会使用公制，如定义 PCB 的形状及尺寸。

为设置单位，用鼠标右键单击 PCB 编辑界面，在弹出的快捷菜单中选择“选项”|“板参数选项”命令，如图 4.13 所示。打开“板选项 [mm]”对话框，如图 4.14 所示。

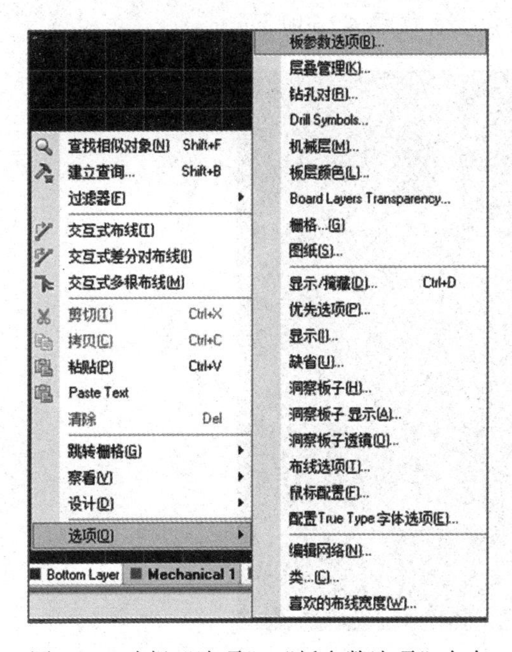

图 4.13　选择“选项”|“板参数选项”命令

图 4.14　“板选项 [mm]”对话框

在“度量单位”选项组中的“单位”下拉列表框中选择所需的选项，这里我们选择公制来设置 PCB 的尺寸，单击“确定”按钮可以看到系统左下角坐标显示和栅格步长的参数单位为公制，如图 4.15 所示。

X:-3mm Y:-2mm　Grid: 1mm

图 4.15　坐标显示和栅格步长的参数单位为公制

小技巧：Windows 系统常用的复制、粘贴和剪切的快捷键 Ctrl+C、Ctrl+V 和 Ctrl+X 在 Altium Designer 16 中也适用，而且电路原理图中的其他要素，如文本、导线和符号也可以复制和粘贴。改变单位的快捷键是 Q。

2. 设置栅格与捕捉

PCB 编辑是为使元器件和导线位置精确且排列整齐，在复制图元时能自动搜索到光标附近的元器件管脚或焊盘的坐标点，也会用到类似电路原理图编辑时的栅格和捕捉功能。

（1）栅格：PCB 编辑界面的栅格是黑色背景下内嵌的灰白色方格（默认），设置栅格后元器件管脚等 PCB 图元只能放置在各方格的端点上，如图 4.16 所示。

图 4.16　栅格

设置栅格大小的常用方法是用鼠标右键单击 PCB 编辑界面，在弹出的快捷菜单中选择“跳转栅格”命令。然后在下级菜单中选择需要的栅格间距，如图 4.17 所示。

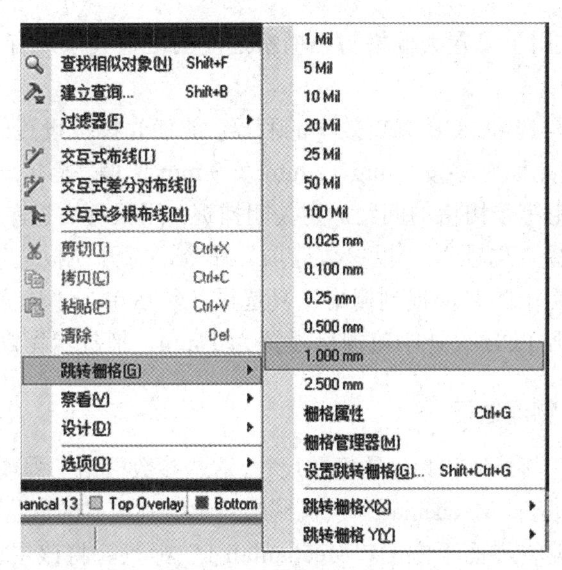

图 4.17　选择栅格的间距

例如，选择“1.000 mm”命令，则系统会将栅格的最小单位设置为 1 mm，设置后可以观察到 PCB 编辑界面的左下角显示当前栅格的间距。

栅格设置太小在显示全局（缩小视图）时，会因为太密而不显示，视图放大缩小时栅格会出现大的栅格（白色）内嵌小的栅格（灰色）。小的栅格就是设置的单位，如 1 mm，而大栅格内会有 5 个小栅格。

为设置栅格内嵌参数，用鼠标右键单击 PCB 编辑界面，在弹出的快捷菜单中选择“跳转栅格”|“栅格属性”命令，打开“Cartesian Grid Editor [mm]”对话框，如图 4.18 所示。

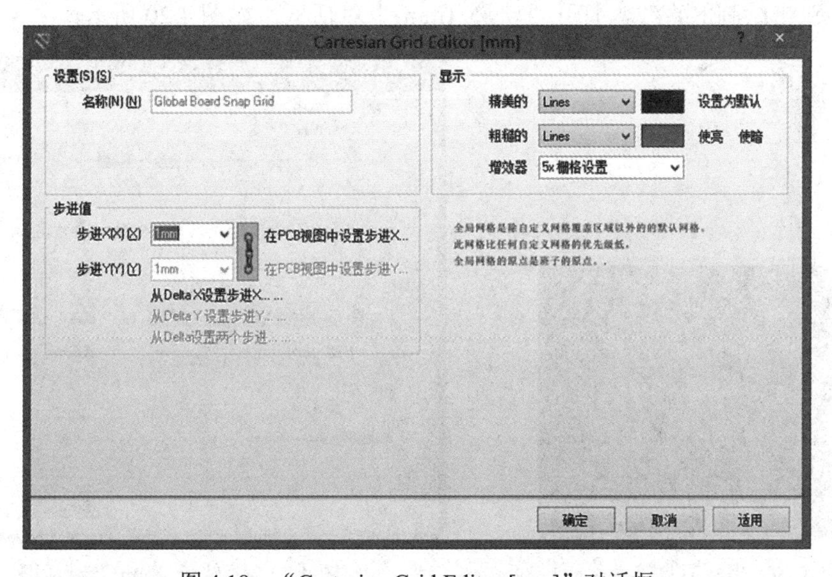

图 4.18　“Cartesian Grid Editor [mm]”对话框

其中“步进值”选项组用于设置栅格的间距，当前为 1 mm；“精美的”下拉列表框用于设置内嵌小栅格的线性及颜色；“粗糙的”下拉列表框用于设置大栅格的线型及颜色；

“增效器”下拉列表框用于设置大栅格与小栅格之间的倍数关系，有 2 倍、5 倍和 10 倍 3 个选项。

（2） 捕捉：捕捉是提升 PCB 编辑效率的利器，能使光标按设置的步长来移动。例如，栅格设置为 1 mm，则光标右移按 1 mm、2 mm 及 3 mm 递增。捕捉一般与栅格的间距密切相关，默认捕捉的间距等于栅格的间距。为关闭捕捉，用鼠标右键单击 PCB 编辑界面，在弹出的快捷菜单中选择“选项”|“板参数选项”命令，打开“板选项 [mm]”对话框。清除“捕捉选项”选项组中的“捕捉到栅格”复选框，然后单击“确定”按钮。

本例集成稳压电源 PCB 设计中将栅格设置为 1 mm，捕捉保留默认。

3. 设置 PCB 的物理边框

PCB 的物理边框即其外形和具体的机械尺寸，这些参数根据工程项目的要求来设置。PCB 的物理边框的边界通过在“Mechaniall”（机械层）中绘制边界的形状来实现，步骤如下。

（1） 单击 PCB 编辑界面下方的“Mechaniall 1”标签，将该层切换为当前的工作层。

（2） 在黑色的 PCB 编辑窗口的左下方放置坐标原点，单击“应用程序”工具栏中的“绘图”组中的放置原点按钮⨂，光标变成十字形状。单击黑色区域的左下角某点，该点即 PCB 编辑窗口新的坐标原点。在该点出现一个坐标原点符号，如图 4.19 所示。

（3） 选择“放置”|“直线”命令或单击工具栏中的放置走线按钮，用绘制直线的方法在编辑窗口绘制一个 PCB 的形状，具体的尺寸根据工程项目的要求而定。因为 PCB 工程对板尺寸要求比较高，所以一般要提前规划 PCB 的主要坐标点。也可以根据具体的 PCB 机械图来绘制机械层的直线或其他线条，从而使绘制的 PCB 的物理尺寸符合要求。本例集成稳压电源的 PCB 是 6 cm×4 cm 的矩形形状，可以绘制一条直线。

（4） 双击绘制的直线，打开“轨迹 [mm]”对话框，如图 4.20 所示。

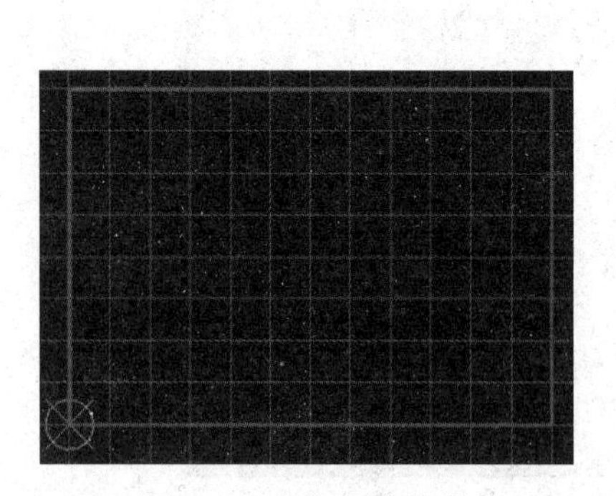

图 4.19 坐标原点符号

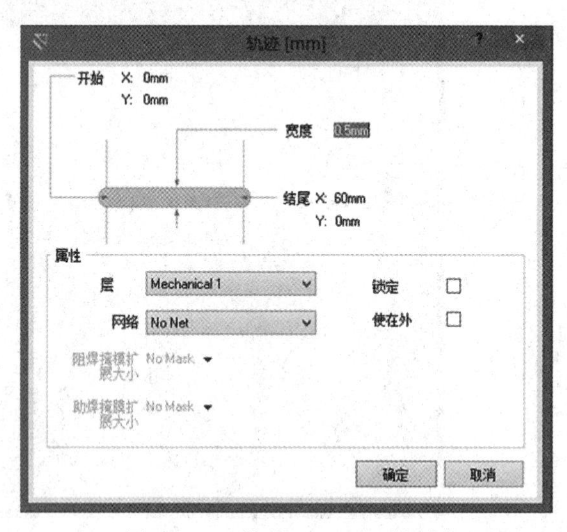

图 4.20 “轨迹 [mm]”对话框

（5）定义直线的起点和终点的坐标来精确绘制直线的长度，绘制一条 60 mm 的直线。直线的宽度可以默认，但绘制的形状必须是封闭的。

（6） 单击“确定”按钮，依此方法绘制 6 cm×4 cm 矩形的 4 条边框，Mechaniall 1（机械层）默认颜色是紫色。

（7） 为将绘制的边框定义为 PCB 外形，从上至下或从下至上拖动光标拉出矩形的包围框，以选中定义 PCB 物理外形的所有边框线，也可以按住 Shift 键逐个选中定义 PCB 物理外形的所有边框线。选择“设计”|“板子形状”|“按照选择对象定义”命令，如图 4.21 所示。

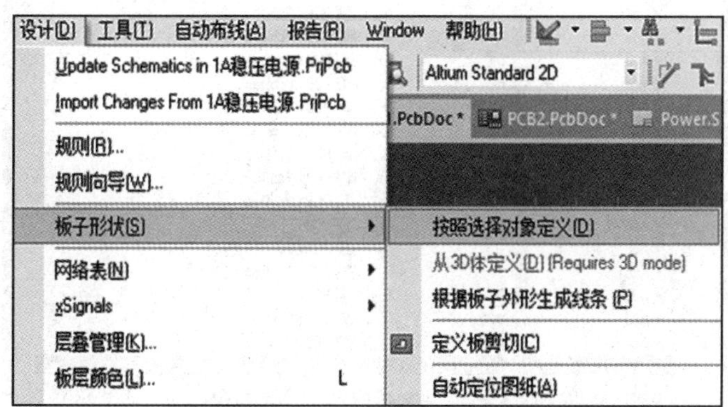

图 4.21　选择“设计”|“板子形状”|“按照选择对象定义”命令

系统将所选的对象定义为 PCB 的外形，PCB 编辑界面的黑色区域会随之改变。本例定义了一块 6 cm×4 cm 矩形板，所以黑色的 PCB 编辑窗口大大缩小了。

4. 加载元器件库文件

元器件库文件是 PCB 设计的必要条件，其中包含多个元器件的管脚和形状尺寸信息，即封装。设计 PCB 时必须把电路原理图设计中使用的所有元器件封装一一加载到系统，加载库文件的方法与电路原理图设计时加载库文件的方法一致，这里不再详述。本例集成稳压电源的 PCB 设计使用的是系统的常用元器件库（Miscellaneous Devices.IntLib）和常用插件库（Miscellaneous Connectors.IntLib）。

4.2.3　导入电路原理图网络表信息

设置 PCB 参数后即可将工程项目中设计的电路原理图文件导入到当前 PCB 设计文件中，Altium Designer 16 的早期软件版本（Protel）需要将设计好的电路原理图文件转换为网络表后导入到 PCB 设计文件中。Altium Designer16 可以在 PCB 编辑界面方便地导入统一工程项目中的电路原理图网络表信息，方法如下。

（1） 在打开本例集成稳压电源的 PCB 设计文件 PCB1.PcbDoc 处于编辑的状态下选择“设计”|“Import Changes From 1A 稳压电源.PrjPcb”命令，这里“1A 稳压电源.PrjPcb”为此工程项目的名称。打开“工程更改顺序”对话框，如图 4.22 所示。

（2） 单击“生效更改”按钮，系统会检查导入的电路原理图文件与现在的 PCB1.PcbDoc 文档各元器件的封装、标号和管脚序号等信息。检查后显示结果，检查无误的信息以绿色的“√”表示；检查出错的信息以红色的“×”表示且详细描述检测不能通过的原因。

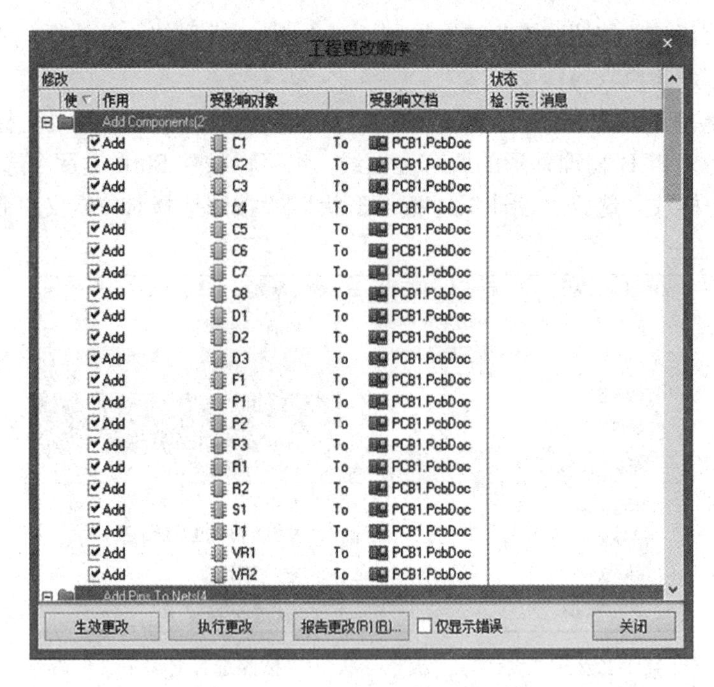

图 4.22 “工程更改顺序”对话框

（3） 检查有误，则回到电路原理图设计界面中修改相关错误，一般是元器件的封装问题；检查无误，则单击“执行更改”按钮，将电路原理图中设计的元器件和网络表等信息装载到 PCB 文件中。在“工程更改顺序”对话框的右侧“完成”信息栏中显示更改的结果，绿色的“√”表示执行完毕；红色的“×”表示未能执行，如图 4.23 所示。

图 4.23 更改的结果

（4） 单击“关闭”按钮，返回 PCB 编辑界面，可以看到在 PCB 形状及黑色区域的右侧出现一个名为“Power”的 Room 空间。其中放置各元器件及其管脚之间相互连接的白色拉线，如图 4.24 所示。

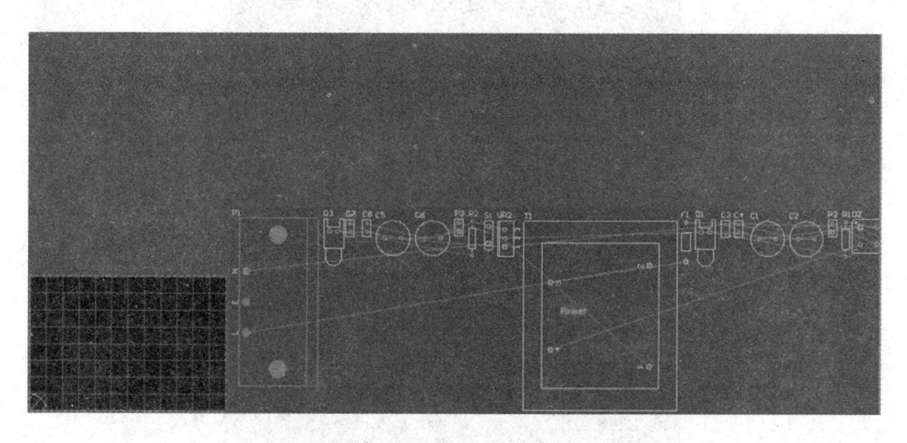

图 4.24　名为“Power”的 Room 空间

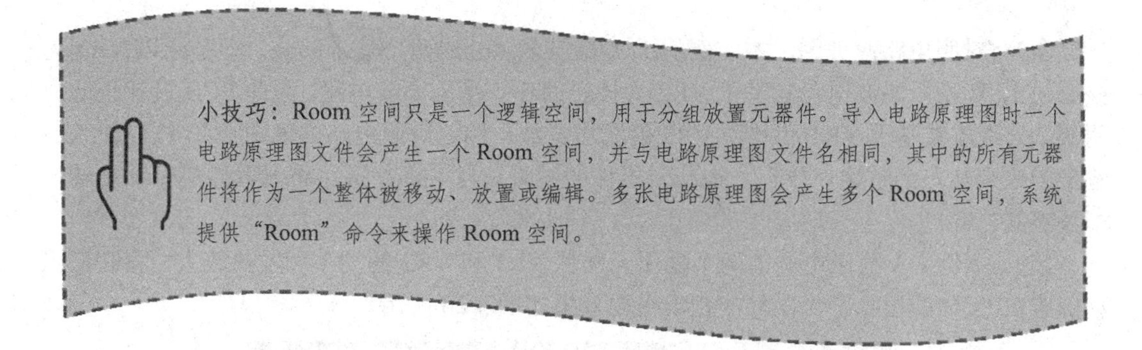

小技巧：Room 空间只是一个逻辑空间，用于分组放置元器件。导入电路原理图时一个电路原理图文件会产生一个 Room 空间，并与电路原理图文件名相同，其中的所有元器件将作为一个整体被移动、放置或编辑。多张电路原理图会产生多个 Room 空间，系统提供“Room”命令来操作 Room 空间。

4.2.4　手动布局 PCB 元器件

在 PCB 编辑界面中导入的各元器件的封装和网络名的位置比较凌乱，这种情况下无法布线，因此需要合理布局。元器件的布局要根据其连接关系、PCB 的工作特性、工作环境，以及某些特殊方面的要求通过手动调整。

元器件的布局要遵循如下原则。

（1） 相互连接的元器件要“靠”在一起，不能距离过远，即单元电路的各元器件要放置在附近。

（2） 容易发热的元器件要放在 PCB 的边缘并且要在周围预留其散热的空间。

（3） 大电压大电流附近不能放置易受干扰的小信号元器件，如振荡器等。

（4） 经常要调试或插拔的元器件要放置在板子的边沿，如需调节的电位器和插头等。

本例集成稳压电源的 PCB 元器件手动布局可按以下步骤操作。

（1） 删除变压器、开关、保险丝和交流插头，这些元器件不用安装在 PCB 上。

（2） 删除名为“Power”的 Room 空间，该电路元器件较少，不必用 Room 整体操作。

（3） 拖出一个选择框，选中所有或部分元器件，被选中的元器件会出现灰色背景。拖动被选中的元器件到 PCB 周围，然后放大显示 PCB 编辑窗口，如图 4.25 所示。

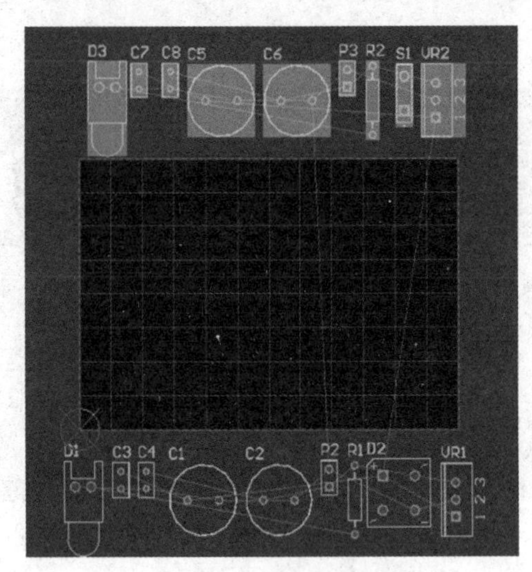

图 4.25　放大显示 PCB 编辑窗口

（4） 对照电路原理图，本实例的 1 A 稳压电源分成两个基本部分，即基于以 VR1 为核心的 12 V 稳压滤波电路和基于 VR2 为核心的 5 V 稳压滤波电路。因此 PCB 设计也分成两块，分别放置基于 VR1 和基于 VR2 的稳压滤波电路，对照电路原理图 PCB 按左输入右输出的原则从左到右逐一放置。拖动元器件的同时按住 Space 键可将元器件逆时针旋转，即调整其方向。

（5） 本例 1 A 稳压电源的两个稳压元器件 VR1 和 VR2 的功率和发热较大，将它们拖动放置在 PCB 的边缘，元器件的初步布局效果如图 4.26 所示。

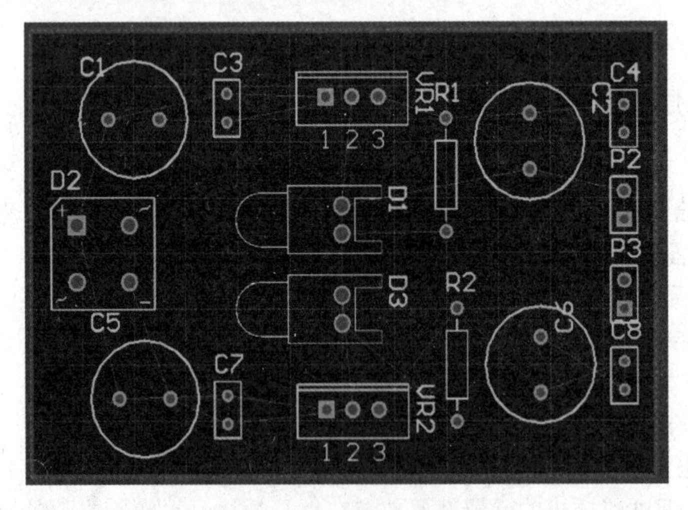

图 4.26　元器件的初步布局效果

（6） 已经确定各元器件基本位置，还要逐一调整其方向，避免出现元器件之间发热和预拉线出现交叉现象。调整过程中逐个排查元器件，使用视图放大和缩小功能查看。如

C6 和 C8 在电路原理图中是简单地并联，但是在 PCB 元器件布局过程中出现了交叉线，这是因为两个元器件的方向不一致。放大查看后将 C8 旋转 180°后预拉线变为平行，如图 4.27 所示。

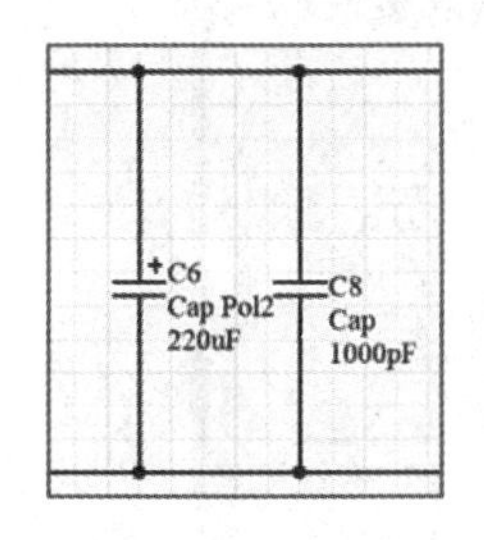

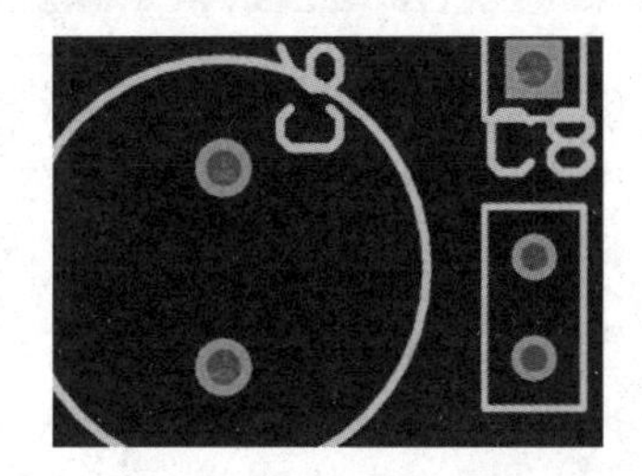

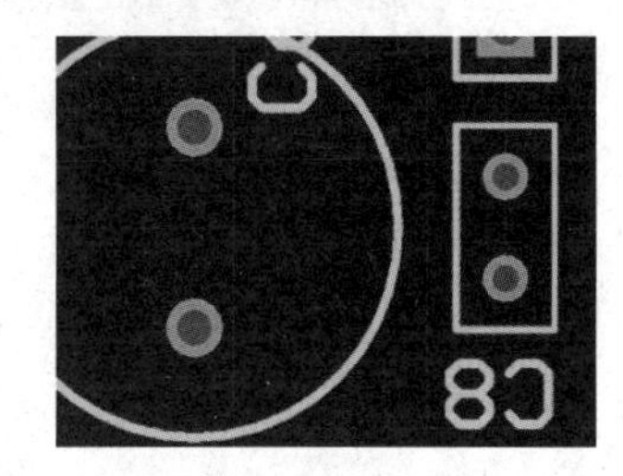

图 4.27　调整元器件的方向

（7） 根据 PCB 的大小和形状将各元器件排列整齐且分布均匀，结果如图 4.28 所示。

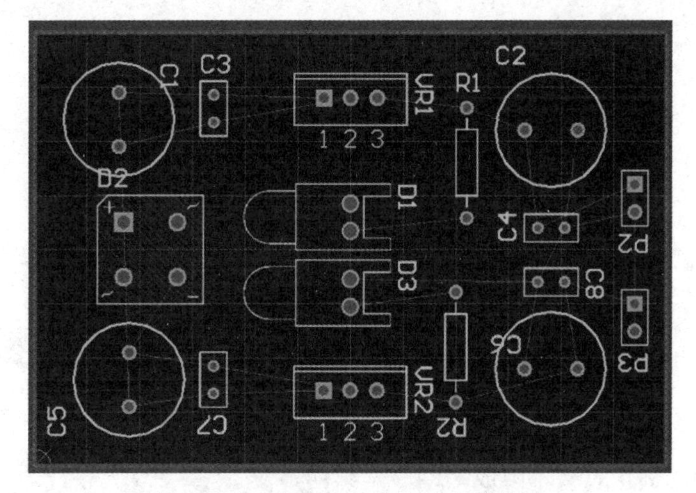

图 4.28　手动布局后的 PCB 布局结果

至此集成稳压电源的 PCB 元器件手动布局完毕，元器件布局的手动调整是 PCB 设计的基本功之一，要多加练习。

4.2.5　放置元器件

PCB 设计中的大部分元器件和网络名通过导入电路原理图设计来完成，但是在 PCB 设计过程中有时需要直接添加一些新的元器件，而不是回到电路原理图中修改后导入到 PCB 设计中。在本例集成稳压电源的 PCB 设计过程中我们在前面删除了不需要放置在 PCB 上的多个元器件，现在要在 PCB 上放置一个接插件 P4，通过它将交流电引到 PCB 上连接到桥堆 D2 的两个交流端。

放置元器件的方法如下。

（1） 单击 PCB 编辑界面右侧的“库”标签，打开“库”面板。

（2） 选择元器件库为常用插件库（Miscellaneous Connectors.IntLib），找到接插件 HDR1×2，双击后将其拖动放置到桥堆 D2 的左侧。

（3） 为编辑新放置元件的属性，双击该元件打开“元件 P4 [mm]”对话框，如图 4.29 所示。

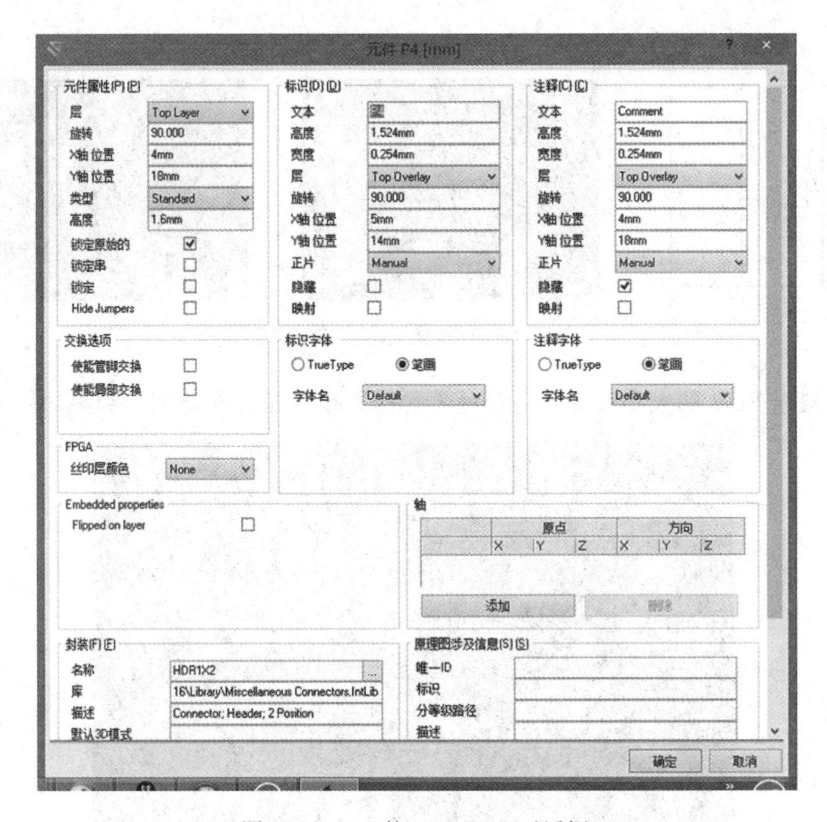

图 4.29 “元件 P4 [mm]”对话框

将元器件的“标识”文本改成“P4”，其他不变。

“元件 P4 [mm]”对话框中的主要选项如下。

- ◆ “层”下拉列表框：设置元器件装配所在的层，图中所示的元器件在顶层（Top Layer），通孔的元器件一定要选择在顶层或底层（Bottom Layer）。
- ◆ “旋转”文本框：设置元器件的旋转方向，一般布局时按 Space 键只能使元器件以 90°旋转。在这个文本框中可以输入任意角度，以符合布局的需要。
- ◆ “X 轴位置”和“Y 轴位置”文本框：设置当前元器件的精确坐标。

“标识”和“注释”选项组在后面讲述。

（4） P4 的两个焊盘还没有网络名，与对应元器件的管脚尚未建立电气连接，如图 4.30 所示。P4 要与桥堆 D2 的两个交流端连接，放大视图可以看到桥堆 D2 的两个交流端的网络名分别为“NetD2_2”和“NetD2_4”。选中 P4 的焊盘 1，系统询问用户要选择整个 P4 器件还是“Pad P4-1”。这里选择焊盘“Pad P4-1”，如图 4.31 所示。

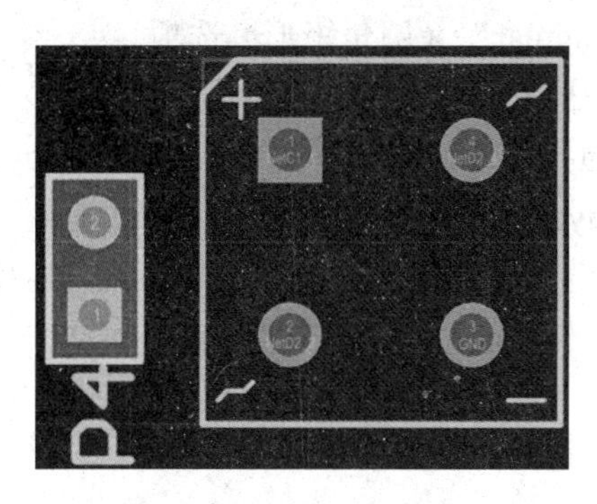

图 4.30 焊盘上的网络名

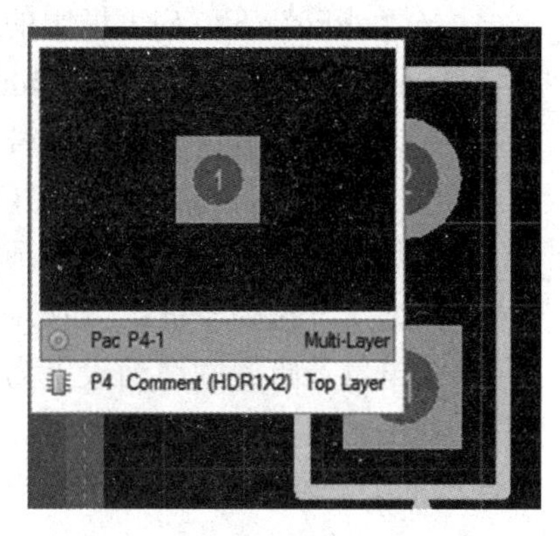

图 4.31 选择焊盘“Pad P4-1”

（5） 打开“焊盘 [mm]”对话框，如图 4.32 所示。

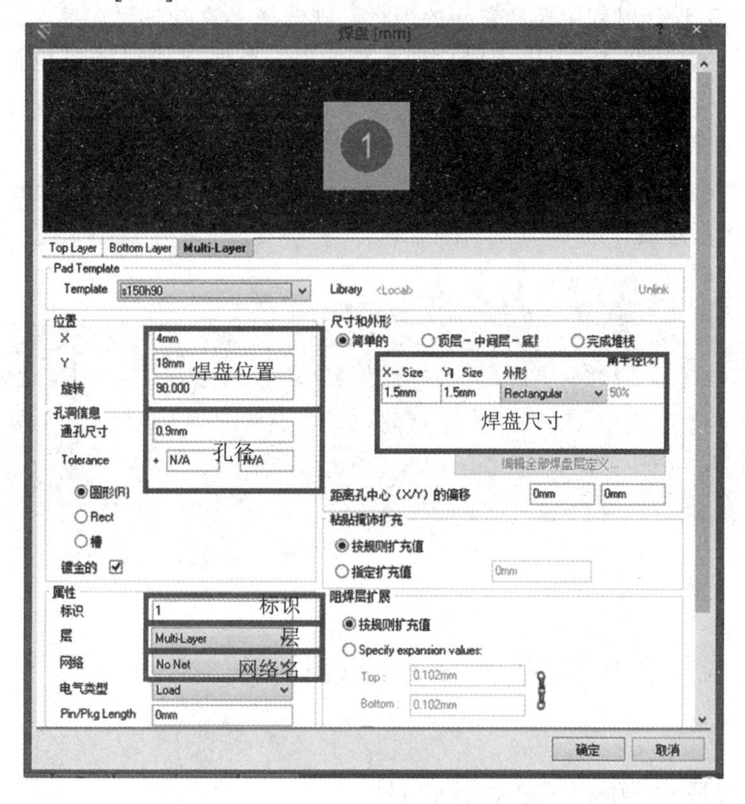

图 4.32 “焊盘 [mm]”对话框

其中的主要选项如下。

◆ “位置”选项组：通过定义焊盘的坐标参数来设置其精确位置。

◆ “通孔尺寸”文本框：焊盘挖孔的孔径，该孔径要根据元器件管脚的直径来设置，这里保留默认。

◆ “尺寸和外形”选项组：通过定义焊盘的 *X* 轴（X-Size）和 *Y* 轴（Y-Size）的长度来设置，图中焊盘就是 *X* 轴长 1.5 mm 和 *Y* 轴长 1.5 mm 的方形焊盘。焊盘外形可选择“外形”下拉列表框中的“Rounded”（圆形）、“Rectangular”（矩形）、“Octagonal”（八角）或“Rounded Rectangular”（圆角矩形）选项。

- ◆ “标识”文本框：管脚的序号，一般从序号 1 开始。
- ◆ “层”文本框：当前所选焊盘所在的层，通孔的焊盘要选择在多层（Multi-Layer）。如果是贴片器件，要选择在顶层（Top Layer）或底层（Bottom Layer）。
- ◆ “网络”下拉列表框：当前为“No Net”选项，即该焊盘没有电气性能。为将该焊盘的电气节点及网络名设置为“NetD2-2”，选择“Net D2_2”选项。

（6） 单击“确定”按钮。

用同样的方法将 P4 的第 2 个焊盘的网络名设置为“NetD2_4”。

4.2.6 放置焊盘

如果在 PCB 设计过程中要放置新的焊盘，则选择“放置”|“焊盘”命令或单击“布线”工具栏中的放置焊盘按钮，系统跟随光标拖出一个焊盘。单击合适位置放置该焊盘，可连续放置多个焊盘，放置结束后单击鼠标右键或按 Esc 键。双击某个焊盘就可以设置其属性，如位置、通孔、所在层和网络名等。在放置焊盘的状态下按 Tab 键打开“焊盘 [mm]”对话框，在其中设置焊盘的属性。在 PCB 的 4 个角落放置 4 个孔径为 3 mm、尺寸为 3 mm 且无网络名的圆形焊盘作为 PCB 的安装孔。

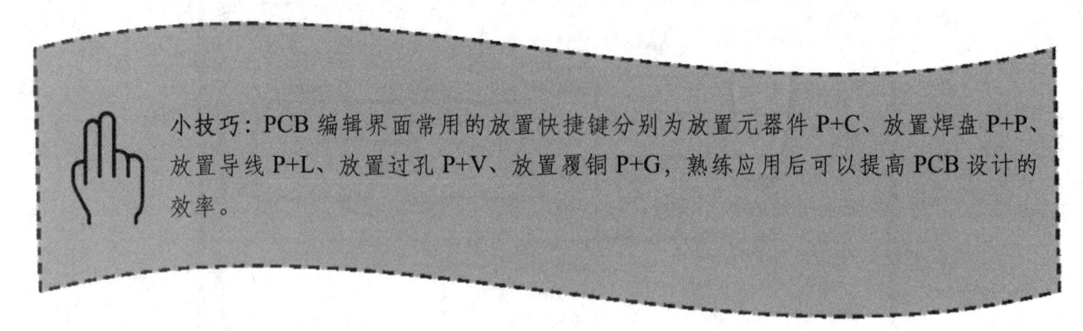

任务 3　集成稳压电源的 PCB 布线设计

4.3.1 集成稳压电源的 PCB 布线设计

为方便手动布线，发挥计算机辅助设计的优势，在 Altium Designer 16 中可以设置布线规则。例如，线宽的范围和间距等。这样系统就能检测这些数据的状况，如有违反，则报警，提示用户注意和修改。本节介绍几个规则，以完成集成稳压电源的手工布线设计。

（1） 间距。

间距指相邻两个不同网络名的电气节点间的安全距离，如果小于此间距，两个节点的电压差较大时会产生电气击穿或电弧放电使电路发生故障。间距的大小与电路电压的等级有关，我们将间距设置为 0.5 mm。

选择“设计”|“设计规则”命令，打开“PCB 规则及约束编辑器 [mm]”对话框。选择左边的树形规则目录中的“Design Rules”|“Electrical”|“Clearance”选项，然后在“Clearance”（间距）选项组中的“最小间隔”文本框中输入“0.5mm”，如图 4.33 所示。

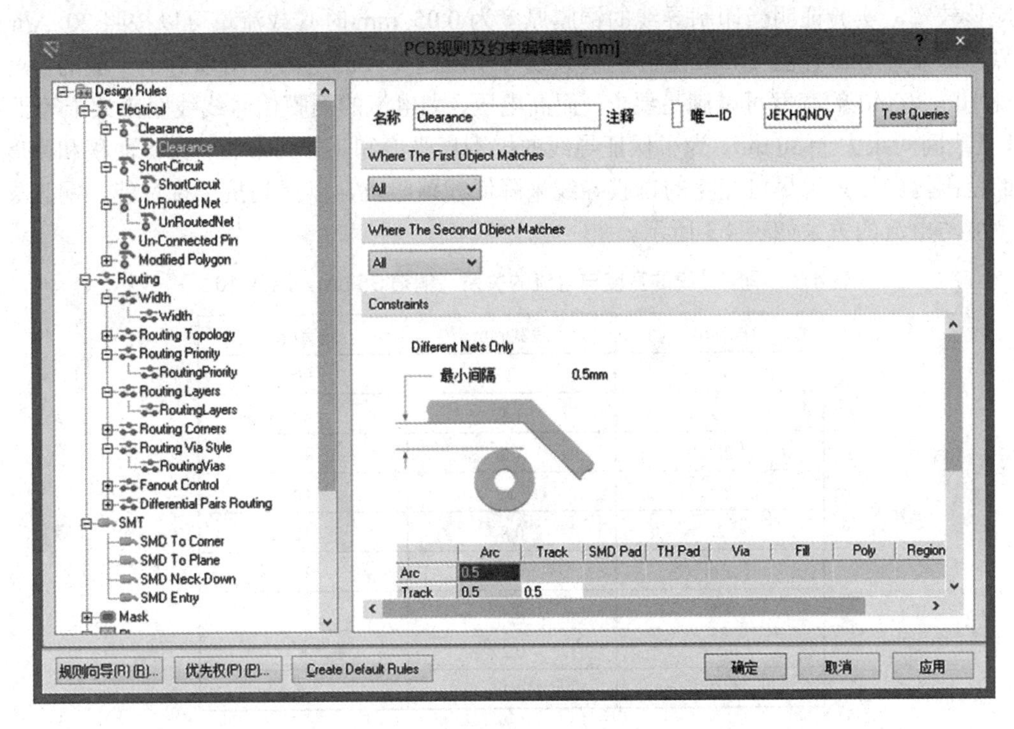

图 4.33　输入“0.5mm”

单击“确定”按钮。

在 PCB 设计中为了减少线间串扰，高速高频导线应保证足够大的线间距。当导线中心间距不少于 3 倍线宽时可保持大部分电场不互相干扰，这就是 3*W* 原则，如图 4.34 所示。

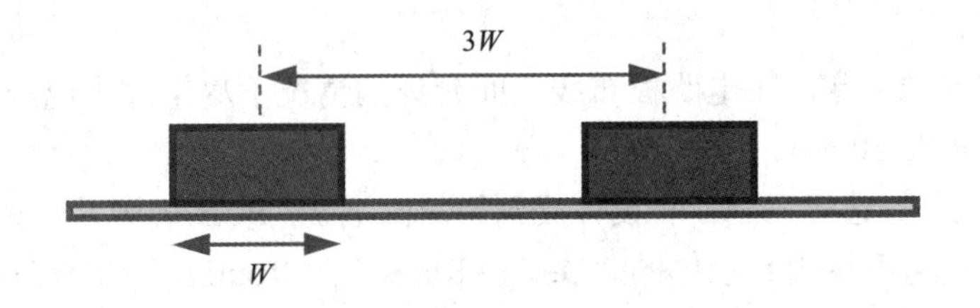

图 4.34　3*W* 原则

满足 3*W* 原则能使信号间的串扰减少 70%，而满足 10*W* 原则能使信号间的串扰减少近 98%。

（2） 线宽。

我们通过手动布线设计一个单面板电路，在 PCB 上通过手动布线绘制导线（走线）来完成元器件的连接，导线具有导电功能；另外导线的横截面或宽度要根据其流经电流的大小来设置，这样才能使导线不至于因为电流过大而发热或烧毁。导线的宽度与覆铜板的铜箔厚度、电流的大小和电路板的工作温升等均有关系，流过电流越大，则导线应该越宽，一般电源线应该比信号线宽。为了保证地电位的稳定（受地电流大小变化影响小），地线也应该较宽。实验证明当印制导线的铜膜厚度为 0.05 mm 时其载流量可以按照 20 A/mm^2 计算，即 0.05 mm 厚且 1 mm 宽的铜膜导线可以流过 1 A 的电流。所以对于一般的信号线来说 10～30 mil 的宽度可以满足要求，而高电压、大电流的铜膜信号线线宽应大于等于 40 mil 且线间间距大于 30 mil。为了保证导线的抗剥离强度和工作可靠性，在板面积和密度允许的范围内应该采用尽可能宽的铜膜导线来降低线路阻抗，以提高抗干扰性能。铜膜导线的宽度与电流的关系如表 4.3 所示。

表 4.3　铜膜导线的宽度与电流的关系（铜箔 35 μm，温升 10°）

电流/A	线宽/mm	线宽/mil
4	2	80
3.2	1.5	60
2.7	1.2	48
2.3	1	40
2	0.8	32
1.6	0.6	24
1.1	0.4	16
0.55	0.2	8
0.18	0.1	4

一般铜膜导线承受电流的经验公式如下。

$$电流=0.15\times线宽(mm)$$

本例稳压电源的 PCB 设计输出的直流最大可以到 1 A，根据表 4.3 中的数据并留有余量，整流滤波的主电路采用 1 mm 的宽度；瓷片电容和发光指示是小电流，故采用 0.5 mm 的铜膜导线宽度。

为了保证波形的稳定，在电路板布线空间允许的情况下尽量加大电源线和地线的宽度，一般情况下至少需要 50 mil。

为设置线宽规则，选择“设计”|“设计规则”命令，打开“PCB 规则及约束编辑器 [mm]”对话框。双击左边树形规则目录中的“Design Rules”|“Routing”|“Width*”选项，在展开的规则设置区域的“最小宽度”（Min Width）文本框中输入“0.5mm”，在“最大宽度”（Max Width）文本框中输入“1mm”，在“默认宽度”（Preferred Width）文本框中输入“1mm”，如图 4.35 所示。

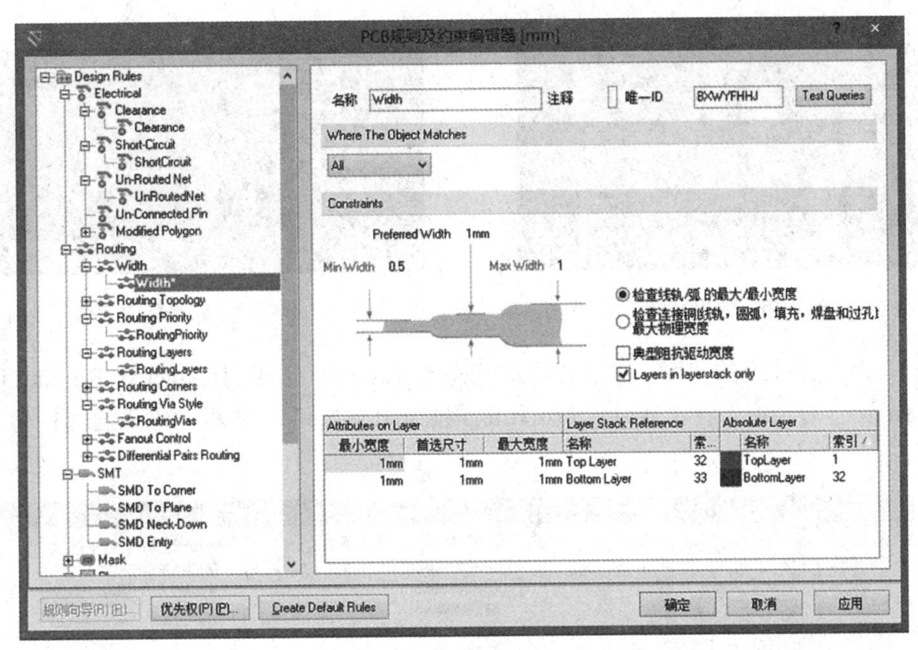

图 4.35　设置线宽规则

单击“确定”按钮。

4.3.2　手动布线

手动布线是由用户绘制电路中各焊盘间的导线，导线的走向和拐弯等完全由人工完成，手动布线是 PCB 设计的基本功和必备技能。虽然 Altium Designer 16 有强大的自动布线功能，但手工布线还是必不可少的，而且是主要工作。本例设计一个单面 PCB 电路，焊盘和导线均要放置到底层。

手动布线放置导线的方法如下。

（1） 单击 PCB 编辑界面下部的层切换标签“Bottom Layer”，将当前层切换为底层。

（2） 选择“放置”|“走线”命令或单击“布线”工具栏中的交互式布线按钮，光标变成十字形状。这时要确定走线的起点，移动光标到某个元器件的管脚附近，系统的捕捉功能会自动捕捉到附近的管脚。光标的十字形状标记上会出现一个小圆圈来表明捕捉到一个管脚，并跟随光标拖出一个焊盘，单击加以确认。移动光标，根据预拉线和网络名的规划拉出导线的走向。单击导线拐弯的位置可继续移动光标拉出导线，如图 4.36 所示。

（3） 到达导线终点及另一个焊盘时，捕捉功能也会提示捕捉到焊盘。单击加以确认，一条导线绘制完毕。此时系统仍处于绘制导线状态，可继续放置其他导线。放置结束后可单击鼠标右键或按 Esc 键，放置好的导线如图 4.37 所示。

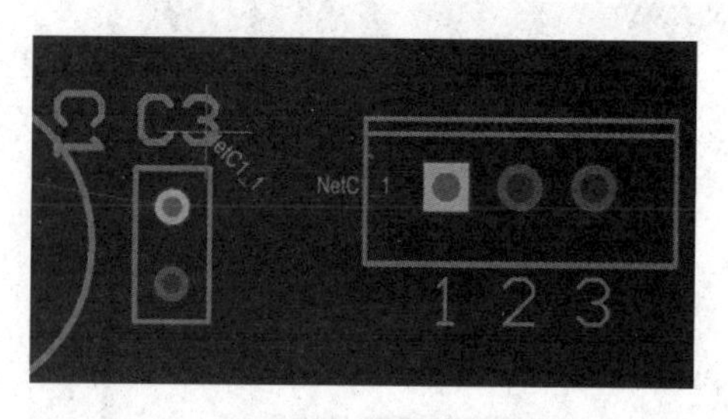

图 4.36　拉出导线

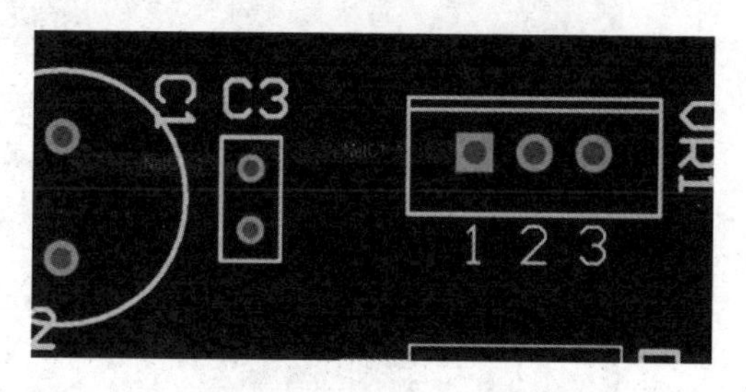

图 4.37　放置好的导线

（4） 为设置导线的宽度，在放置导线状态按 Tab 键，打开“Interactive Routing For Net [GND] [mm]”对话框。在“Width form rule preferred value”文本框中输入合适的值，如图 4.38 所示。

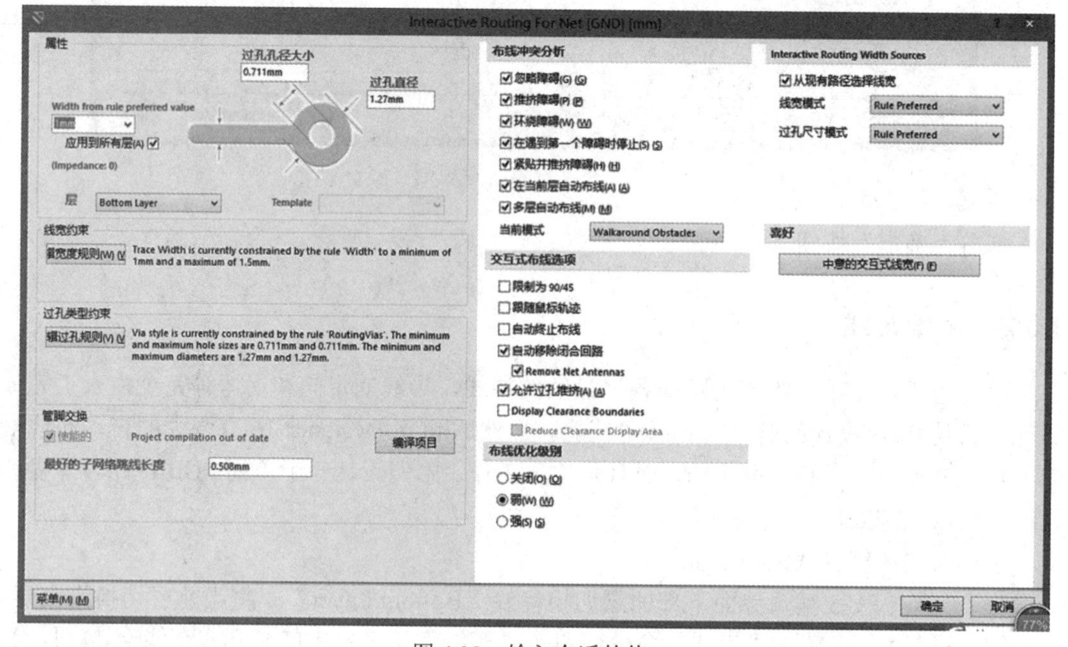

图 4.38　输入合适的值

（5） 单击“确定”按钮。

（6） 为改变导线的线宽，双击该导线，打开“轨迹 [mm]”对话框，如图 4.39 所示，在其中可设置导线的如下属性。

◆ 宽度：导线宽度，注意必须符合布线规则中的线宽数值。

◆ 开始和结尾：导线起点和终点的精确坐标。

◆ 网络：导线所代表的电气网络名。

◆ 层：导线所在的层，双面 PCB 和单面 PCB 的导线只能放置在顶层或底层。

（7） 设置后单击“确定”按钮。

（8） 布线 PCB 中所有的导线，并按照要求设置宽度。

手动布线后的 PCB 设计如图 4.40 所示。

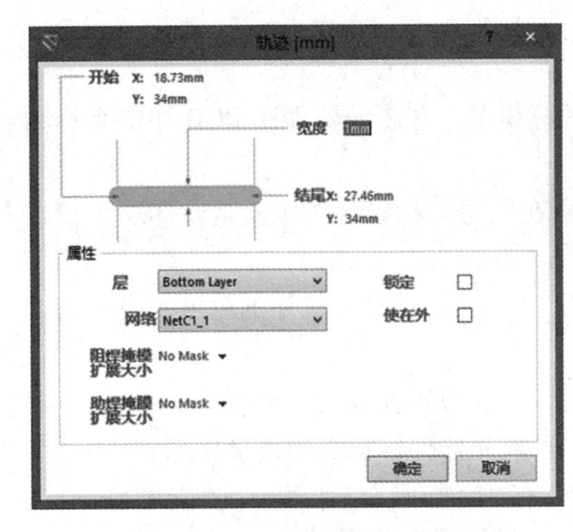

图 4.39　“轨迹 [mm]”对话框

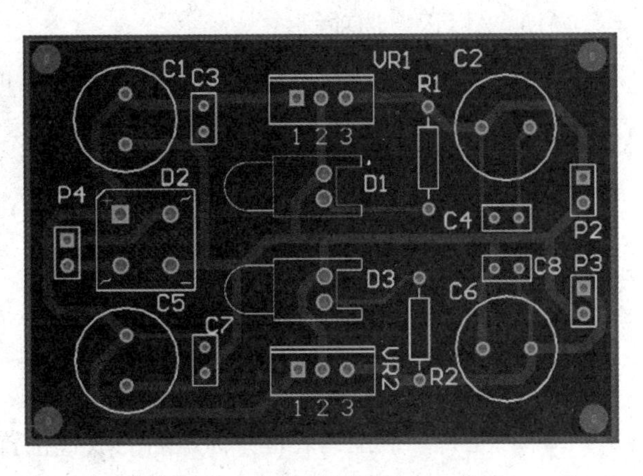

图 4.40　手动布线后的 PCB 设计

4.3.3　调整丝印层字符

手动布线完成后 PCB 设计的主要工作基本结束，但是各元器件的标识字符还比较凌乱，需要调整到字符排列整齐且显示清晰。单面板的元器件焊接在底层，安装在顶层；字符在顶层丝印层。

双击某个元器件的黄色轮廓部分，打开“元件 R1 [mm]”对话框，如图 4.41 所示。

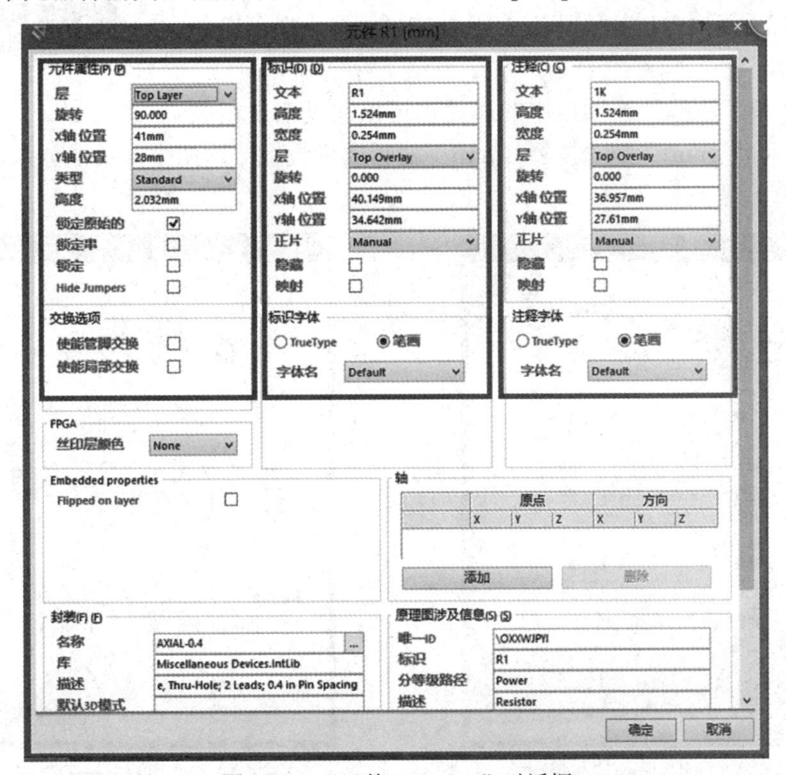

图 4.41　“元件 R1 [mm]”对话框

涉及丝印层的两个选项组如下。

（1）“标识”选项组。

◆ “文本”文本框：在其中输入该元器件的标识名，代表元器件在 PCB 中的名称和序号。

◆ “层”下拉列表框：选择元器件标识名所在的层，标识名的本质是丝印层字符，只能放置在 Top Over Layer 或 Bottom Over Layer 层。

◆ “高度”文本框：标识名字符的高度，一般 PCB 生产的丝印工序的精度不会太高，所以这里高度可设置为 1 mm 以上。

◆ “宽度”文本框：标识名字符的轨迹粗细，一般设置在 0.15 mm 以上。

◆ “X 轴位置”和“Y 轴位置””文本框：当前元器件标识名的精确坐标。

◆ “正片”下拉列表框：标识名的放置位置，有“Manual”（手动）、“Left-Above”（左上）、“Left-Center”（左居中）、“Left-Below”（左下）、“Above-Center”（顶居中）、“Center”（居中）、“Center-Below”（底居中）、“Right-Above”（右上）、“Right- Below”（右下）和“Right−Center”（右居中）选项。

◆ “隐藏”复选框：选择后标识名不可见。

◆ “映射”复选框：选择后标识名水平镜像。

（2） “注释”选项组。

设置元器件其他需要标注的属性，如电阻参数有 R1 和 1 k 等，如图 4.42 所示。R1 为标识名，1 k 要在“注释”选项组中设置。

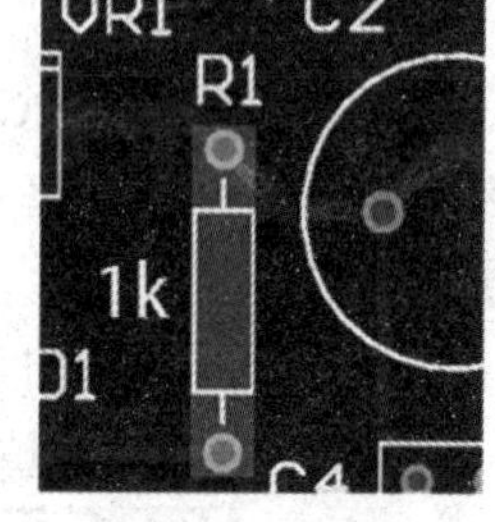

图 4.42　电阻的属性

“标识”和“注释”选项组中的属性也可以通过双击相关字符，在“标识 [mm]”和“注释 [mm]”对话框中设置，这两个对话框分别如图 4.43 和图 4.44 所示。

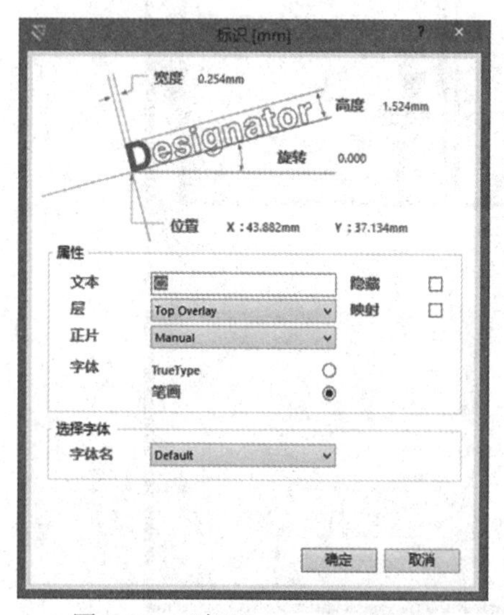

图 4.43　“标识 [mm]”对话框

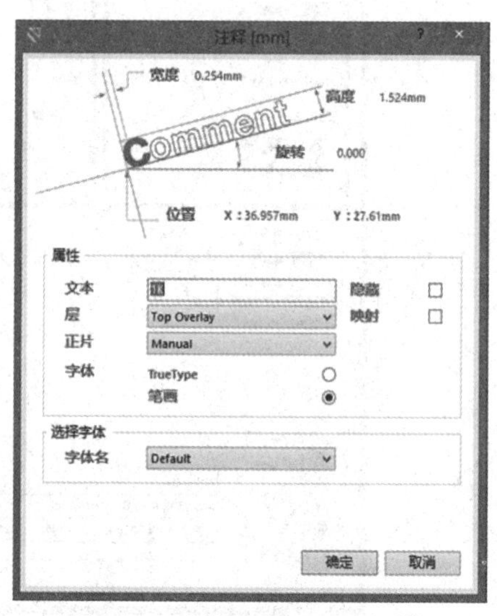

图 4.44　“注释 [mm]”对话框

将当前层切换到 Top Over layer 层，单击各元器件的标识符将其移动并旋转到合适状态。调整后的效果如图 4.45 所示，现在元器件布局合理且清晰美观。

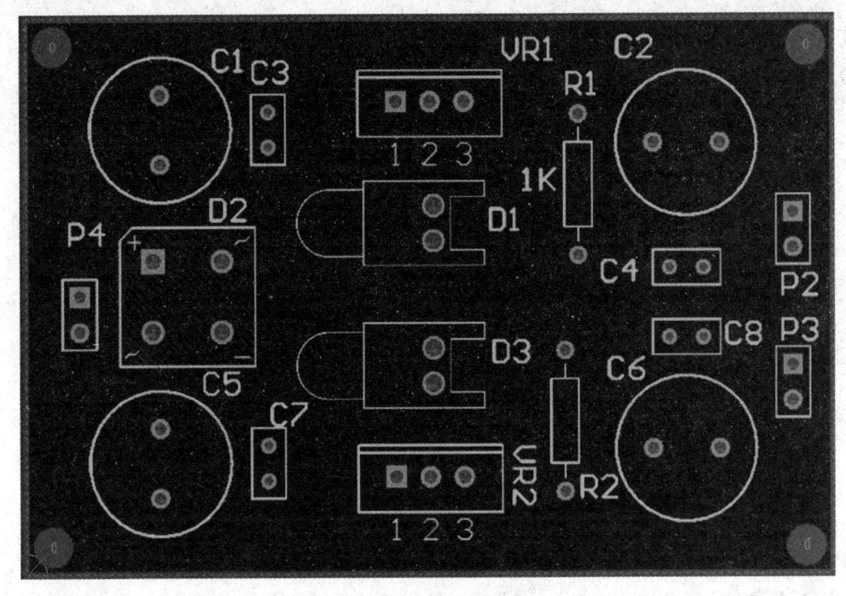

图 4.45　调整后的效果

技能与练习

（1） 打开本书素材文件\各章节实例与练习\4\稳压电源设计\1A 稳压电源.PrjDoc 工程项目，在此项目中新建一个 PCB 电路原理图文件 MyPCB.PcbDoc，将 PCB 的尺寸定义为 75 cm×55 cm 的矩形。

（2） 接上题导入电路原理图网络表，手动布局完成 PCB 布线。

（3） 打开本书素材文件\各章节实例与练习\4\稳压电源设计\51单片机最小系统工程项目，完成单面板手动布局及手动布线，规则为默认。

（4） 接上题将各字符层的字符调整到位。

项目 5　PCB 布局设计与自动布线设计

PCB 设计的主要内容是合理放置元器件与导线，即 PCB 布局与布线。当电路系统复杂到一定程度后，手动设计就捉襟见肘了。Altium Designer 16 拥有强大的交互式布局和自动布线功能，使复杂电路的 PCB 设计变得更加简单、方便和快捷。本项目主要阐述 PCB 布局和布线的方法，并介绍创建元器件封装库和设置布线规则等内容。

PCB 自动布局和自动布线是 Altium Designer 16 的重要功能。

<table>
<tr><td rowspan="4">知识技能导航</td><td>知识了解</td><td>双面 PCB 设计的步骤和覆铜的意义</td></tr>
<tr><td>知识熟知</td><td>设置布线规则
交互式布局的方法</td></tr>
<tr><td>技能掌握</td><td>创建封装库
交互式布局的操作
自动布线的操作
覆铜的操作</td></tr>
<tr><td>技能高手</td><td>放置过孔和导线的快捷操作
覆铜修改和重建的快捷操作
交互式布局的快捷操作</td></tr>
</table>

当设计的电路元器件较多且逻辑关系比较复杂时，完全靠手动布局和布线的方法过于低效，Altium Designer 16 提供了强大的计算机辅助设计的方法。本项目以设计 2.1 声道功率放大器双面 PCB 电路为例阐述封装库的创建、自动布局和自动布线等 PCB 设计功能及操作。

任务 1　创建新元器件封装库

元器件的封装因涉及具体的物理参数，如焊盘的大小和孔径等，所以在 PCB 设计时元器件的封装一定不能有差错。大多数元器件的封装在 Altium Designer 16 中可以找到或在有关公司的官网下载，如果找不到或元器件是非标准件，则需要自己绘制元器件的封装。

5.1.1　新建元器件封装库

元器件封装库即集中放置各元器件封装的文件，新建一个封装库文件的方法如下。

（1） 选择“文件”|“新建”|“库”|“PCB 元件库”命令，如图 5.1 所示。或用鼠标右键单击工作面板区中的工程项目名“2.1 声道功率放大器.PrjPcb”，在弹出的快捷菜单中选择“给工程添加新的”|“PCB Library”命令，如图 5.2 所示。

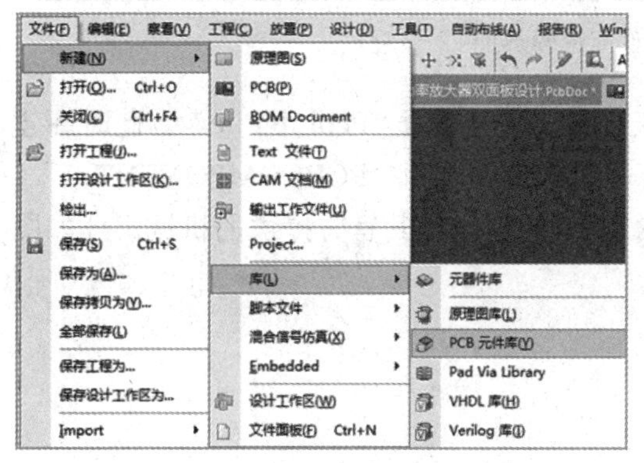

图 5.1　选择“文件”|“新建”|“库”|“PCB 元件库”命令

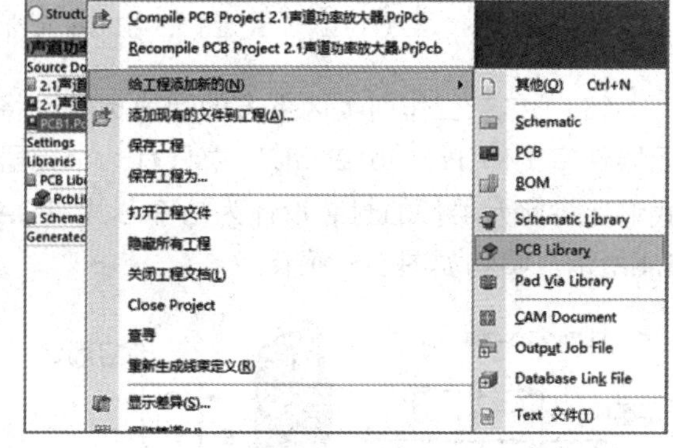

图 5.2　选择“给工程添加新的”|“PCB Library”命令

系统自动新建一个 PCB 元器件库及封装库，默认文件名为“PcbLib1.PcbLib”；同时打开 PCB 元器件库编辑界面，如图 5.3 所示。

（2） 单击“保存”按钮命名并保存库文件，这里采用默认的文件名。

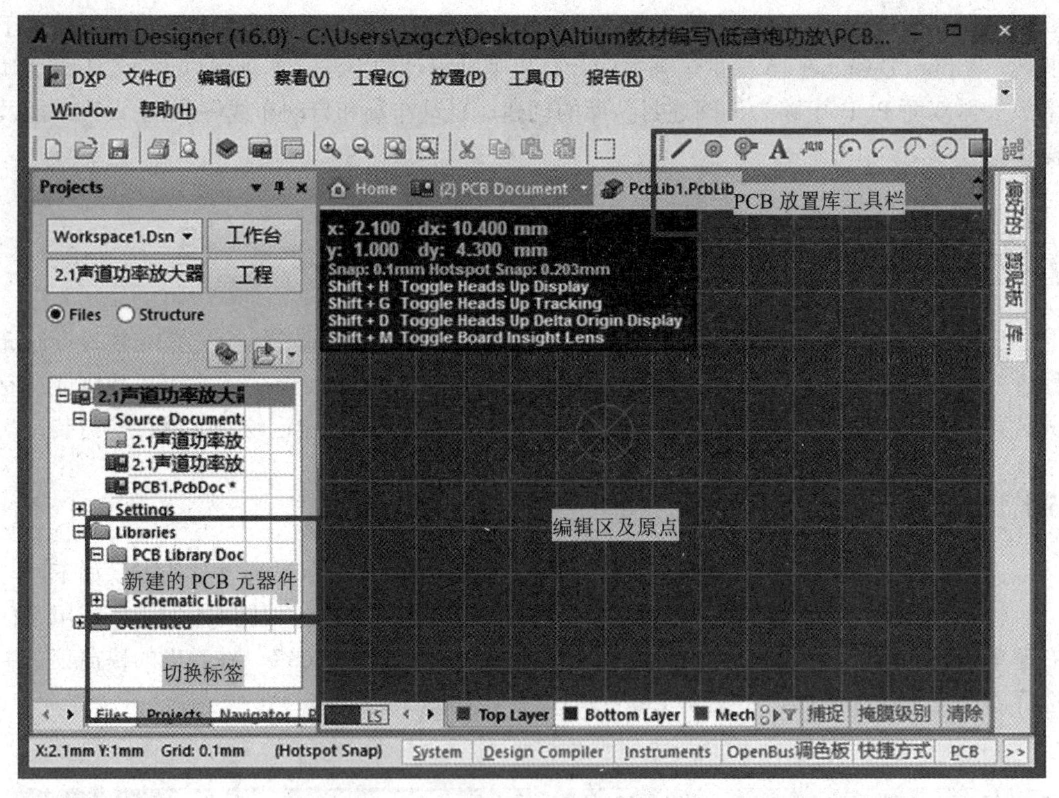

图 5.3　PCB 元器件库编辑界面

（3） 单击工作面板区下方的切换标签，将工作面板切换为“PcbLib File”。此时新建元器件库文件 PcbLib1.PcbLib 中只有一个元器件的封装，名为“PCBCOMPONENT_1”。我们要将此元器件的封装设计为功率芯片 TDA2030 的封装，其官方提供的机械尺寸如图 5.4 所示，实物如图 5.5 所示。

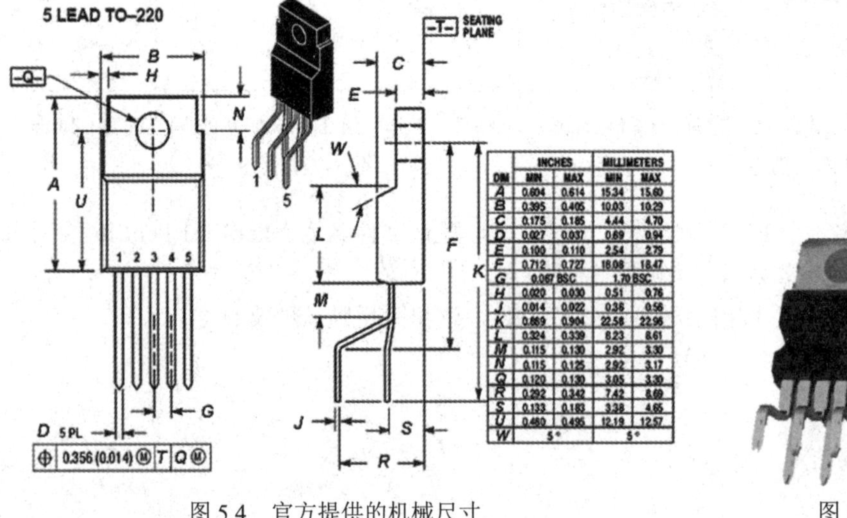

DIM	INCHES		MILLIMETERS	
	MIN	MAX	MIN	MAX
A	0.604	0.614	15.34	15.60
B	0.395	0.405	10.03	10.29
C	0.175	0.185	4.44	4.70
D	0.027	0.037	0.69	0.94
E	0.100	0.110	2.54	2.79
F	0.712	0.727	18.08	18.47
G	0.067 BSC		1.70 BSC	
H	0.020	0.030	0.51	0.76
J	0.014	0.022	0.36	0.56
K	0.889	0.904	22.58	22.96
L	0.324	0.339	8.23	8.61
M	0.115	0.130	2.92	3.30
N	0.115	0.125	2.92	3.17
Q	0.120	0.130	3.05	3.30
R	0.292	0.342	7.42	8.69
S	0.133	0.183	3.38	4.65
U	0.480	0.495	12.19	12.57
W	5°		5°	

图 5.4　官方提供的机械尺寸

图 5.5　实物

（4）根据机械尺寸，在编辑区放置 5 个焊盘，其标号分别为“1”“2”“3”“4”和“5”。焊盘的尺寸为 1.5 mm 长，3 mm 高，1 号焊盘放置在原点且为矩形，其他焊盘形状为圆形，如图 5.6 所示。必须精确设置焊盘的位置坐标，可以通过计算得出各焊盘的坐标后在“焊盘 [mm]”对话框中设置，如图 5.7 所示。

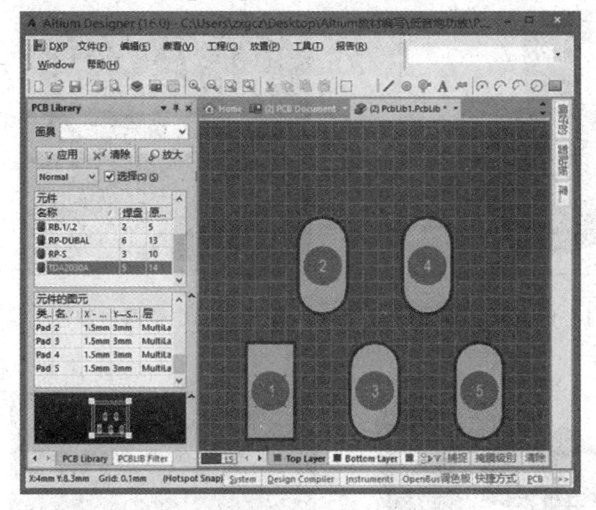

图 5.6　放置的各焊盘

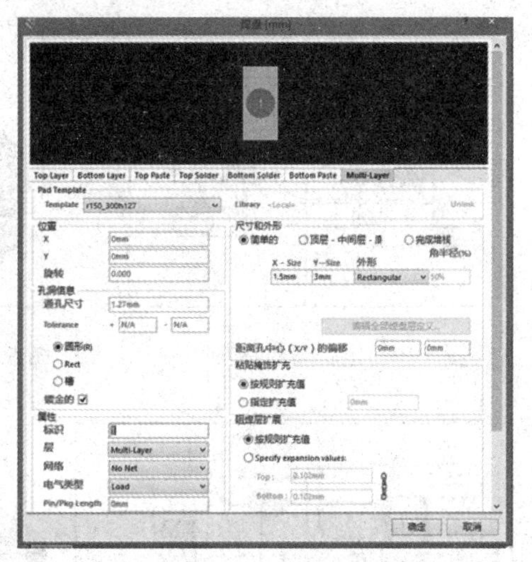

图 5.7　精确设置焊盘的位置坐标

（5）设置后单击“确定”按钮。

（6）为绘制元器件的边框，将当前层切换为顶层丝印层（Top Over Layer）。根据元器件的图纸尺寸在焊盘周围绘制直线或弧线等构成的边框，这个边框就是该元器件封装的轮廓，如图 5.8 所示。

（7）为更改元器件封装的名称，在 PCB 元器件库编辑界面中选择“工具”|“元件属性”命令。或者在工作面板区的“PcbLib File”面板的元器件列表中用鼠标右键单击要命名的元器件封装名。在弹出的快捷菜单中选择“元件属性”命令，打开“PCB 库元器件[mil]”对话框，如图 5.9 所示。

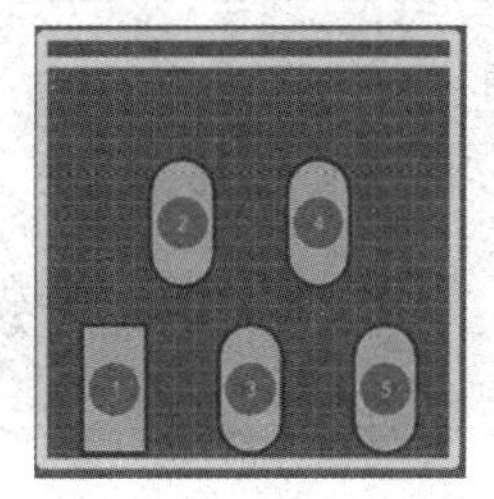

图 5.8　绘制元器件的边框

图 5.9　“PCB 库元件 [mil]”对话框

（8）将“名称”设置为“TDA2030A”；“高度”指元器件的高度，用于空间布局和 3D 显示，这里输入“16mm”。

（9）单击“确定”按钮。

至此在元器件库文件 PcbLib1.PcbLib 中增加了用户绘制的一个元器件的封装 TDA2030A。如需继续添加新的元器件封装，可选择“工具”|“新的空元件”命令，然后

重复上面的放置焊盘和边框的步骤。

本例双面 PCB 设计中要添加单联电位器、立体声耳机插座和输出接线端等元器件的封装到封装库中，具体的过程不详细叙述。各元器件的机械图、实物图和封装的图形如图 5.10～图 5.18 所示。

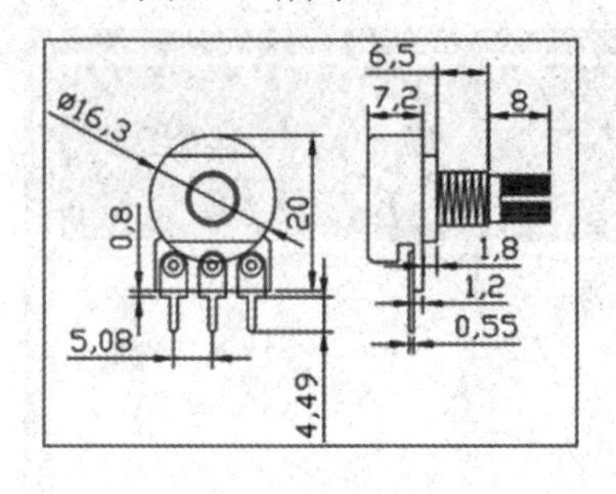

图 5.10　电位器机械图

图 5.11　电位器实物图

图 5.12　电位器封装图

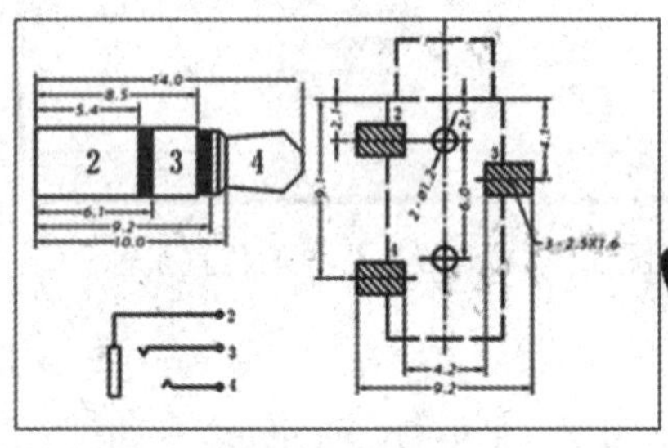

图 5.13　立体声耳机插座机械图

图 5.14　立体声耳机插座实物图

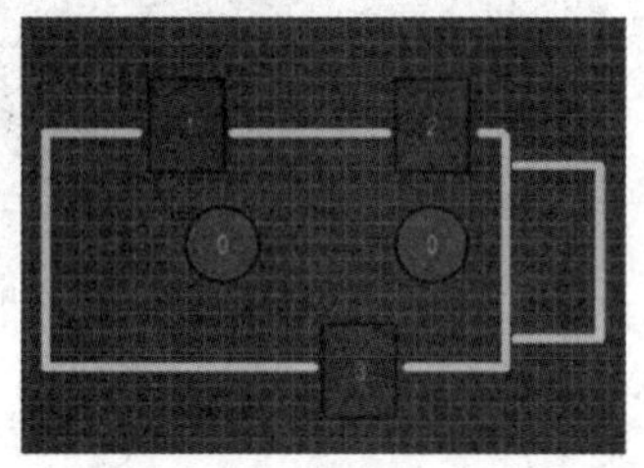

图 5.15　立体声耳机插座封装图

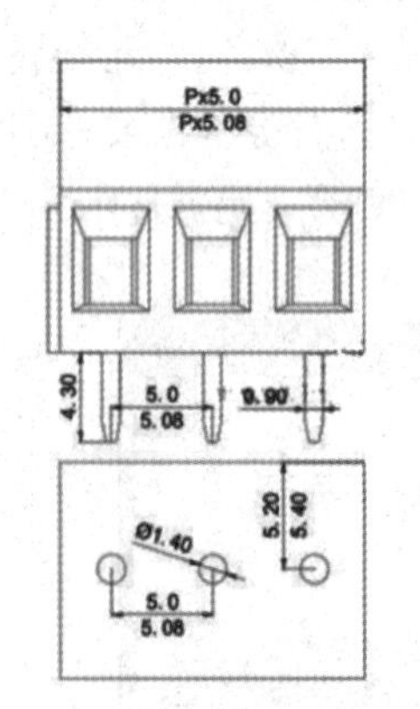

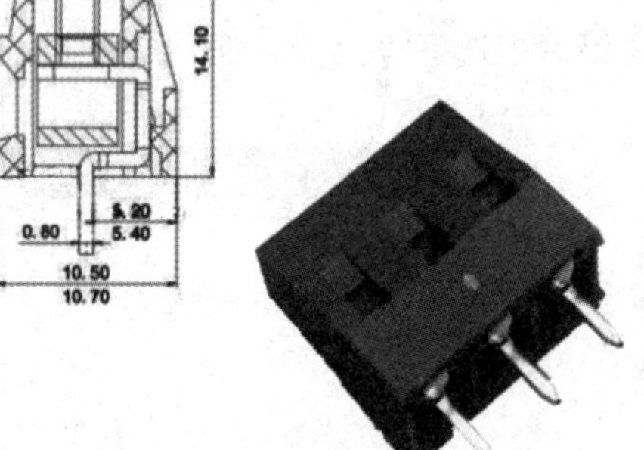

图 5.16　输出接线端机械图

图 5.17　输出接线端实物图

图 5.18　输出接线端封装图

保存新建库文件后可以在“库”面板中加载库文件，并放置该元器件的封装。

5.1.2　元器件封装库与 PCB 设计文件的同步更新

加载自己设计及其他公司的元器件封装库设计 PCB 后如果需要修改 PCB 设计中使用的某个元器件封装库中元器件的封装，则可利用 Altium Designer 16 提供的元器件封装库自

动更新 PCB 文件的功能。在元器件封装库的元器件编辑状态修改并保存相关文件后选择“工具”|“更新所有的 PCB 器件”命令，在 PCB 设计文档中更新当前编辑完毕的元器件库文件中的所有元器件。也可将工作面板切换为“PcbLib File”后用鼠标右键单击元器件列表中修改完毕的元器件名称，在弹出的快捷菜单中选择如图 5.19 所示的“Update PCB With”或“为全部更新 PCB”命令，打开如图 5.20 所示的“器件更新选项”对话框。

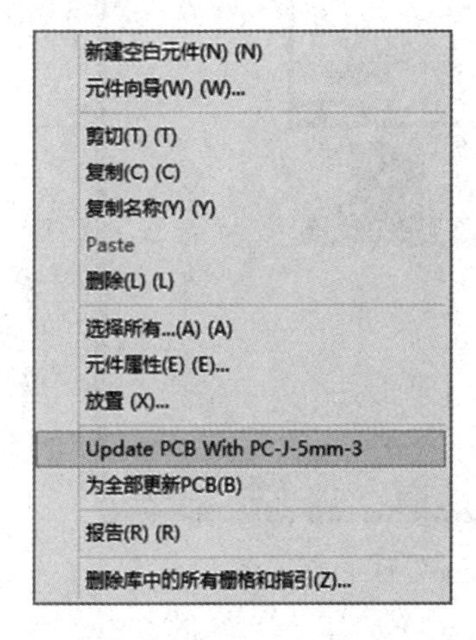

图 5.19　选择“Update PCB With PC-J-5mm-3”或“为全部更新 PCB(B)”命令

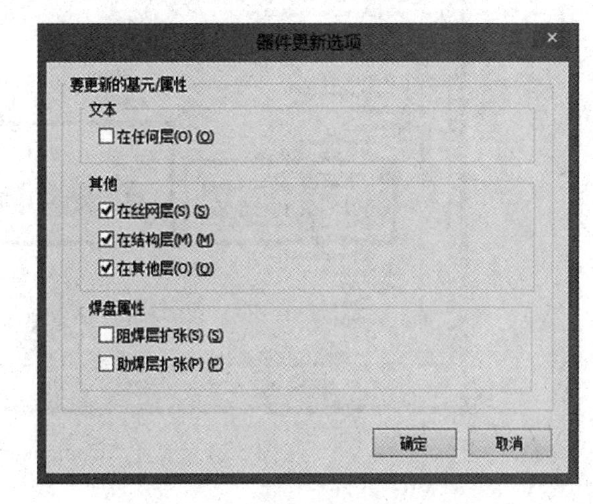

图 5.20　“器件更新选项”对话框

设置相关属性单击“确定”按钮，完成修改元器件库后自动更新已经设计好的 PCB 文档。“Update PCB With”命令只更新选中的某个元器件的封装，而“为全部更新 PCB”命令更新一遍元器件库中的所有元器件。

任务 2　元器件自动布局与交互式布局

创建非标准元器件后在原理图设计界面中一一导入各元器件的封装，并编译无误。回到 PCB 编辑界面，新建本例设计的双面 PCB 文件，文件名默认。然后绘制一个 PCB 的外形，尺寸为 100 mm×75 mm。导入原理图设计好的网络表，删除导入的元器件中的变压器、开关、保险丝和交流插头。

5.2.1　设置自动布局规则

自动布局利用系统的辅助算法初步根据定义的元器件之间的规则将元器件放置在合适位置，可减少手动布局的工作量。

（1）　元器件最小间距（Component Clearance）规则。

选择“设计”|“设计规则”命令，打开“PCB 规则及约束编辑器 [mm]”对话框。双击左边树形规则目录中的“Design Rules”|“Placement”|“Component Clearance”目录将其展开，如图 5.21 所示。

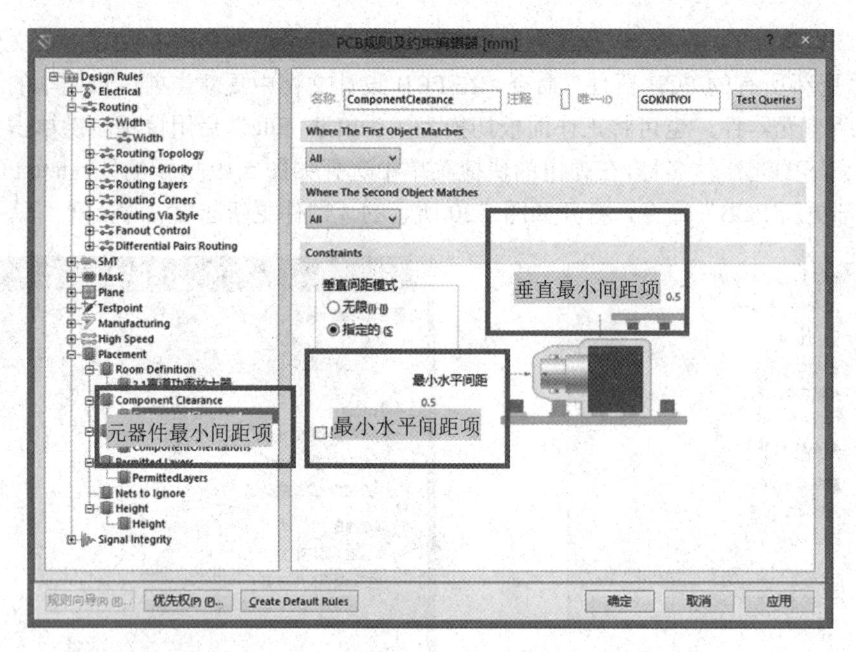

图 5.21　展开“Component Clearance”目录

在“最小垂直间距”和“最小水平间距”文本框中输入 0.5，这样系统自动布局时就会以 0.5 mm 的间距一一排列元器件。

（2） 元器件方向（Component Orientations）规则。

双击“PCB 规则及约束编辑器 [mm]”对话框中左边树形规则目录中的“Design Rules” |“Placement” |“Component Orientations”目录将其展开，选择允许元器件旋转角度对应的复选框，如图 5.22 所示。

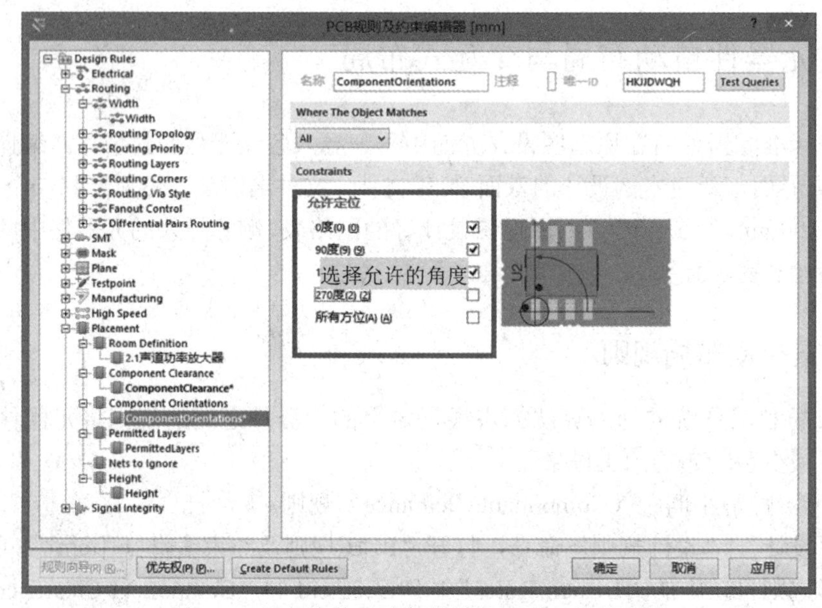

图 5.22　选择允许元器件旋转角度对应的复选框

（3） 元器件放置层（Permitted Layer）规则。

双击“PCB 规则及约束编辑器 [mm]”对话框左边树形规则目录中的“Design Rules”|“Placement”|“Permitted Layer”目录将其展开。元器件放置层是自动布局时允许将元器件放置的电路层，一般单面 PCB 只能放置在底层或顶层；双面 PCB 可以放置在顶层和底层两面，最终放置在一层还是两层要根据 PCB 的设计需要设置，这里我们设置为两层。

设置后单击“确定”按钮。

5.2.2 自动布局和交互式布局

设置自动布局参数后利用自动布局功能将元器件快速地调整到相应位置或区域的过程即自动布局。

在删除导入原理图网络表时生成的 Room 空间“2.1 声道功率放大器”中选中所有元器件，选择“工具”|“器件布局”|“排列到板子外面”命令，系统将所有的元器件排列在 PCB 的周围。这样更利于查看和编辑，如图 5.23 所示。

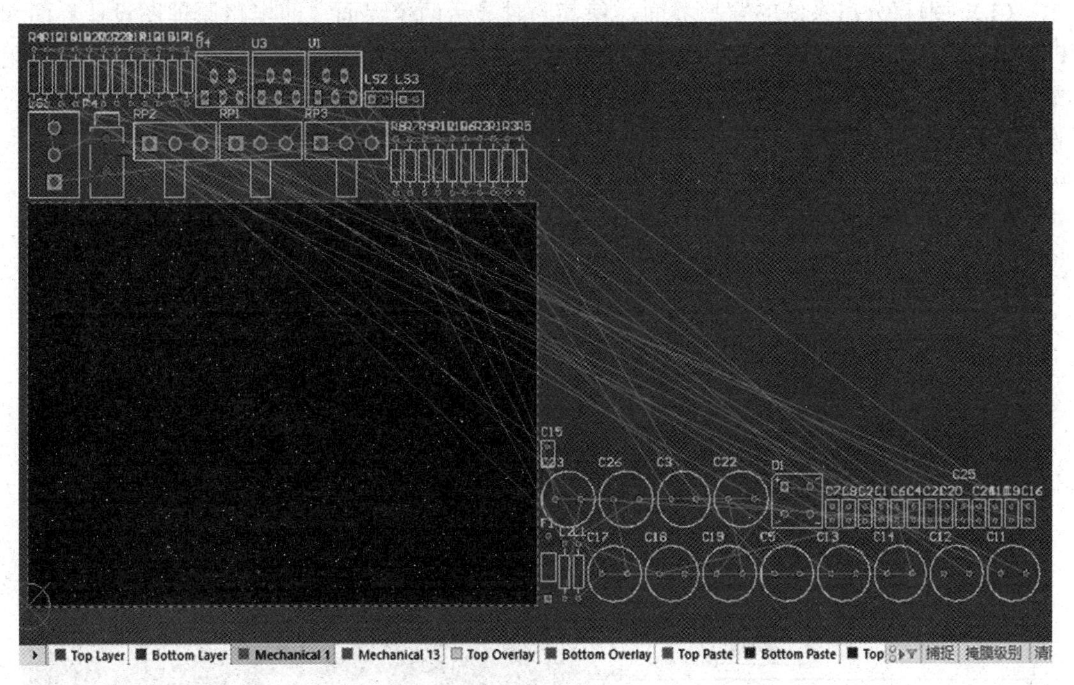

图 5.23　所有元器件排列在 PCB 的周围

交互式元器件分布的概念是在电路原理图中选中某一个电路中的元器件，在 PCB 设计中直接将其放置到某个区域。这种布局方式能大大提高布局的便利性，使看似凌乱的元器件模块加快了操作。在交互式布局前要规划 PCB 各区域的功能，如简单规划后的 2.1 声道功率放大器双面 PCB 的各区域如图 5.24 所示。

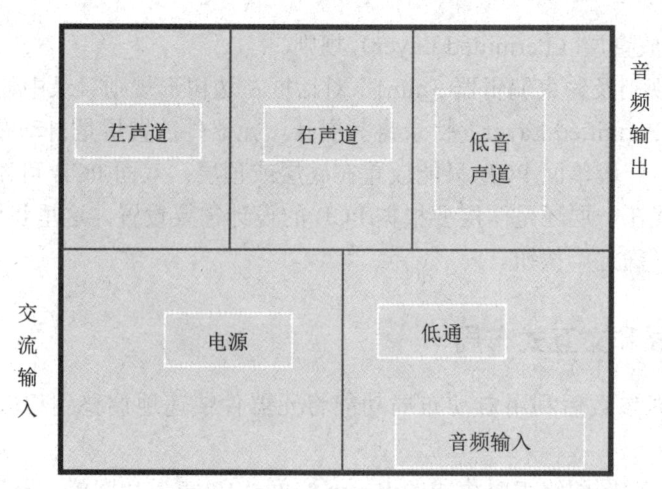

图 5.24　简单规划后的 2.1 声道功率放大器双面 PCB 的各区域

交互式布局的步骤如下。

（1） 垂直分离系统的窗口界面，使其同时显示两个界面，即电路原理图设计界面和 PCB 编辑界面。如果有双显示屏，则最好。为此在打开电路原理图和 PCB 设计文档后用鼠标右键单击编辑区上方的文件切换标签，在弹出的快捷菜单中选择“垂直分离”命令，将屏幕分割成电路原理图设计界面和 PCB 编辑界面且同时显示，如图 5.25 所示。

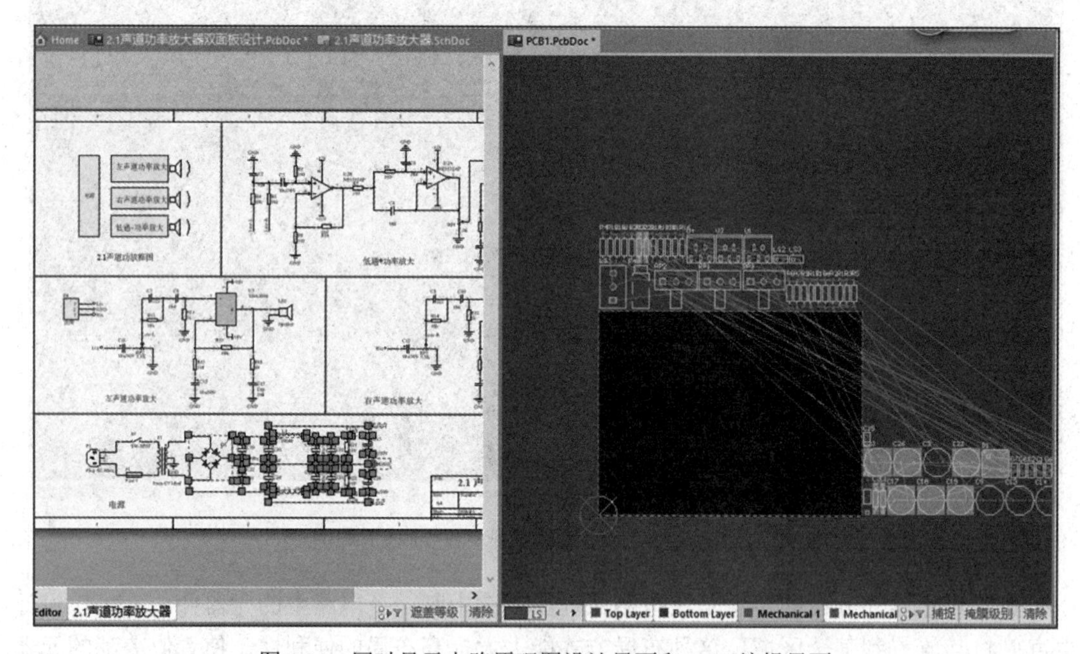

图 5.25　同时显示电路原理图设计界面和 PCB 编辑界面

（2） 在电路原理图中框选中某个电路，如电源，出现绿色端点；同时在 PCB 编辑界面中选中对应元器件的封装，并以灰底色显示。单击激活 PCB 编辑界面，选择“工具”|“器件布局”|“在矩形区排列器件”命令，光标变成十字形，分别单击电源区的左上角和右下角端点。系统自动会将被选中的元器件排列到该指定的矩形区中，如图 5.26 所示。

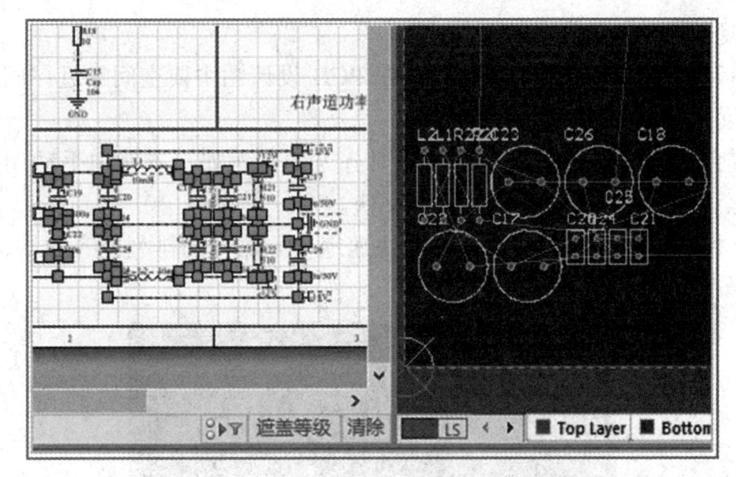

图 5.26　所选元器件在指定区域内排列

（3） 将所有元器件的模块逐个交互放置到 PCB 的指定区域中，放置后的 PCB 整体布局如图 5.27 所示。

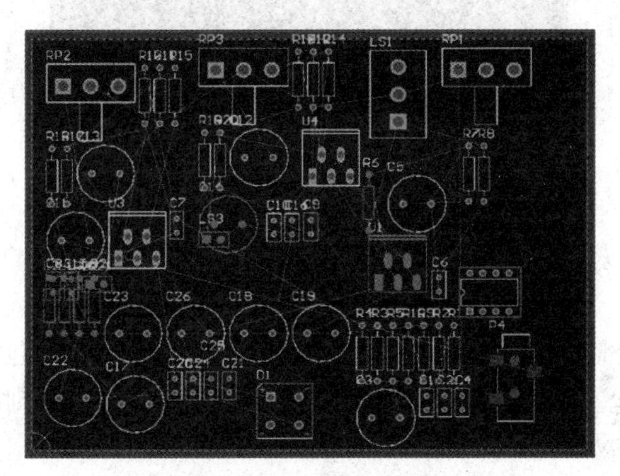

图 5.27　放置后的 PCB 整体布局

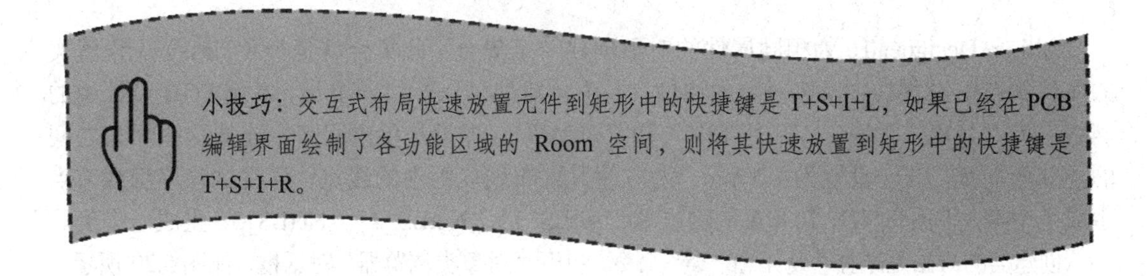

5.2.3　手动布局调整

自动布局和交互布局后的元器件较乱，也没有对齐。既不美观也不利于后续的布线，这时要通过手动布局调整元器件的位置。

手动调整复杂电路的方法如下。

（1） 拖动元器件的封装到合适位置，在 PCB 设计图中要空间靠近；同时调整元器件的方向，使靠近元器件的预拉线减少交叉。

（2） 设置合适的栅格捕捉，使元器件对齐方便。例如，本例中手动调整时可将栅格设置为 0.5 mm，使得手动拖动元器件又准又快。

（3） 充分利用系统的元器件对齐功能快速地使元器件的排列整齐并均匀分布。

手动调整布局的结果如图 5.28 所示。

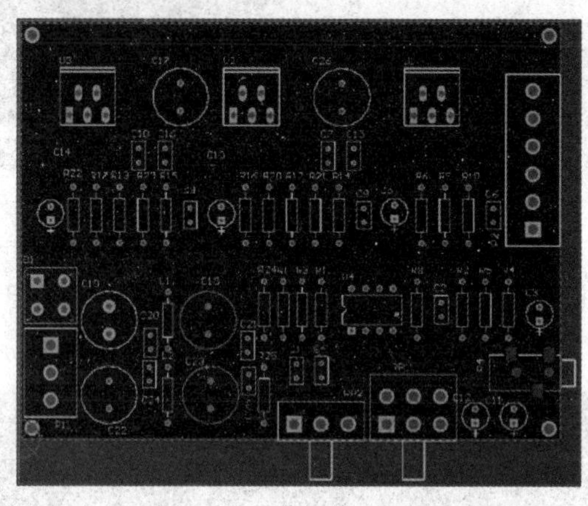

图 5.28 手动调整布局的结果

任务 3 设置自动布线规则

自动布线的功能需要在设置布线规则后实施，布线的规则主要包括电气最小间距、线宽、优先权（Routing Priority）、覆铜、过孔和布线层等。这些规则的设置也是自动布线的基础，设置之后自动布线就会事半功倍；否则效率会大打折扣。

5.3.1 创建类

Altium Designer 16 为相同属性的对象创建一个集合，此集合就是类（Class）。设置类的属性相当于设置其中所有对象的属性，多个元器件可以产生一个类。本例 PCB 设计中的网络名为“+18V”“+12V”“-18V”和“-12V”，焊盘是供电回路。连接这些焊盘之间的导线要加宽，统一设置为 1.5 mm。为方便设置布线规则中的线宽，可将这些焊盘或节点生成一个类，下面将 TDA2030A 的输出端“NetLS_1”“NetLS_2”“NetLS_3”生成一个类。

创建类的方法是选择“设计”|“类”命令，打开“对象类浏览器”对话框，如图 5.29 所示。

用鼠标右键单击“Object Class”|“Net Classes”目录，在弹出的快捷菜单中选择“添加类”命令，在“Net Classes”目录下添加一个新的类“New Class”；同时“New Class”中的文件名处于重命名状态，改名为“Power1”。然后在“非成员”栏中将网络名为“+18V”“+12V”“-18V”和“-12V”的网络节点一一选中，单击添加按钮“>”添加到“成员”中，类 Power1 创建完毕。以同样的方法创建类 Out，其中包含网络节点 NetLS_1、NetLS_2

和 NetLS_3，设置后单击“关闭”按钮。

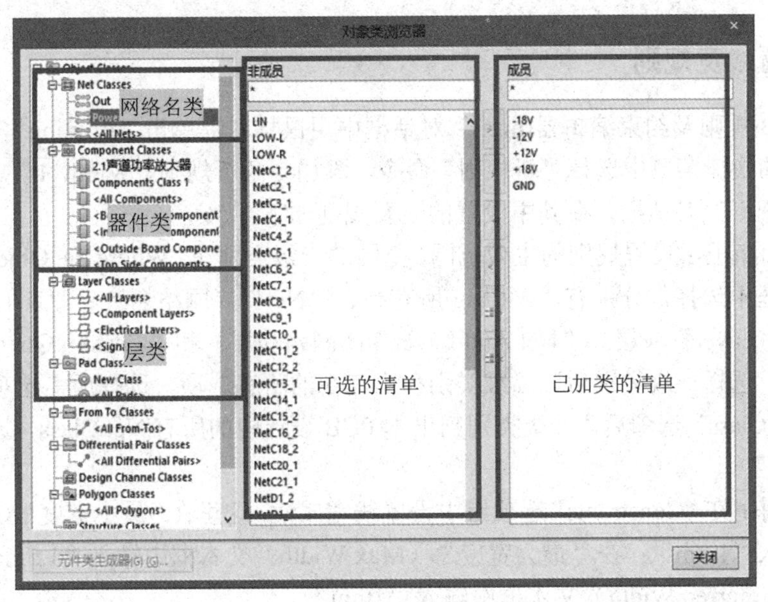

图 5.29　“对象类浏览器”对话框

5.3.2　设置最小间距规则

选择“设计”|“设计规则”命令，打开“PCB 规则及约束编辑器 [mm]”对话框。选择左边树形规则目录中的“Design Rules”|“Electrical”|“Clearance”选项，在“Clearance”（间距）选项组中的“最小间隔”文本框中输入“0.5mm”，如图 5.30 所示。

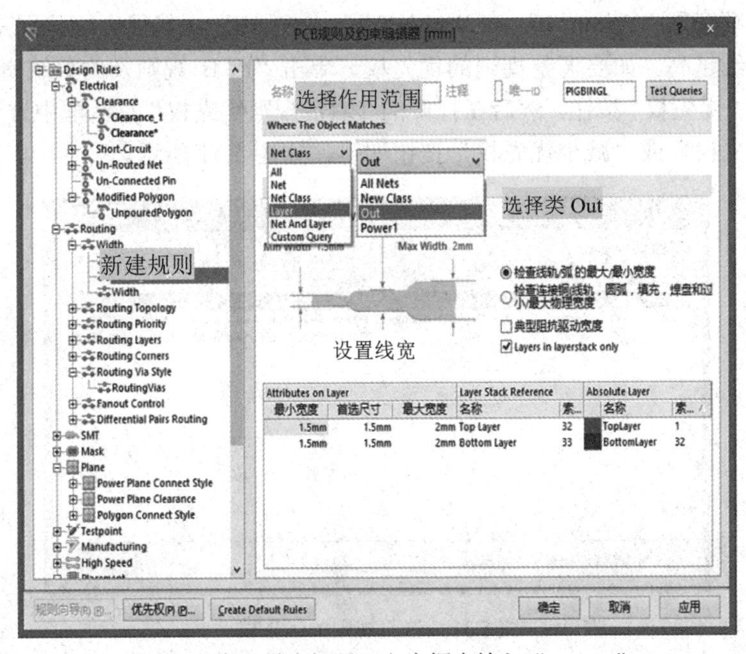

图 5.30　在“最小间隔”文本框中输入“0.5mm”

单击“确定”按钮。

5.3.3 设置线宽规则

在“PCB 规则及约束编辑器[mm]”对话框中用鼠标右键单击“Routing” | “Width”选项，在弹出的快捷菜单中选择“新规则”命令，添加一条新规则“Width_1”。双击该规则打开“编辑规则”对话框，在其中设置的主要规则如下。

（1）作用范围：设置规则的生效范围，范围的一级类别在“Where the Object Matches”的下拉列表框中选择，分别有“All”（所有）、“Net”（网络名）、“Net Class”（网络名类）、“Layer”（层）“Net And Layer”（网络和层）和“Custom Query”（自定义查询）选项。选择一级类别后，二级类别列出其中的所有选项，选择所需选项。如一级类别选择“Net Class”选项后，二级类别列出本 PCB 设计中的所有 Net Class，这里选择要设置的类“Out”。

（2）约束：在“Constrants”选项组中设置线宽属性，这里在“最小宽度”（Min Width）文本框中输入“1mm”；在“最大宽度”（Max Width）文本框中输入“1.5mm”；在“默认宽度”（Preferred Width）文本框中输入“1mm”。

设置后单击“应用”按钮确认。

以同样的方法新建一个线宽规则，将网络名类“Power1”的线宽设置为最小为 1 mm，最大为 2 mm，默认为 2 mm；原有的规则作用于所有网络名，最小为 0.3 mm，最大为 0.5 mm，默认为 0.5 mm。

（3）优先权：指定各线宽规则的生效顺序，优先权高的规则在自动布线时先生效；优先权低的规则在自动布线时后生效。如这里有“Width”“Width_1”“Width_2”3 条规则，优先权的顺序是“Width_1”>“Width_2”>“Width”，其优先权分别是 1、2 和 3，数字越小优先级越高。如要调整规则的优先权，单击“PCB 规则及约束编辑器 [mm]”对话框左下角的“优先权”按钮。然后在打开的“编辑规则优先权”对话框中选中某条规则，单击“增加优先权”或“减少优先权”按钮即可，如图 5.31 所示。

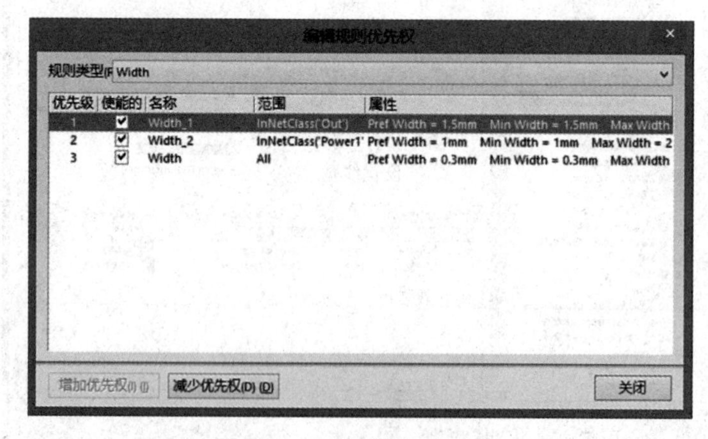

图 5.31　调整规则的优先权

5.3.4　设置布线拓扑算法规则

布线拓扑算法规则定义自动布线时采用的布线约束与算法，Altium Designer 16 中常用的布线约束为导线统计最短逻辑规则，用户可以根据具体设计选择不同的布线拓扑算法规则。选择“设计”|“设计规则”命令，打开“PCB 规则及约束编辑器 [mm]”对话框。选择左边树形规则目录中的“Design Rules”|“Routing”|“Routing Topology”目录，展开布线拓扑算法，如图 5.32 所示。

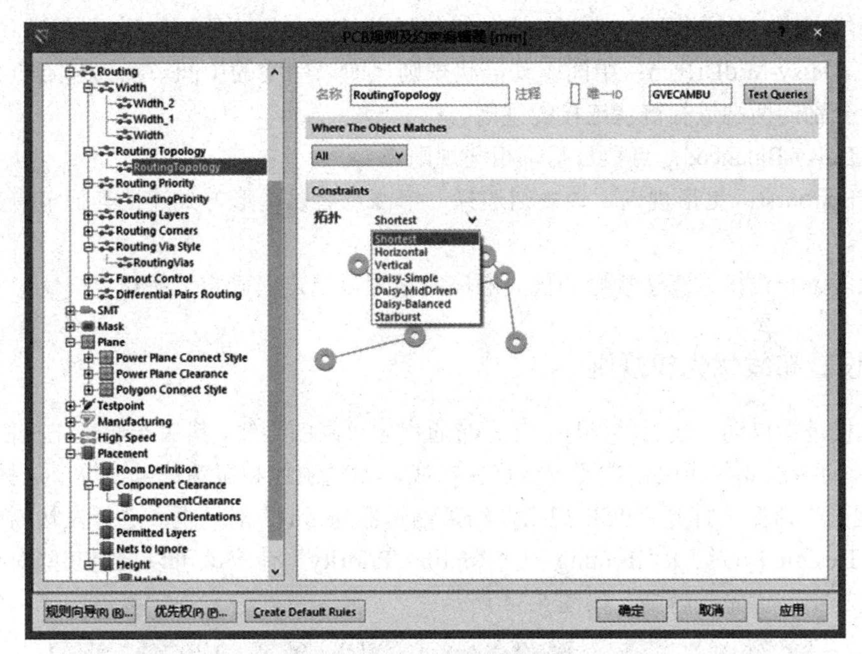

图 5.32　展开布线拓扑算法

选择“Constrants”（约束）命令。

Altium Designer 16 提供的布线拓扑算法规则如图 5.33 所示。

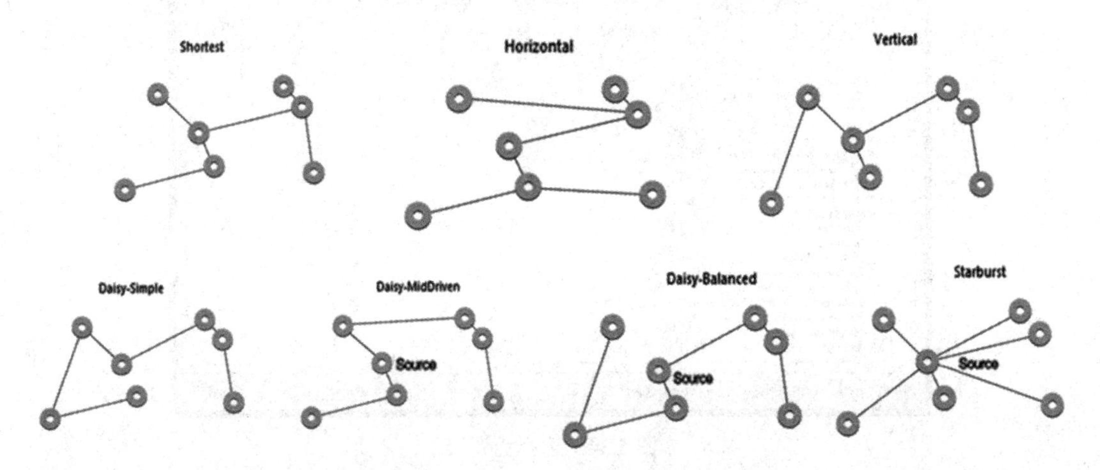

图 5.33　Altium Designer 16 提供的布线拓扑算法规则

说明如下。

（1） Shortest：最短规则，以各网络节点之间的布线总长度为最短原则。

（2） Horizontal：水平规则，以连接节点的水平连线为最短规则，系统将尽可能地选择水平方向走线，网络内各节点之间水平连线的总长度与整条直连线的总长度比值控制在5:1 左右。布局元器件时水平方向上的空间较大，可考虑采用该规则布线。

（3） Vertical：垂直规则，布线时使用垂直方向连线最短的规则。

（4）Daisy-Simple：简单链状规则，布线时会将网络内的所有节点连接起来成为一串。在起点和终点确定的前提下，中间各点的走线以总长度最短为原则。

（5） Daisy-MidDriven：中间驱动链状规则，即以网络的中间节点为起点查找最短路径，然后分别向两端进行链状连接的规则。

（6）Daisy-Balanced：点数目基本相同规则。

（7）Starburst：星形规则，该规则选择一个源点后以星形方式连接其他节点并使总的连线最短。

注意多条布线拓扑算法规则的优先顺序，设置后单击“确定”按钮。

5.3.5 设置布线优先权规则

优先权是指自动布线时的顺序，首先布通优先权高的导线，然后布通优先权低的导线。PCB 设计的节点或导线比较重要，要优先布线，如电源线和振荡信号线等。选择“设计”|“设计规则”命令，打开“PCB 规则及约束编辑器 [mm]”对话框。选择左边树形规则目录中的“Design Rules”|“Routing”|“Routing Priority”命令就可以指定某些对象的优先权，该值越小，优先权越高，如图 5.34 所示。

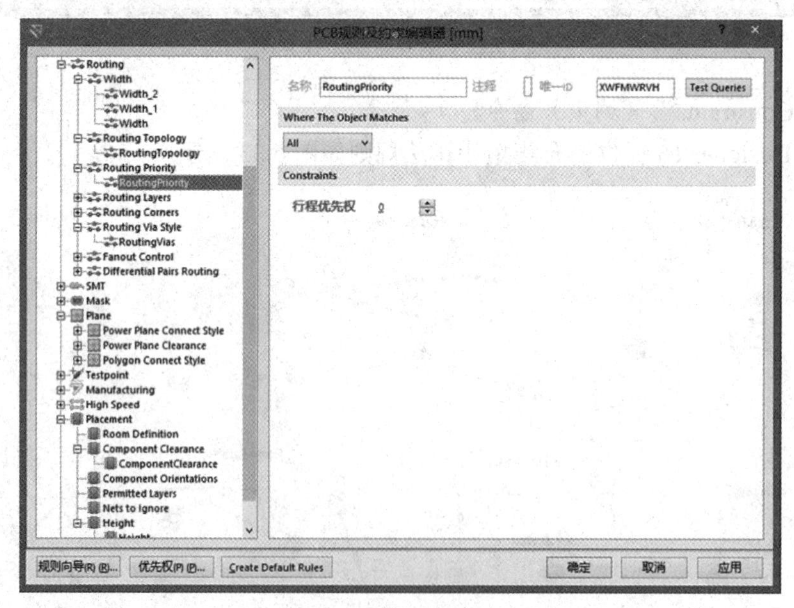

图 5.34 选择优先权

注意多条布线优先权规则的优先顺序，设置后单击“确定”按钮。

5.3.6　设置布线层规则

为设置自动布线时指定某些节点的导线布置在指定层，如将网络名为“+18V”和“-18V”的走线放置在 PCB 的底层，选择“设计”|“设计规则”命令，打开“PCB 规则及约束编辑器[mm]”对话框。选择左边树形规则目录中“Design Rules”|“Routing”|“Routing Layer”选项，可添加并打开一条新的布线层规则。在“Where The Object Matches”下拉列表框中选择作用范围，并清除“Constraints”下“激活的层”选项组中的“Top Layer”或“Bottom Layer”复选框，只留下被允许布线的层，如图 5.35 所示。

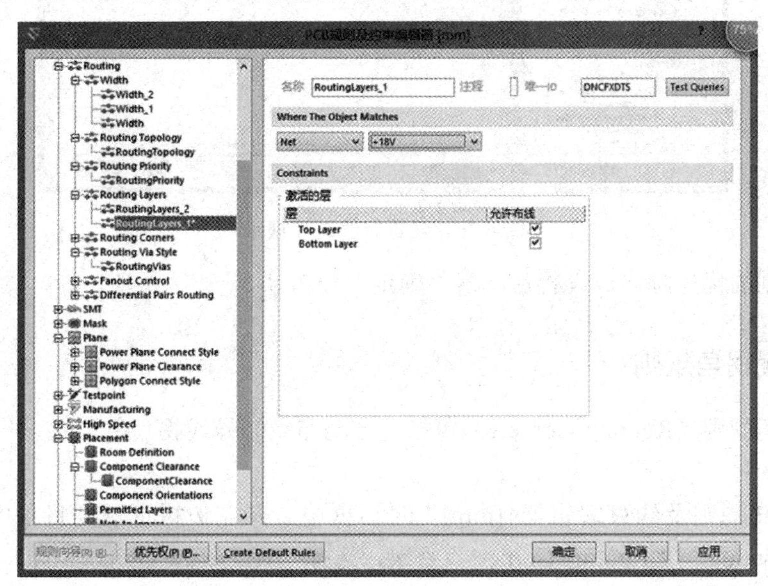

图 5.35　设置布线层规则

一般要自动布线至少保留顶层和底层，注意布线层规则的优先顺序，设置后单击“确定”按钮。

5.3.7　设置布线过孔规则

自动布线时会自动生成过孔（双面 PCB 或多层 PCB），因此要设置过孔规则。本例我们将电源“+18V”“+12V”“-18V”和“-12V”节点的主线路过孔规则设置为孔径 0.6 mm，直径 1.2 mm，其他设置是孔径为 0.3 m 和直径为 0.6 mm。选择“设计”|“设计规则”命令，打开“PCB 规则及约束编辑器 [mm]”对话框。展开左边树形规则目录中的“Design Rules”|“Routing”|“Routing Via”目录，在“Where the Object Matches”（作用范围）下拉列表框中选择“All”选项。将“Constrants”下的“过孔直径”选项组的“最小的”设置为 0.6 mm，将“过孔孔径大小”选项组的“最小的”设置为 0.3 mm，如图 5.36 所示。然后添加一条新的过孔规则并打开，在“Where the Object Matches”下拉列表框中选择一级类别“New Class”选项。在二级类别中选择“Power1”命令，并将“Constrants”的下“过孔直径”设置为 1.2 mm，将“过孔孔径大小”设置为 0.6 mm。

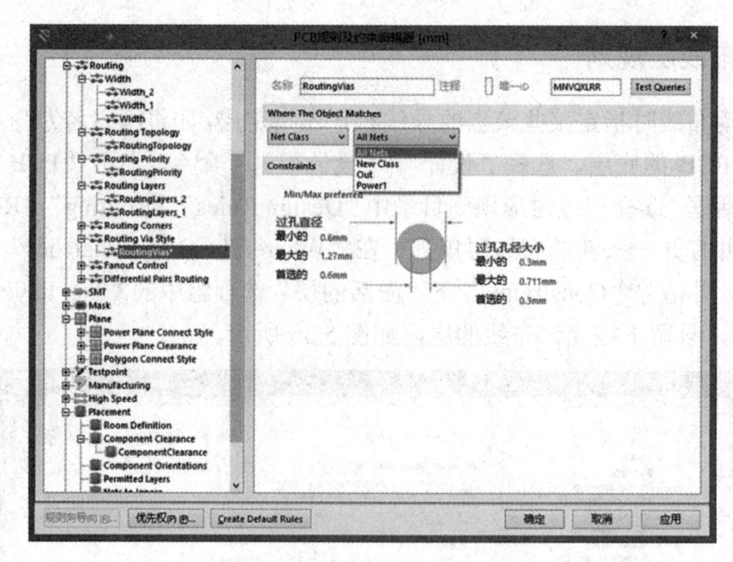

图 5.36　设置布线过孔规则

注意规则的优先顺序，设置后单击“确定”按钮。

5.3.8　设置拐角规则

设置拐角规则（Routing Corners）可指定自动布线时导线拐角的形式，一般有 45°、90°和圆形 3 种。

在“PCB 规则及约束编辑器 [mm]”对话框中展开左边树形规则目录中的“Design Rules”|“Routing”|“Routing Corners”目录，选择“Where the Object Matches”下拉列表框中的“All”命令，在“Constraints”下的“类型”下拉列表框中选择拐角的角度，如图 5.37 所示。

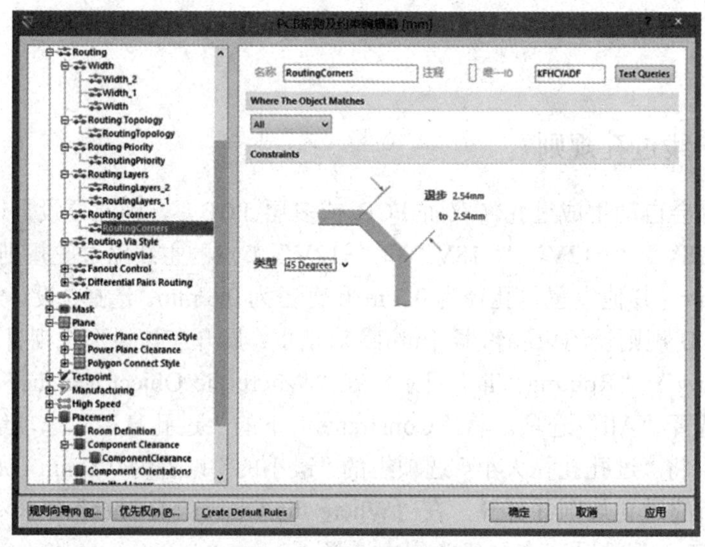

图 5.37　选择拐角的角度

设置后单击“确定”按钮。

5.3.9　设置禁止布线层规则

设置禁止布线层规则即指定自动布线或手动布线时电气导线能布置的范围，一般小于 PCB 设计的尺寸。在 PCB 编辑界面下方的层切换标签中选择“Keep Out Layer”（禁止布线层），沿机械层定义的 PCB 各端点绘制一个矩形区，大小等于机械层中定义的 PCB 边框矩形的大小。

任务 4　自动布线

系统根据设置的布线规则，统计和计算 PCB 设计中的各节点，逐条布通各导线。自动布线只是一种辅助的工具，结果提供给用户参考。

自动布线主要有全部、网络或网络类、连接、区域、Room，以及元器件或元器件类等操作对象，操作方法基本一致。即设置自动布线的范围，如某区域，然后在该范围内按布线规则自动布线。我们以 2.1 声道功率放大器双面 PCB 设计例中用到的部分自动布线命令加以讲解。选择“自动布线”命令，打开该命令的下拉菜单，如图 5.38 所示。

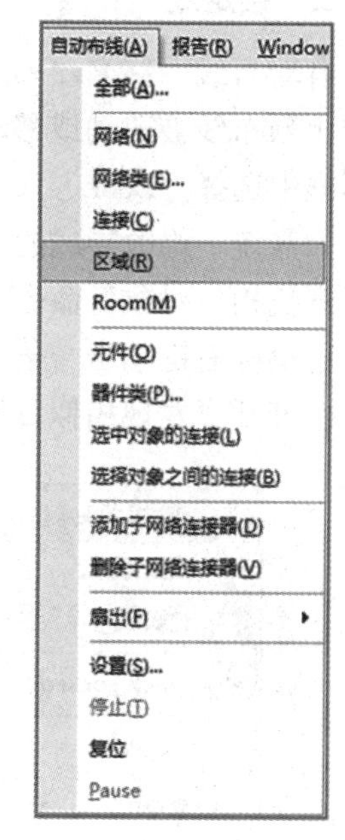

图 5.38　“自动布线”命令的下拉菜单

其中的主要命令如下。

（1）　全部：对整个 PCB 进行全局自动布线。

（2）　网络：对指定网络进行自动布线，选择该命令后光标变为十字形。在 PCB 上选择某个网络节点，该网络节点的所有连接将被自动布线。可以继续选择网络自动布线，单击鼠标右键或按 Esc 键退出。

（3）　网络类：对指定的网络类进行自动布线，选择该命令后打开“Choose Net Classes to Route”对话框，其中列出当前文件中已有的网络类。选择要布线的网络类，单击“确定”按钮，则为该网络类内的所有网络自动布线。

（4）　连接：为两个相互连接的焊盘进行自动布线，选择该命令后光标变为十字形。选择要布线的焊盘或者导线，系统自动放置此段导线。

（5）　区域：选定区域内完成自动布线，选择该命令后光标变成十字形，指定区域的左上角和右下角端点来框选区域范围。

（6）Room：对指定 Room 空间内的连接进行自动布线，该命令只适用于完全位于 Room 空间内部的连接，即 Room 边界线以内的连接。选择该命令后光标变成十字形，选择 Room 空间后即可进行自动布线。

（7）　元件：对指定元器件的所有连接进行自动布线，选择该命令，选取要布线的元器件，则所有从该元器件的焊盘引出的连接都将被自动布线。

（8） 器件类：对指定元器件类内的所有元器件的连接进行自动布线，选择该命令后打开“Choose Component Classes to Route”对话框，在其中选择一个器件类即可。

5.4.1 预布线和锁定线

1. 预布线

PCB 布线前要为电路设计中重要的节点预布线，如本例中的“+18V”和“-18V”节点是功放的供电回路，是电路的重点。选择“自动布线”|“网络”或“网络类”命令进入自动布线状态，光标变成十字形。选择电路中网络名为“+18V”元器件焊盘，系统根据布线规则绘制一条走线。绘制后可以继续选择其他网络名进行自动布线，布线后单击鼠标右键或按 Esc 键退出。

2. 锁定线

自动布线网络名“+18V”和“-18V”导线后，根据电路设计要求和规范手动修改。为防止预布线被改动或移动，可将其锁定。方法是双击某条导线，在打开的“轨迹[mm]”对话框中选择“Lock”（锁定）复选框，然后单击“确定”按钮。

如需统一修改导线的某个属性，如锁定已绘制的导线，可以通过 Altium Designer 16 的“查找相似对象”命令来完成。

用鼠标右键单击一条导线，在弹出的快捷菜单中选择如图 5.39 所示的“查找相似对象”命令，打开“发现相似目标”对话框，如图 5.40 所示。

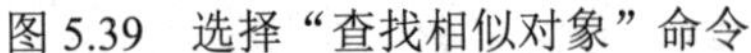
图 5.39 选择“查找相似对象”命令

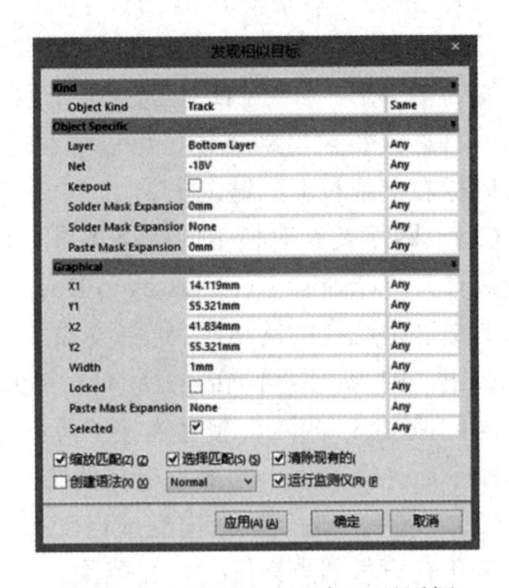

图 5.40 “发现相似目标”对话框

在其中可设置查找显示对象的类型（Object Kind）、层（Layer）和网络名（Net）等，如果要求与选中导线的属性一致，则选择“Same”选项；如果某项属性没有要求，则选择“Any”选项。这里主要是导线，所以选择对象的类型为“Same”选项，并选择“Any” 选项。单击“确定”按钮，系统会找出所有符合设置的导线并在 PCB 编辑界面中处于选中状态；同时打开“PCB Inspector”对话框，如图 5.41 所示。

PCB Inspector

Include all types of objects

Solder Mask Expansion Mode	None
Paste Mask Expansion	0mm
⊟ Graphical	
X1	<...>
Y1	<...>
X2	<...>
Y2	<...>
Width	<...>
Locked	☐
Paste Mask Expansion Mode	None

346 object(s) are displayed

图 5.41　“PCB Inspector”对话框

选择“Locked”（锁定）复选框后关闭该对话框，所有导线锁定完毕。

预布线后的 PCB 设计图如图 5.42 所示。

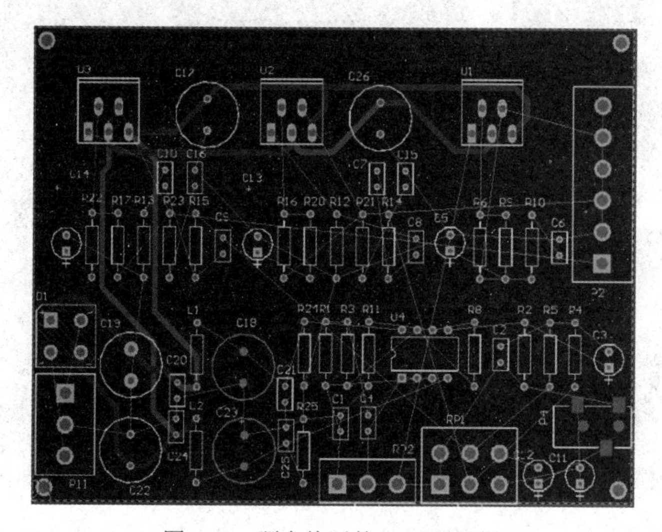

图 5.42　预布线后的 PCB 设计图

按同样的方法将网络类为“Out”的自动布线布好，包含 NetLS_1、NetLS_2 和 NetLS_3 的 3 个功放的输出端口。

5.4.2　自动布线一个区域或 Room 空间

预布线后就可以自动布线电路中的某一单元电路，选择“自动布线”|“区域”或“Room”命令，进入自动布线状态，光标变成十字形。此时框选要布线的区域或单击某个 Room 空间，这里单击电路的整个下半部分，系统为该选中区域自动布线。仔细地检查一遍该区域的布线效果，手动调整存在布线不均匀、局部过密、线宽不合理或走线不合理等因素的导线，然后手动布线或选择“自动布线”|“网络”命令完成该区域的布线设计。

按此方法将整个电路中的各个电路逐个模块或区域自动布线，一步步地完成布线设计，切不可一步自动布线整个电路。图 5.43 所示为区域自动布线过程中的信息提示，提示当前布线的导线数量、完成布线的百分比及所用时间。

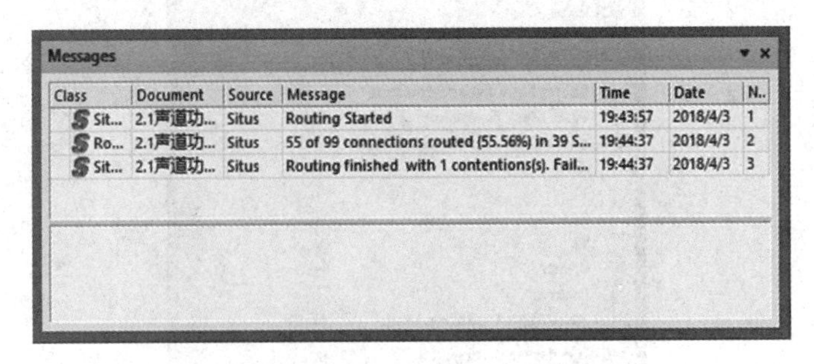

图 5.43　区域自动布线过程中的信息提示

图 5.44 所示为手动调整导线过密前后的对比，图 5.45 所示为部分电路区域自动布线后的效果。

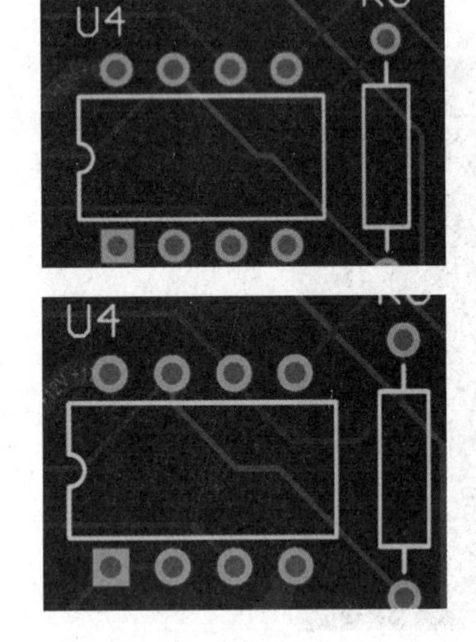

图 5.44　手动调整导线过密前后的对比

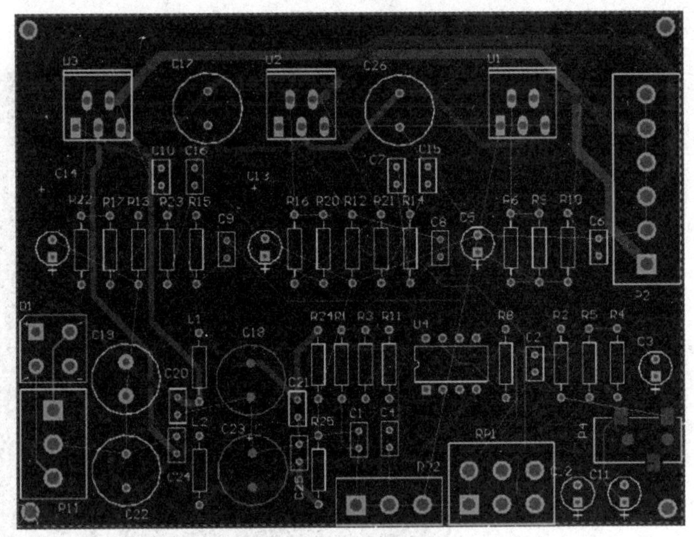

图 5.45　部分电路区域自动布线后的效果

5.4.3　删除布线

在布线过程中有时要取消已经布置的导线，这时可以选中该导线，然后按 Delete 键删除。当导线较长或需要删除较多导线时选择“工具”|“取消布线”命令，其下拉菜单中包括“全部”“网络”“连接”“器件”和“Room”5 种作用范围。如要删除已经布置的网络名为“GND”的所有导线，选择“工具”|“取消布线”|“网络”命令，如图 5.46 所示。光标变成十字形，在 PCB 编辑界面中选择网络名为“GND”的焊盘即可将其删除。在实际 PCB 设计过程中删除“GND”焊盘的导线是因为 PCB 设计将用大面积的带地敷铜来替代地线。删除布线在自动布线和手动调整过程中会经常应用到，如果删除已经锁定的导线或对象，则打开“Confirm”对话框，如图 5.47 所示。

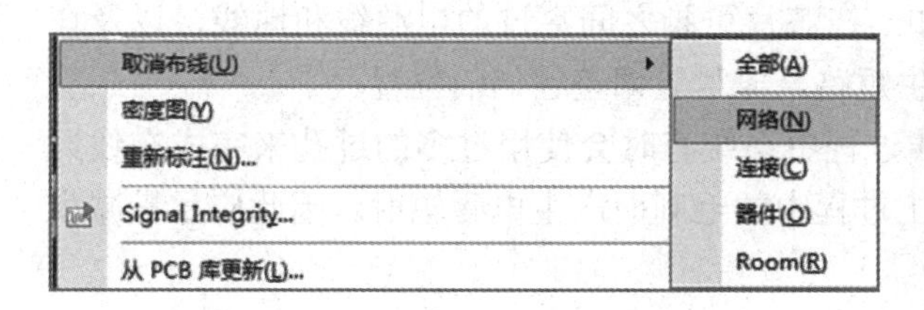

图 5.46　选择“取消布线”|“网络”命令

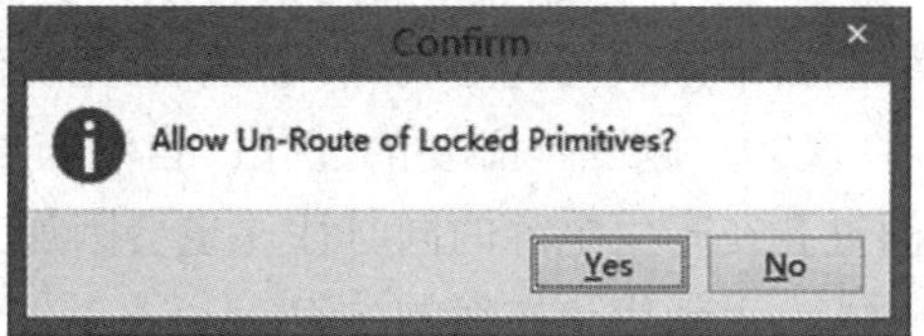

图 5.47　“Confirm”对话框

根据需要单击“Yes”或“No”按钮。

经过自动布线规则设置和各种自动布线方法的运用，看似复杂的电路很快布线完毕，整体电路自动布线的效果如图 5.48 所示。

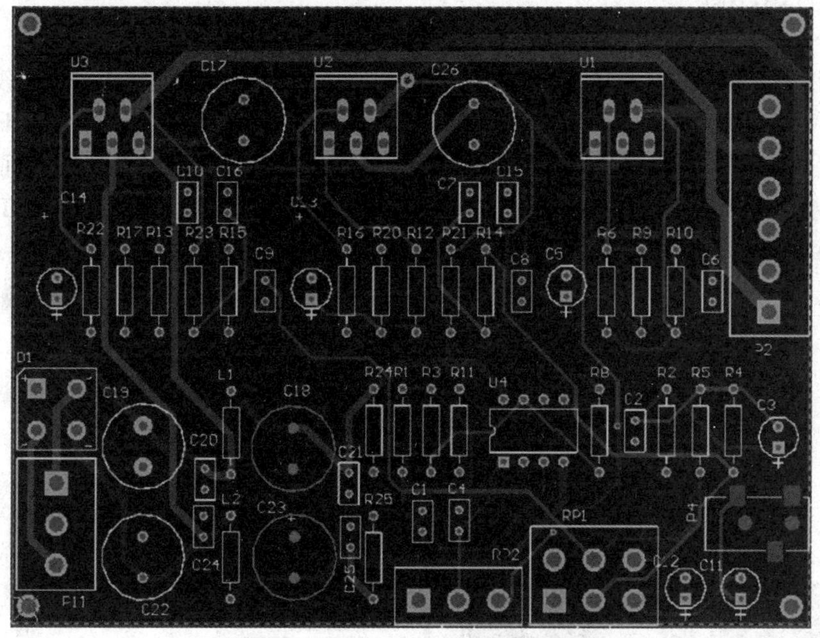

图 5.48　整体电路自动布线的效果

只要设置好布线的规则，自动布线的功能还是相当强大的。

5.4.4　手动调整

自动布线仅仅以实现电气网络的连接为目的，即从电气上布通整个 PCB。由于算法的局限性，因此导致很少考虑 PCB 实际设计中的一些特殊要求，如散热、抗电磁干扰和工艺要求等。很多情况下会导致某些布线结构非常不合理，即便是完全布通的 PCB 中仍有可能存在绕线过多、走线过长和分布不均等现象，这时需要用户手动调整。

手动调整布线所涉及的内容比较多且烦琐，在实际设计中不同的 PCB 的功能要求不同，需要调整的内容也不同。一般来说，经常涉及的调整如下。

（1）　修改拐角过多的布线：引脚之间的连线应尽量短是 PCB 布线的一项重要原则，而自动布线由于算法的原因会导致部分布线后的拐角过多和导线绕远的现象。

（2） 修改放置不合理的导线：例如，在芯片引脚之间穿过的电源线和地线，以及在散热器下方放置的导线等。为了避免发生短路，应尽量调整它们的位置。

（3） 删除不必要的过孔：自动布线过程中系统有时会使用过多的过孔来完成布线，而过孔在产生电容的同时往往也会因加工过程中的毛刺而产生电磁辐射。因此应尽量减少过孔，手动优化布线的方案。

此外可能需要调整布线的密度、加宽大电流导线的宽度，以及增强抗干扰的性能等，为此需要用户根据 PCB 的具体工作特性和设计要求逐一且反复调整，以达到尽善尽美的目的。完善的 PCB 布线都是自动布线为辅，手动调整为主和反复调整后实现的。

任务 5 补泪滴

为了让焊盘和导线更加坚固，防止机械制板因压力不均衡使铜箔机械尺寸变化较大的地方断裂，常在焊盘和导线之间用铜膜布置一个过渡区。其形状像泪滴（Teardrops），故常称为“补泪滴”。补泪滴后的连接处会变得比较光滑，不易因残留化学药剂而导致对铜膜导线的腐蚀，补泪滴后的效果如图 5.49 所示。选择“工具”|“泪滴”命令，打开“Teardrops”对话框，如图 5.50 所示。

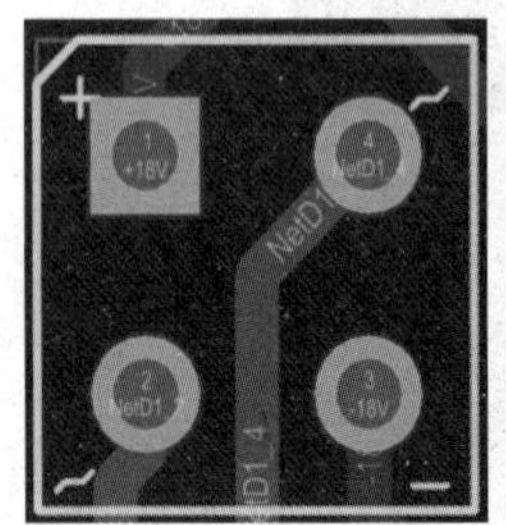

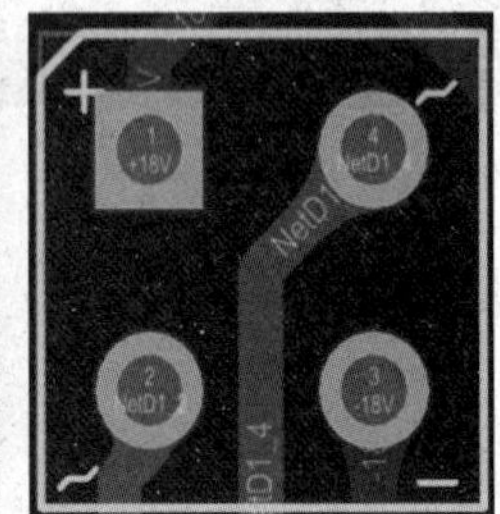

图 5.49 补泪滴后的效果

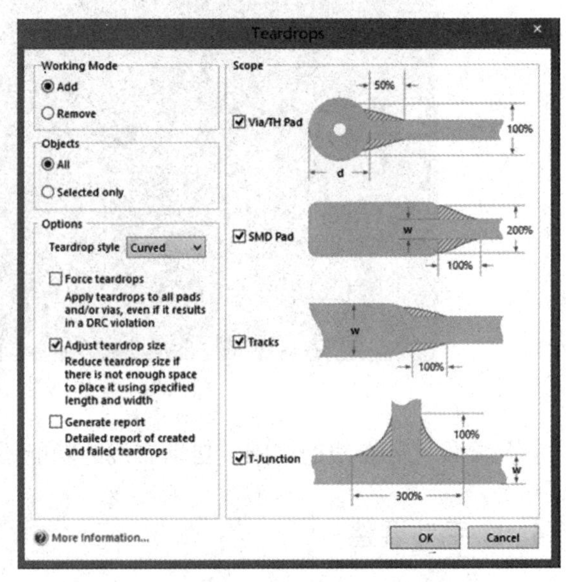

图 5.50 “Teardrops”对话框

其中的常用选项如下。

（1） “Working Mode”选项组：增加还是删除泪滴，选择“Add”单选按钮，增加泪滴；选择“Remove”单选按钮，删除泪滴。

（2）“Objects”选项组：操作的范围，选择“All”单选按钮，为全体对象；选择“Selected only”单选按钮，则指定对象。

（3） “Options”选项组：其中“Teardrop Style”下拉列表框中的选项是泪滴的类型，

“Curved”为弧线连接，“Line”为直线连接；“Force Teardrops”复选框为按属性的设置强制符合参数要求的泪滴，忽略布线规则；“Adjust teardrop size”复选框为根据空间大小自适应产生泪滴。

（4）“Scope”选项组：属性范围，可针对焊盘和导线等对象来设置泪滴的长宽等比例系数。

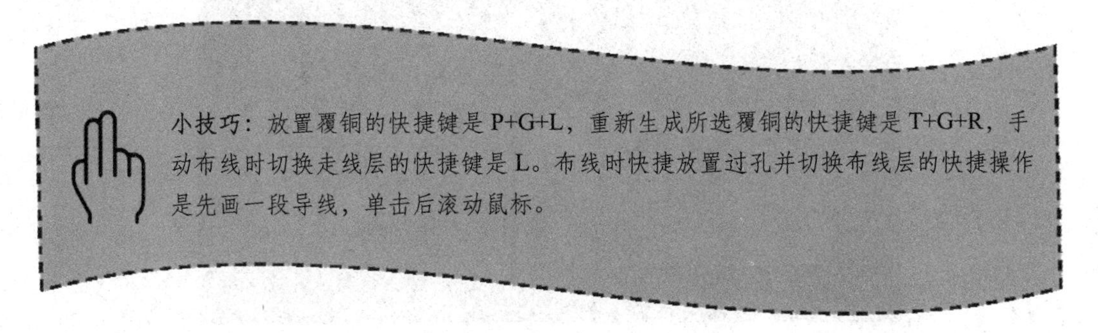

任务 6　多边形覆铜

多边形覆铜在 PCB 设计后将 PCB 上多余的空间作为基准面，用固体铜填充，这些大面积的铜箔又称为“灌铜”。多边形覆铜的意义在于减小地线阻抗，提高 PCB 的散热性和机械强度，大面积的覆铜还起到屏蔽干扰的作用；同时覆铜后的 PCB 只需要通过腐蚀较少的铜皮就能完成生产，从而提高了生产效率并节约资源。

5.6.1　覆铜的属性

选择“工具”|“多边形覆铜”命令或单击“布线”工具栏中的放置多边形平面按钮，打开“多边形覆铜 [mil]”对话框，如图 5.51 所示。

图 5.51　“多边形覆铜 [mil]”对话框

其中的主要选项如下。

（1）“填充模式”选项组。

用于选择敷铜的填充模式，有以下 3 个单选按钮。

◆ Solid（Copper Regions）：实心填充模式，即覆铜区域内为全铜敷设。选择该单选按钮后需要设置孤岛的面积限制值及删除凹槽的宽度限制值等，该模式如图 5.52 所示。

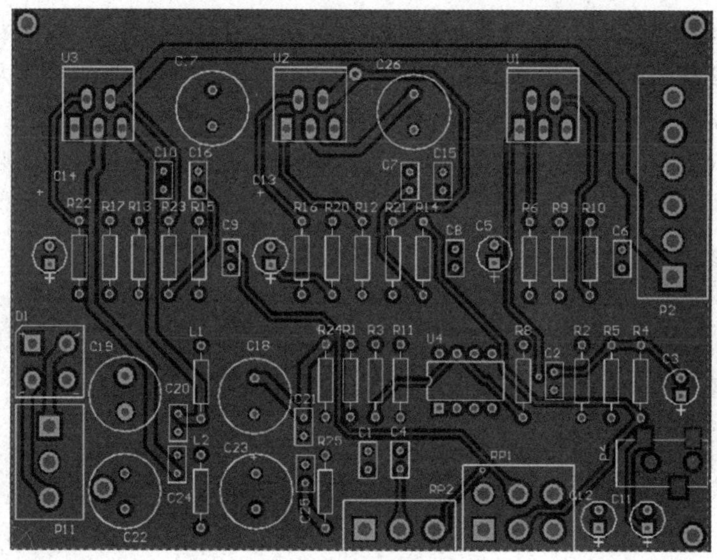

图 5.52　实心填充模式

◆ Hatched（Tracks/Arcs）：网格线填充模式，即在覆铜区域内输入网格状的覆铜，选择该单选按钮后需要设置轨迹宽度、栅格尺寸、包围焊盘宽度，以及网格的孵化模式等。

◆ None（Outlines Only）：无填充模式，即只保留覆铜区域的边界，内部不填充，选中该单选按钮后需要设置覆铜边界轨迹宽度，以及包围焊盘的形状等。

（2）“属性”选项组。

用于设置覆铜块的名称、所在的工作层面和最小图元的长度，以及是否选择锁定覆铜等。

◆ “名称”文本框：命名此次覆铜，可以通过选择“Auto Naming”复选框由系统自动命名。

◆ “层”下拉列表框：放置覆铜的电路层，覆铜只能放置在信号层上，通常选择顶层（Top Layer）和底层（Bottom Layer）。

（3）“网络选项”选项组。

用于设置与覆铜有关的网络，有以下选项。

◆ “链接到网络”下拉列表框：选择设置覆铜所需连接的网络名，默认为不与任何网络连接，即“No Net”选项。一般设计中通常将覆铜连接到信号地“GND”上，即带地覆铜。如果未设置覆铜区域的网络连接属性，则覆铜区域不与任何电路连接。即要么根据规则设置予以去除，要么成为一片覆铜孤岛，不起任何电气屏蔽作用。

◆ “Don't Pour Over Same Net Objects”选项：选择该选项，覆铜的内部填充不会覆盖具有相网络名称的导线，并且只与同网络的焊盘连接。

◆ “Pour Over All Same Net Objects”选项：选择该选项，覆铜的内部填充将覆盖具有相同网络名称的导线，并与同网络的所有图元相连接，如焊盘和过孔等。

◆ “Pour Over Same Net Polygons Only”选项：选择该选项，覆铜将只覆盖具有相同网络名称的已有覆铜，不会覆盖具有相同网络名称的导线。

◆ “死铜移除”复选框：用于设置是否删除死铜，死铜指没有连接到指定网络，或者不符合设置要求的小区域覆铜。若选中该复选框，则可以将这些覆铜去除，使 PCB 更为美观。

5.6.2　放置覆铜

本节以设计 2.1 声道功率放大器双面 PCB 电路为例叙述放置覆铜的方法。

（1） 在 2.1 声道功率放大器双面 PCB 电路中的空白区域放置若干过孔（Via），其网络名为“GND”。双面 PCB 一般会用双面覆铜设计，而双面覆铜的电气导通依靠过孔贯通。一定数量的过孔能降低阻抗，保证覆铜构成的接地效应。过孔也能消除覆铜产生的区域死铜。

（2） 打开“多边形覆铜 [mil]”对话框，设置实心填充。选择顶层（Top Layer）和网络名“GND”，其他保留为默认。

（3） 单击“确定”按钮。

（4） 光标变成十字形，处于选择状态。此时按顺时针或逆时针方向依次选中需要多边形覆铜的各端点。这里选中 2.1 声道功率放大器双面 PCB 电路的 4 个顶角的端点，使整体 PCB 带地覆铜，如图 5.53 所示。在选择各端点的同时系统会呈现各点构成的多边形形状，单击需填充的多边形加以确认。系统会根据多边形填充的参数，以及自动布线的规则完成覆铜。

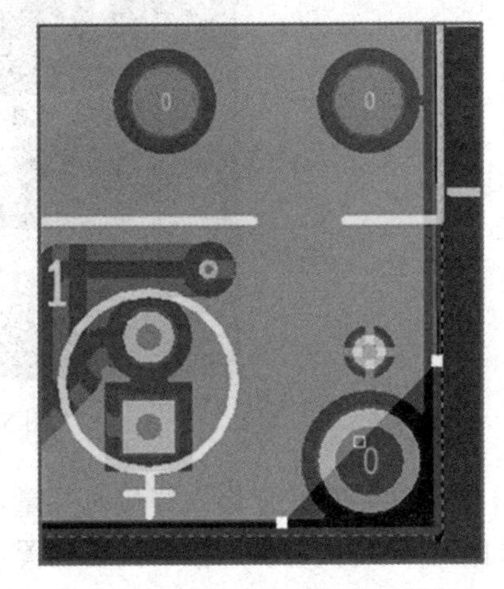

图 5.53　选中多边形覆铜的端点

（5） 将层切换到底层（Bottom Layer），放置多边形覆铜并包括网络名“GND”。

（6） 两面覆铜后检查有无网络名为“GND”的焊盘连接在覆铜上，若有，检查原因。一般是由于布线规则的设置使覆铜的连接导线走不通，或空间太小导线走不进，这时要手动修正或放置过孔来弥补。

（7） 如果需要编辑放置好的覆铜形状，则选中覆铜所在的层和该覆铜。被选中的覆铜会亮白显示，并在边缘处出现可编辑的小端点，拖动相应的端点就可以改变覆铜多边形的形状。将底层覆铜的形状做成倒角形状，修正后的效果如图 5.54 所示。改变多边形覆铜的形状后还要重新生成覆铜才能成功，在选中多边形覆铜的状态下选择“工具”|“多边形填充”|“Repour Selected”命令将选中的多边形覆铜重新生成一遍。多边形覆铜的有关命令如图 5.55 所示。

图 5.54　修正后的效果

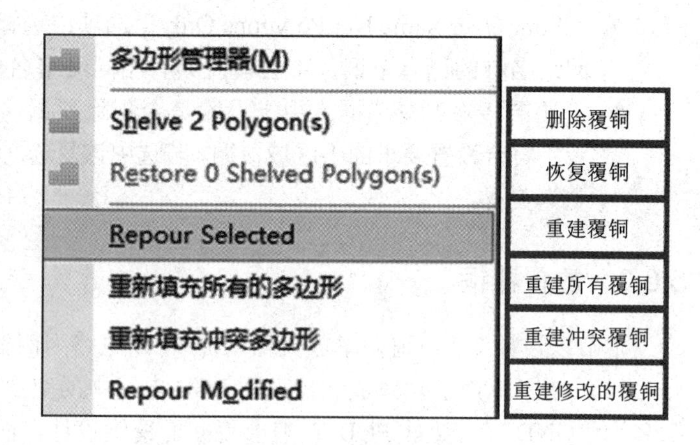

图 5.55　多边形覆铜的有关命令

（8） 设置覆铜的连接方式，这一步一般可以选择默认。覆铜与焊盘等的连接方式为十字热阻的形式，如图 5.56 所示。

图 5.56　焊盘的连接方式

热阻线的存在使烙铁焊接时热量集中在焊盘上，不容易传导到四周的覆铜上，所以焊盘的温度升高快容易焊接。如要设置连接形式，则需要设置有关规则。在“PCB 规则及约束编辑器 [mm]”对话框左边树形规则目录中展开“Design Rules”|“Plane”|“Polygon Connect Style”目录，如图 5.57 所示。

有关选项如下。

- “连接类型”下拉列表框：有“Relief Connect”（热阻连接）、“Direct Connect”（直接连接）和“No Connect”（无连接）3 个选项，选择“Relief Connect”选项后还要设置连接导线的数量和角度。
- “Air Gap Width”文本框：设置空气间隙的宽度，此宽度越大热阻越大，焊盘的温度升高相对越快。
- “导线宽度”文本框：设置连接线的宽度，此宽度越小热阻越大，焊盘的温度升高相对越快，导电性也受影响。

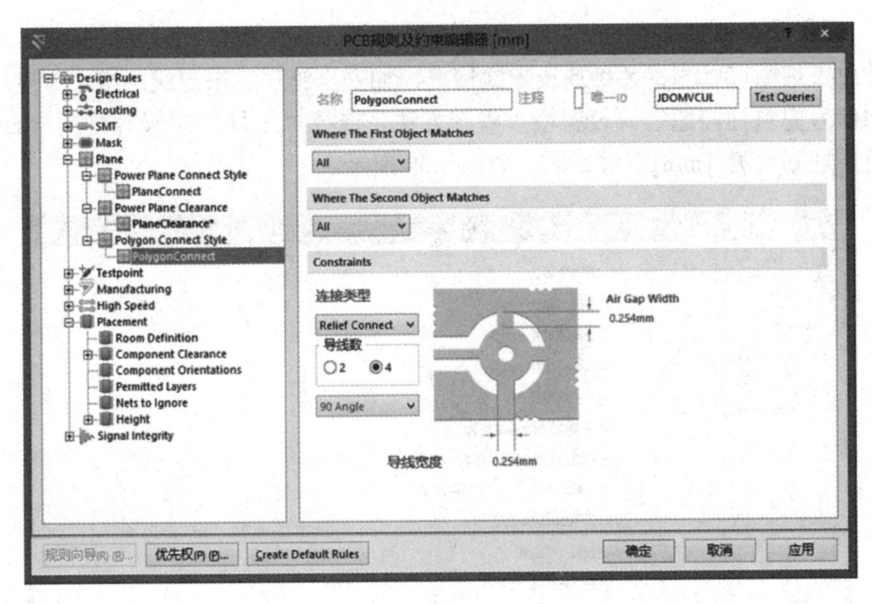

图 5.57　展开“Design Rules”|“Plane”|“Polygon Connect Style”目录

本节以设计 2.1 声道功率放大器双面 PCB 设计的双面覆铜为例，我们要求焊盘与覆铜为十字热阻形式连接；过孔为直接连接。为此需要在“Polygon Connect Style”目录中新建一个“Polygon Connect”规则，在“Where The Frist Object Matches”下拉列表框中选择“Custom Query”（自定义）选项。然后在右边的文本框中输入“isVia”，将“连接类型”设置为“Direct Connect”（直接连接）。保存规则并将此规则的优先权设置为 1 级，其他默认的规则的优先权设置为 2 级，设置后单击“确定”按钮。重新生成多边形覆铜后实现了过孔的直接连接，如图 5.58 所示。

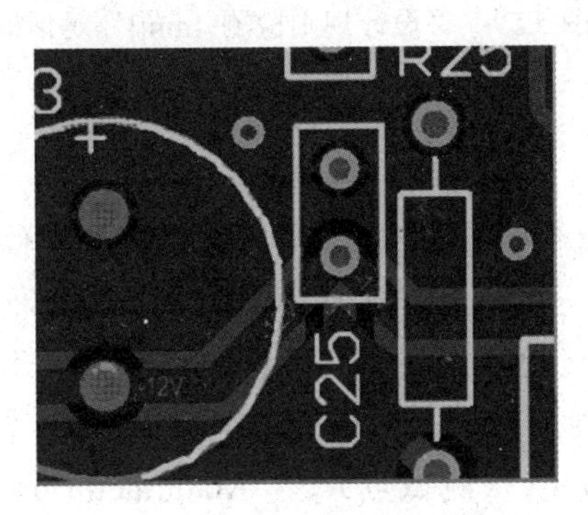

图 5.58　过孔的直接连接

任务 7　PCB 验证规则

设计完成 PCB 之后，为了保证设计正确，如元器件的布局和布线等符合设计规则，Altium Designer 16 提供了设计规则检查功能（Design Rule Check，DRC）检查 PCB 的完整性。

（1） 设置检查规则。

设计检查规则可以测试各种违反走线情况，如安全错误、未走线网络、宽度错误、影响制造和信号完整性问题等。设置检查规则方法是选择“工具”|“设计规则检查”命令，打开“设计规则检测 [mm]”对话框，如图 5.59 所示。

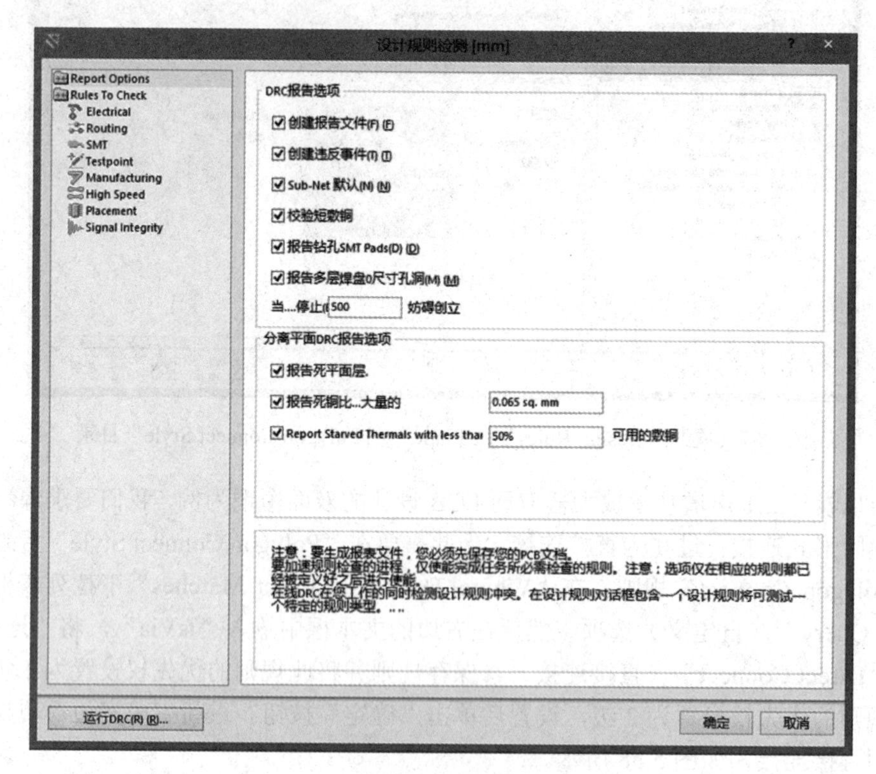

图 5.59 “设计规则检测 [mm]”对话框

其中的主要选项如下。

◆ “Report Options”（报告选项）选项组。

设置生成的 DRC 报表将包括的选项，由“创建报告文件”“创建违反事件”和“校验短覆铜”等复选框来决定，默认所有的复选框都处于选择状态。

◆ “Rules To Check”（检查规则）列表。

其中列出了 8 项设计规则，分别是“Electrical”（电气）、“Routing”（布线）、“SMT”（表面贴装技术）、“Testpoint”（测试点）、“Manufacturing”（制板）、“High Speed”（高速电路）、“Placement（布局）和“Signal Integrity”（信号完整性分析）规则。选择各选项，详细内容会在右边的区域中显示，包括规则和种类等。其中“在线”列表示该规则是否在电路板设计的同时进行同步检测，即在线方法的检测；“批量”列表示在运行 DRC 检查时要检测的项目，如图 5.60 所示。

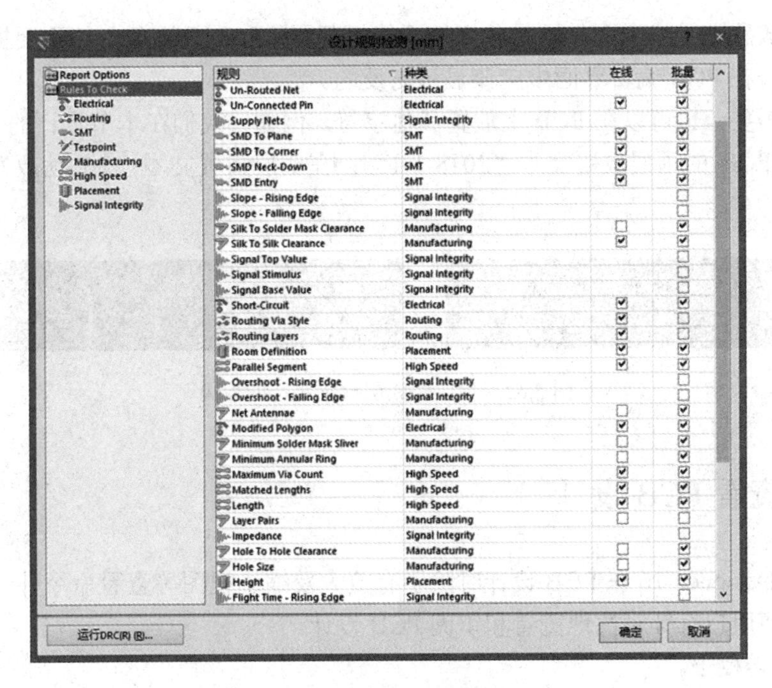

图 5.60　设置规则检测的项目

（2）　执行规则检测。

在“设计规则检测 [mm]”对话框中单击“运行 DRC”按钮，将进入规则检测。检测完毕打开“Messages”对话框，如图 5.61 所示。

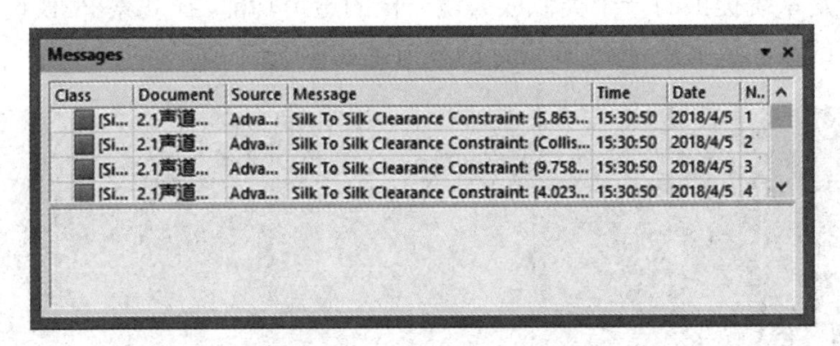

图 5.61　“Messages”对话框

其中列出所有违反规则的信息项的检测报告，包括所违反的设计规则的种类、所在文件、错误信息和序号等。

任务 8　调整和添加字符

设计和检查 PCB 设计的电气部分后，下一步要调整各元器件的文字说明、标号、参数值的摆放位置，以及方向和大小等。一般是手动调整，即手动逐个将各文本字符调整到合理的位置，使其排放整齐，也可以使用“对齐”命令。所有的文本字符不能放置在焊盘上面，但可以放置在导线上面；同时各字符不能出现覆盖和重叠现象，特别要提示的是放置在底层的字符在 PCB 编辑界面中应该显示为反的。

如设计需要，也可以在 PCB 上放置其他字符。例如，我们在本节设计的 2.1 声道功率放大器双面 PCB 的顶层放置文本“2018-1-1”；在底层放置文本“2.1 功放”，效果如图 5.62 所示。

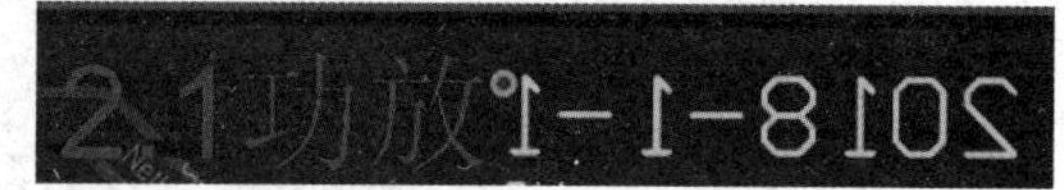

图 5.62　顶层和底层放置字符的效果

任务 9　查看 PCB 设计

Altium Designer 16 在 PCB 设计时除了有放大及缩小视图等查看命令外，还有其他查看方式，方便用户有针对性地查看和审阅 PCB 设计。

（1）　翻转板子。

翻转板子是将 PCB 水平镜像翻转 180°，主要是将底层的字符翻转后查看书写和排列有无问题。翻转后底层的文本显示为正，而顶层的文本则反置，选择“察看”|“翻转板子”命令即可实现板子的翻转。

（2）　洞察板子。

洞察板子是系统提供的一个类似放大镜一样的透镜功能，在观察 PCB 设计全局的同时，放大镜随光标的移动放大局部 PCB 设计的细节，如图 5.63 所示。

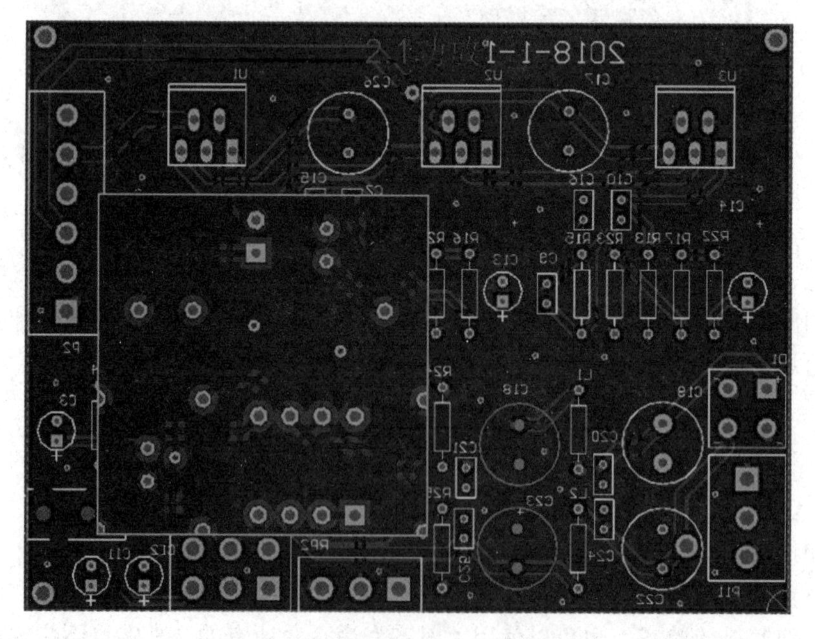

图 5.63　放大局部 PCB 设计的细节

当设计的 PCB 比较复杂时，这一功能相当有用。选择“察看”|“洞察板子”|“切换 I 洞察板子透镜”命令即可实现板子放大镜功能，再次单击此命令将其关闭。

（3） 3D 模式显示。

Altium Designer 16 可以显示 PCB 设计的 3D 视图，从 3D 视图中查看 PCB 设计的成品式样。选择“察看”|“切换到 3 维模式”命令，视图变成 3D 模式，如图 5.64 所示。

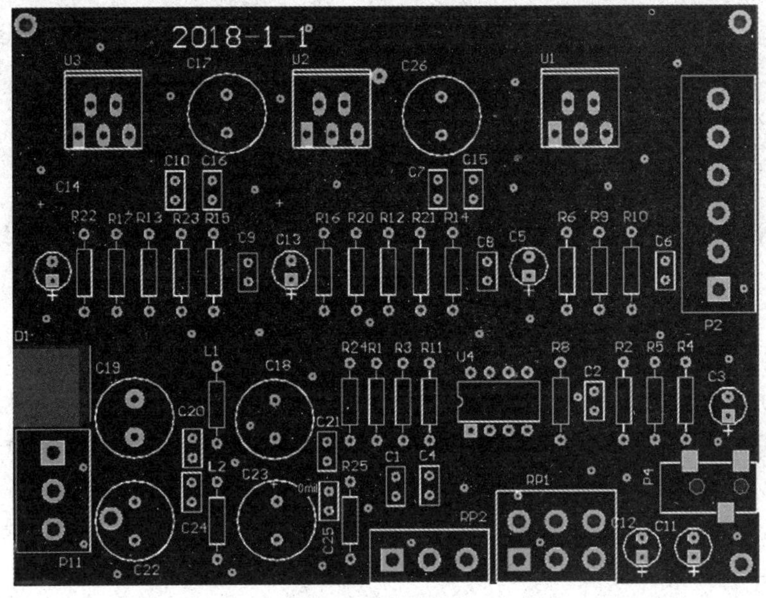

图 5.64　3D 模式

其实 2D 和 3D 视图模式的切换只要按快捷键“2”或“3”即可，十分方便。

技能与练习

（1） 打开本书素材文件\各章节实例与练习\5\STM32F107VCT6 设计\STM32F107.PrjPcb 中工程项目的 PCB 设计文件 PCB1.PcbDoc。

（2） 将 PCB1.PcbDoc 的各元器件通过交互式布局的方法放置到合适的位置（参照 PCB3.PcbDoc）。

（3） 为 PCB1.PcbDoc 设置布线规则，网络节点为“+12V”和“+5V”，线宽设置为 10～40 mil，其他线宽设置为 10～20 mil；网络节点为“+12V”和“+5V”，过孔设置为 20 或 40 mil，其他过孔参数设置为 10 或 20 mil。

（4） 完成布线设计。

（5） 顶层和底层双面覆铜，覆铜电气属性为 GND。

（6） 将元器件的标号调整到位。

项目6　4轴飞行器无刷电动机控制电路的4层PCB设计

电子系统越复杂，对装配密度的要求也就越高。多层PCB有较好的高频特性及电磁兼容特性，其设计主要是设计电源层、地层和信号层之间的层叠关系，以及内电层的创建和应用。

本项目以4轴飞行器无刷电动机控制电路的4层PCB设计来介绍多层PCB设计的方法与步骤。

<table>
<tr><td rowspan="4">知识技能导航</td><td>知识了解</td><td>多层PCB的概念及原理</td></tr>
<tr><td>知识熟知</td><td>多层PCB的构成
多层PCB电磁兼容的概念</td></tr>
<tr><td>技能掌握</td><td>多层PCB的层叠管理
多层PCB的布局与布线
内电层的创建与分割</td></tr>
<tr><td>技能高手</td><td>工作面板的对象过滤操作
快速布局与布线</td></tr>
</table>

任务 1　了解多层 PCB

1. 多层 PCB 的概念与特点

21 世纪由于集成电路和 SMT 器件的技术的日益成熟，以及 PCB 的组装密度的大大增加，导致 PCB 上连接线的高度集中，以及电路对高速信号的影响和电磁干扰等因素催生了对多层 PCB 的研究。多层 PCB 指的是两层以上的 PCB，它是由多层铜箔构成的导电层和多层绝缘层叠加压制而成的 PCB，主要要考虑信号高质量互通和电磁屏蔽等因素。

多层 PCB 的特点如下所述。

（1） 内部设有专用电源层和地线层，减小了供电线路的阻抗，从而减小了公共阻抗干扰。大块铜箔的电源层可以作为噪声和电磁干扰的屏蔽，降低了干扰；同时采用专门的地线层加大了信号线和地线之间的分布电容，减小了串扰。

（2） 采用了专门的地线层，所有信号线都有专门接地线。因此接地可靠，公共阻抗干扰也大大降低。

（3） 信号线变短，阻抗稳定且易匹配，减少了反射引起的波形畸变。

2. 多层 PCB 的层叠原理

一般多层 PCB 有 4 层、6 层、8 层和 10 层，甚至更多。因多层 PCB 层叠的对称性是性能提升的基础，所以其层数都是偶数。

一般情况下，层叠设计的原则是满足信号的特征阻抗要求、信号回路最小化原则、PCB 内的信号抗干扰要求和对称，具体而言在设计多层 PCB 时需要注意以下几个方面。

（1） 一个信号层应该和一个覆铜层相邻，两层要间隔放置。每个信号层都和至少一个覆铜层紧邻，信号层应该和临近的覆铜层紧密耦合（即信号层和临近覆铜层之间的介质厚度很小）。

（2） 电源层和地层应该紧密耦合并处于叠层中部，缩短电源和地层的距离有利于电源的稳定和减少电磁干扰，应尽量避免将信号层夹在电源层与地层之间。电源平面与地平面的紧密相邻如同形成一个平板电容，两个平面靠得越近，则该电容值就越大。该电容的主要作用是为高频噪声（如开关噪声等）提供一个低阻抗回流路径，从而使接收器件的电源输入拥有更小的纹波，增强接收元器件本身的性能。

（3）在高速情况下可以加入多余的地层来隔离信号层，多个地层可以有效地减小 PCB 的阻抗和共模电磁干扰，但是建议尽量不要多加电源层来隔离；否则可能造成不必要的噪声干扰。

（4） 高速信号应该在内层且在两个地层之间，这样两个地层可以为这些高速信号提供屏蔽作用，并将这些信号的辐射限制在两个覆铜区域内。

（5） 优先考虑高速信号和时钟信号的传输线模型，为这些信号设计一个完整的参考平面。尽量避免跨平面分割区，以控制特性阻抗和保证信号回流路径的完整。

（6） 对于具有高速信号的 PCB，理想的叠层是为每一个高速信号层都设计一个完整的参考平面。但在实际中我们总是需要在 PCB 层数和 PCB 成本上做一个权衡，在这种情况下不可避免地有两个信号层相邻的现象。目前的做法是让两个信号层间距加大和使两层的走线尽量垂直，以避免层与层之间的信号串扰。

以 4 层 PCB 为例，其层叠结构的可以有如下 3 种从顶层到底层的层叠方式的排列组合。

（1） Siganl_1（Top）、GND（Inner_1）、Power（Inner_2）、Siganl_2（Bottom）。

（2） Siganl_1（Top）、Power（Inner_1）、GND（Inner_2）、Siganl_2（Bottom）。

（3） Power（Top）、Siganl_1（Inner_1）、GND（Inner_2）、Siganl_2（Bottom）。

其中（1）和（2）中的电源层和底层靠得较近，其耦合紧密性能大大提升电源本身电路的抗干扰性；同时两个信号层被中间的电源层和底层屏蔽，不易产生相互干扰。两个信号层放置在顶层和底层又方便安装元器件，故（1）和（2）是比较优越的 4 层 PCB 层叠的方案。表 6.1 所示为常见多层 PCB 的层叠方案。

表 6.1 常见多层 PCB 的层叠方案

层数	电源层	地层	信号层	1	2	3	4	5	6	7	8	9	10	11	12
4	1	1	2	S1	G1	P1	S2								
6	1	2	3	S1	G1	S2	P1	G2	S3						
8	1	3	4	S1	G1	S2	G2	P1	S3	G3	S4				
8	2	2	4	S1	G1	S2	S2	G2	S3	P2	S4				
10	2	3	5	S1	G1	P1	S2	S3	G2	S4	P2	G3	S5		
10	1	3	6	S1	G1	S2	S3	G2	P1	S4	S5	G3	S6		
12	1	5	6	S1	G1	S2	G2	S3	G3	P1	S4	G4	S5	G5	S6
12	2	4	6	S1	G1	S2	G2	S3	P1	G3	S4	P2	S5	G4	S6

注：P 为电源层，G 为地层，S 为信号层。

3. 多层 PCB 设计的布局和布线原则

多层 PCB 设计的布局的基本原则如下。

（1） 元器件最好单面放置，如果需要双面放置，则在底层放置插针式元器件有可能造成电路板不易安放，也不利于焊接。所以在底层最好只放置贴片元器件，常见的如计算机显卡 PCB 上的元器件布置方法。单面放置时只需在电路板的一个面上做丝印层，便于降低成本。

（2） 合理安排接口元器件的位置和方向，一般来说，作为电路板和外界（电源和信号线）连接的连接器通常布置在电路板的边缘，如串口和并口。如果放置在电路板的中央，显然不利于接线，也有可能因为其他元器件的阻碍而无法连接；另外在放置接口元器件时要注意接口的方向，使得连接线可以顺利地引出并远离电路板。放置接口后应当利用接口元器件的 String（字符串）清晰地标明接口的种类，电源类接口应当标明电压等级，防止因接线错误导致烧毁 PCB。

（3） 高压和低压元器件之间最好要有较宽的电气隔离带，即不要将电压等级相差很大的元器件摆放在一起。这样既有利于电气绝缘，对信号的隔离和抗干扰也有很大好处。

（4）电气连接关系密切的元器件最好放置在一起，这就是模块化的布局思想。

（5）对于易产生噪声的元器件，如时钟发生器和晶振等高频器件，应当尽量放置在靠近CPU的时钟输入端。大电流电路和开关电路也容易产生噪声，在布局时这些元器件或模块也应该远离逻辑控制电路和存储电路等高速信号电路。如果可能的话，尽量采用控制板结合功率板的方式利用接口来连接，以提高电路板整体的抗干扰能力和工作可靠性。

（6）在电源和芯片周围尽量放置去耦电容和滤波电容，布置二者是改善电路板电源质量，提高抗干扰能力的一项重要措施。在实际应用中印制电路板的走线、引脚连线和接线都有可能带来较大的寄生电感，导致电源波形和信号波形中出现高频纹波和毛刺。应在电源和地之间放置一个0.1 μF或者更大的电容，以进一步改善电源质量。如果电路板上使用的是贴片电容，应该将其紧靠元器件的电源引脚，并且在电源转换芯片或者电源输入端布置一个10 μF的去耦电容可以有效地滤除这些高频纹波和毛刺。

（7）元器件的编号应该紧靠元器件的边框布置，大小统一且方向整齐，不与元器件、过孔和焊盘重叠。元器件或接插件的第1引脚表示方向，正负极的标志应该在PCB上明显标出，不允许被覆盖。电源变换元器件（如DC/DC变换器、线性变换电源和开关电源）旁应该有足够的散热和安装空间，外围留有足够的焊接空间等。

在多层PCB或高密度电路板布线过程中用户需要遵循的一般原则如下。

（1）设置元器件印制走线间距一般遵循3*W*原则，对高速高频导线可适当增加间距；另外，影响元器件的一个重要因素是电气绝缘。如果两个元器件或网络的电位差较大，则需要考虑电气绝缘问题。一般环境中的间隙安全电压为200 V/mm，也就是5.08 V/mil。所以当同一PCB上既有高压电路，又有低压电路时需要特别注意是否有足够的安全间距。

（2）为了让电路板便于制造和美观，在设计时需要设置线路的拐角模式，可以选择45°或圆弧。一般不采用尖锐的拐角，最好采用圆弧过渡或45°过渡，避免采用90°或者更加尖锐的拐角过渡。

（3）导线和焊盘之间的连接处要尽量圆滑，避免出现小的尖脚，可以采用补泪滴的方法来解决。当焊盘之间的中心距离小于一个焊盘的外径时，导线的宽度可以和焊盘的直径相同；如果大于，则导线的宽度不宜大于焊盘的直径。导线通过两个焊盘之间而不与其联通时应该与它们保持最大且相等的间距，同样导线和导线之间的间距也应该均匀相等并保持最大。

（4）走线宽度由导线流过的电流等级和抗干扰等因素决定，流过的电流越大，则走线应该越宽，一般电源线应该比信号线宽。为了保证地电位的稳定（受地线电流大小变化影响小），地线也应该较宽。实验证明当印制导线的铜膜厚度为0.05 mm时，印制导线的载流量可以按照20 A/mm^{2}计算，即0.05 mm厚及1 mm宽的导线可以流过1 A的电流。所以对于一般的信号线来说10～30 mil的宽度就可以满足；高电压且大电流的信号线线宽大于等于40 mil，线间间距大于30 mil。为了保证导线的抗剥离强度和工作可靠性，在板面积和密度允许的范围内应该采用尽可能宽的导线来降低线路阻抗，提高抗干扰性能。

为了保证波形的稳定，在PCB布线空间允许的情况下尽量加大电源线和地线的宽度，一般情况下至少需要50 mil。

（5）导线上的干扰主要有导线之间引入的干扰、电源线引入的干扰和信号线之间的串扰等，合理安排和布置走线及接地方式可以有效减少干扰源，使设计出的 PCB 具备更好的电磁兼容性能。

（6） 对于高频或者其他一些重要的信号线，如时钟信号线，一方面其走线要尽量宽；另一方面可以采取包地的形式使其与周围的信号线隔离（用一条封闭的地线包起信号线，相当于加一层接地屏蔽层）。

（7） 模拟地和数字地要分开布线，不能混用。如果需要最后将二者地统一为一个电位，则通常应该采用一点接地方式。即只选取一点将模拟地和数字地连接起来，以防止构成地线环路，造成地电位偏移。

（8） 完成布线后应在顶层和底层没有铺设导线的地方敷以大面积覆铜，以有效减小地线阻抗。从而削弱地线中的高频信号，大面积的接地也可以对电磁干扰起到抑制作用。

（9） PCB 中的一个过孔会带来大约 10 pF 的寄生电容，对于高速电路来说尤其有害；同时过多的过孔也会降低 PCB 的机械强度，所以在布线时应尽可能减少过孔的数量。

（10） 多层 PCB 布线要先走信号线，后走电源线，这是因为多层 PCB 的电源和地线通常都通过连接内电层来实现。这样做的好处是可以简化信号层的走线，并且通过内电层大面积铜膜连接的方式来有效降低接地阻抗和电源等效内阻，提高电路的抗干扰能力。

在实际操作中元器件的布局和布线仍然是一项很灵活的工作，布局和连线方式并不唯一，其结果很大程度上还是取决于设计人员的经验和思路。可以说没有一个标准可以评判布局和布线方案的对与错，只能比较相对的优和劣，以及电路的性能差异。

任务 2 4 轴飞行器无刷电动机控制电路的 4 层板设计

4 轴飞行器无刷电动机控制电路由电源单元、微芯片单元、驱动单元和 MOS 管电流输出电源构成，因要求电路尺寸小和组装密度高。而且输出电路达几十安培，是典型的强电流信号和弱控制信号并存。为使 PCB 的电路更加稳定，采用 4 层电路板设计。

6.2.1 4 轴飞行器无刷电动机控制电路原理图

4 轴飞行器无刷电动机控制电路如图 6.1 所示，电路原理图编译后无误。

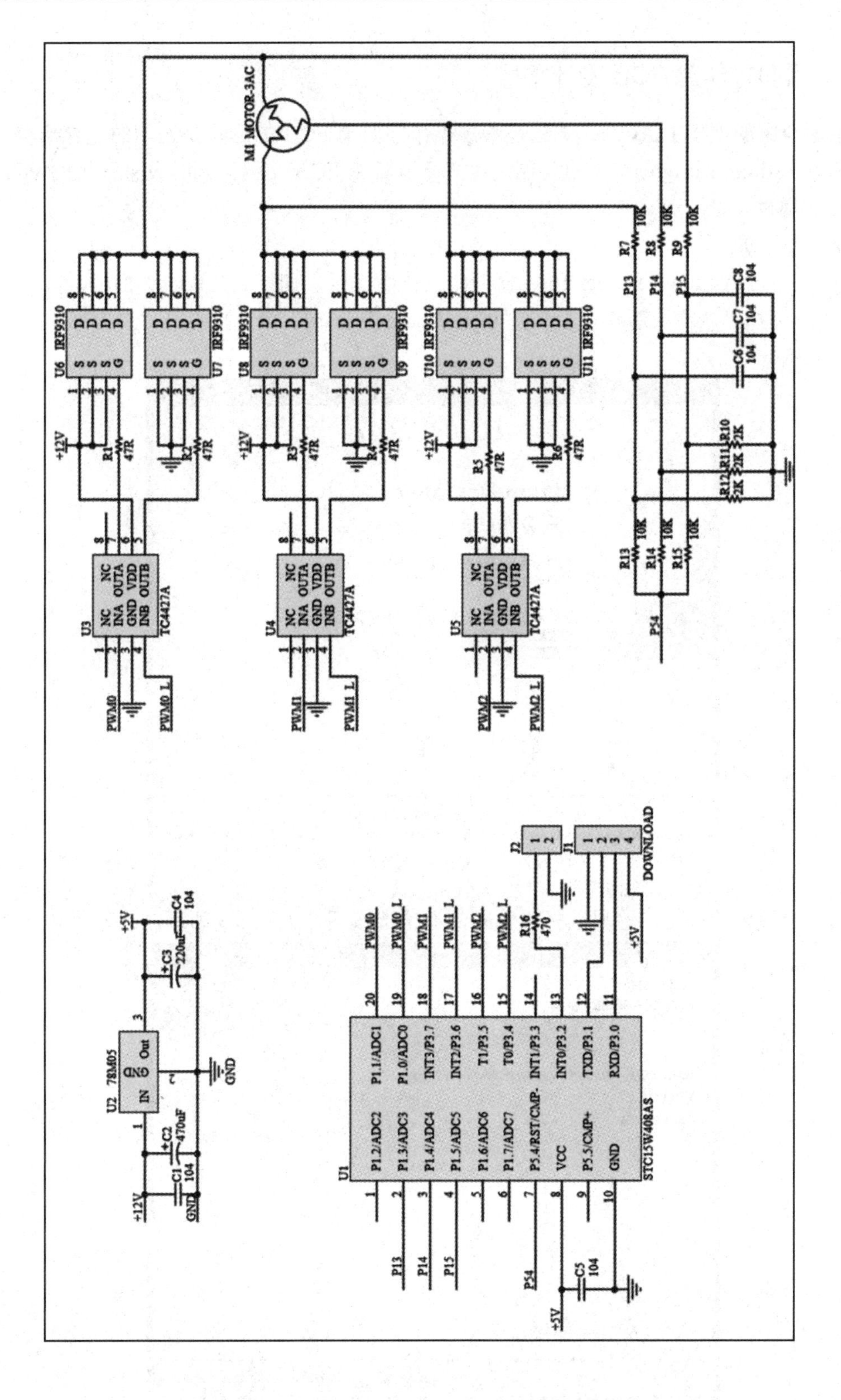

图 6.1　4 轴飞行器无刷电动机控制电路

6.2.2 用向导创建 PCB 设计文档

前面介绍的创建 PCB 设计文档是常规操作，如果 PCB 的形状是通常的非异形板，也可以通过 Altium Designer 16 的向导快速方便地新建 PCB 文档；同时设置常规的 PCB 和 PCB 设计属性。

具体步骤如下。

（1） 单击 Altium Designer 16 主窗口的工作面板区，切换到“Files”面板。

（2） 选择“从模板新建栏目”|“PCB Board Wizard”命令，打开“PCB 板向导”对话框，如图 6.2 所示。

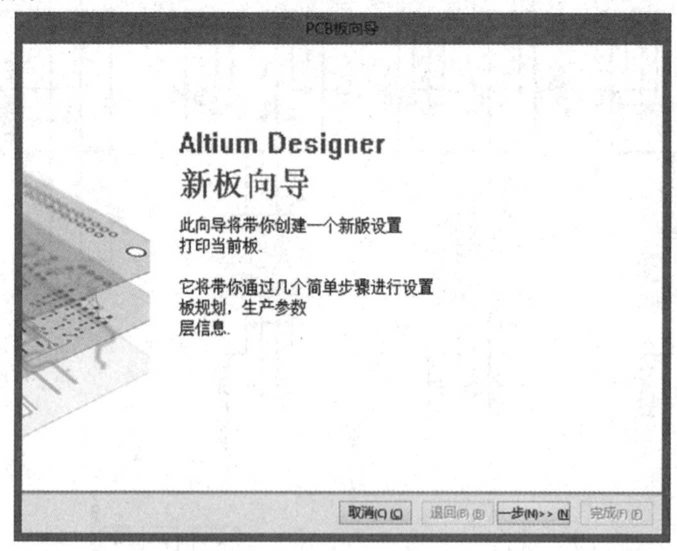

图 6.2 “PCB 板向导”对话框

（3）选择设计单位，这里选择“公制的”单选按钮，如图 6.3 所示。

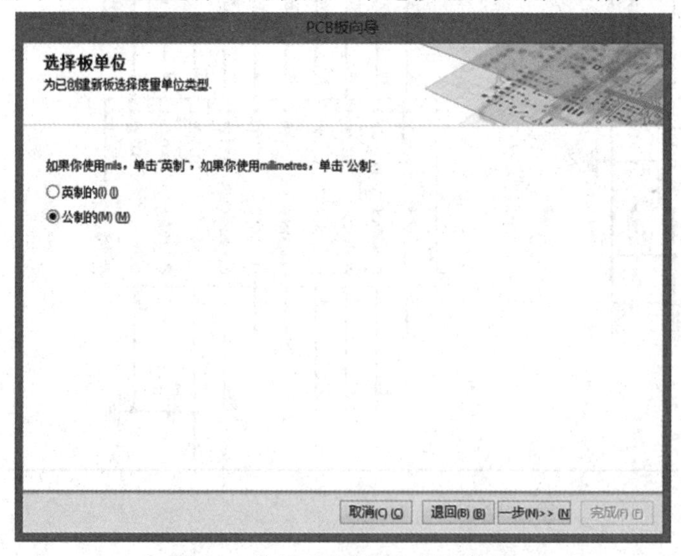

图 6.3 选择“公制的”单选按钮

（4） 单击“下一步”按钮，打开“选择板详细信息”对话框。

（5） 设置 PCB 的外形形状为“矩形”，“板尺寸”为 127.0 mm×101.6 mm。选择“切掉拐角”复选框，其他保留默认，如图 6.4 所示。

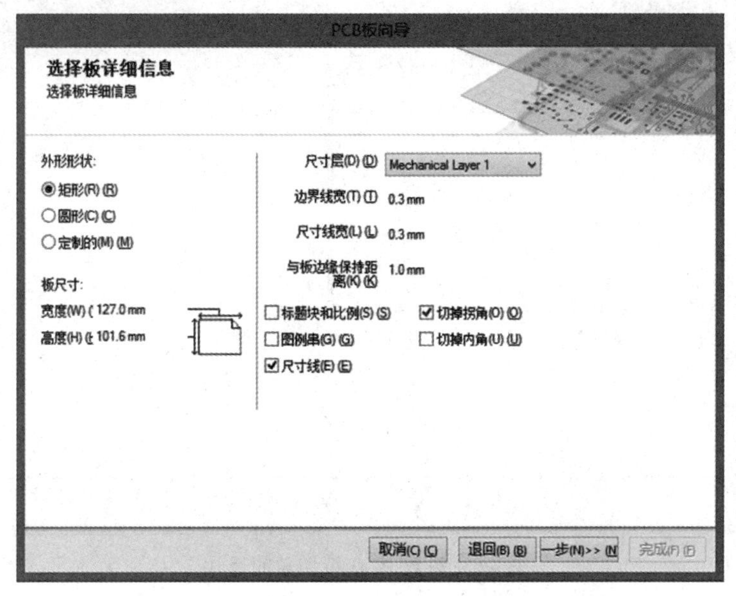

图 6.4　选择“切掉拐角”复选框

（6） 单击“下一步”按钮，打开“选择板剖面”对话框。

（7） 设置 PCB 的背景图纸尺寸，选择“Custom”（用户自定义）选项，如图 6.5 所示。

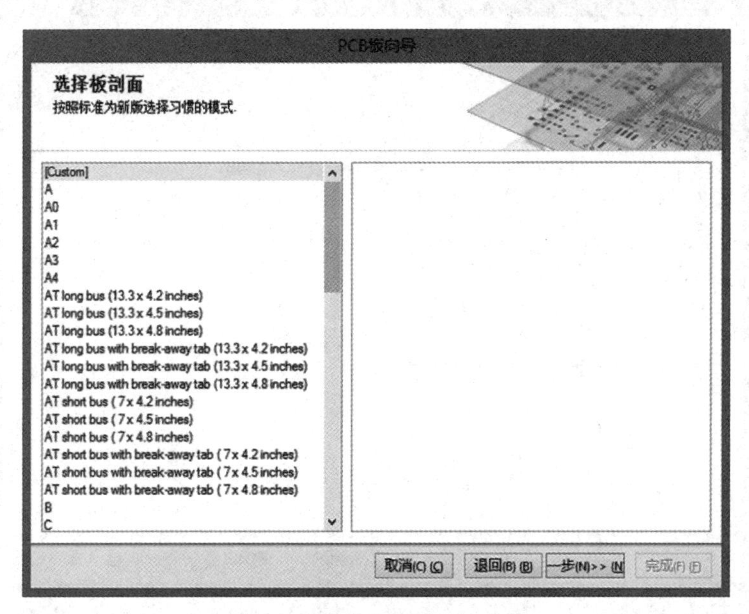

图 6.5　选择“Custom”选项

（8） 单击“下一步”按钮，打开“选择板切角加工”对话框。

（9） 设置 PCB 板切角的尺寸均为 2.0 mm，如图 6.6 所示。

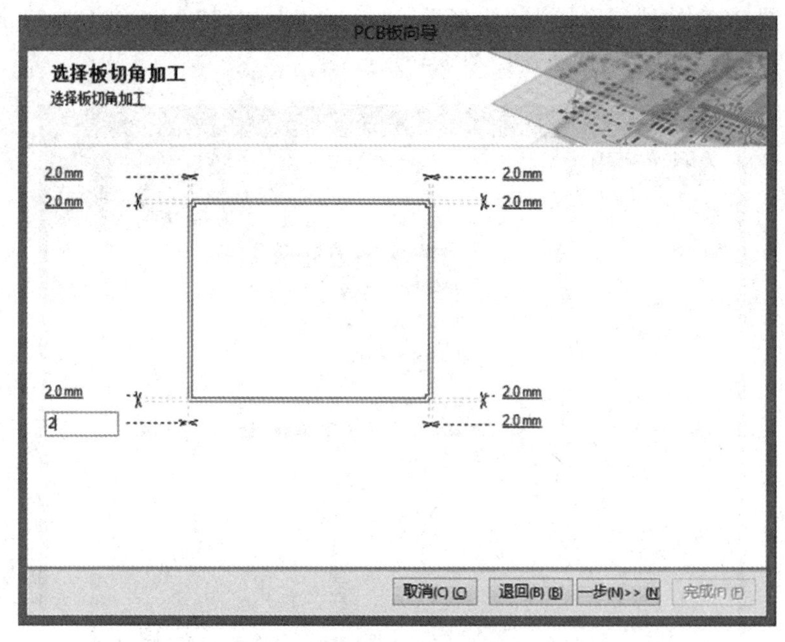

图 6.6 设置 PCB 板切角的尺寸

（10） 单击“下一步”按钮，打开“选择板内角加工”对话框。
（11） 设置 PCB 内角尺寸均为 0.0 mm，如图 6.7 所示。

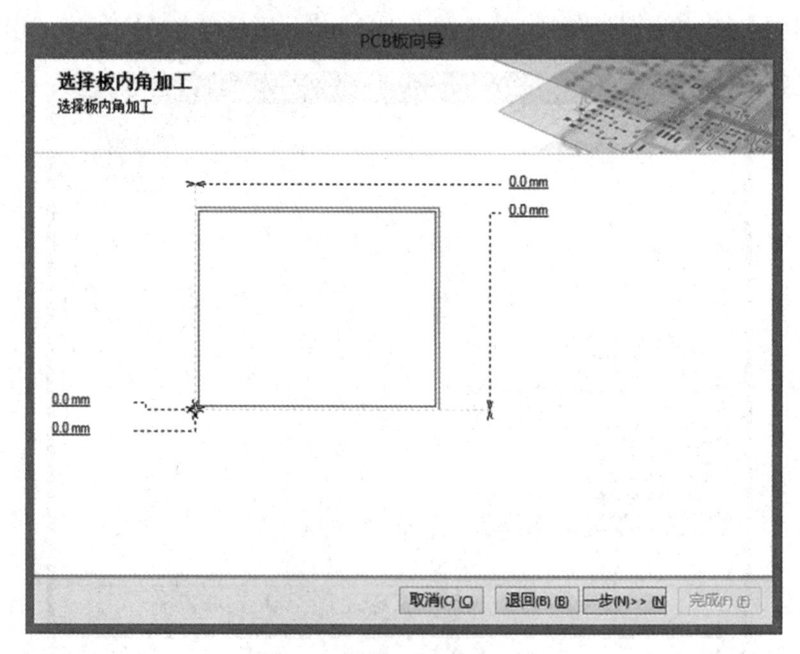

图 6.7 设置 PCB 内角尺寸

（12） 单击“下一步”按钮，打开“选择板层”对话框。

（13） 设置信号层和电源平面均为两层，如图 6.8 所示。

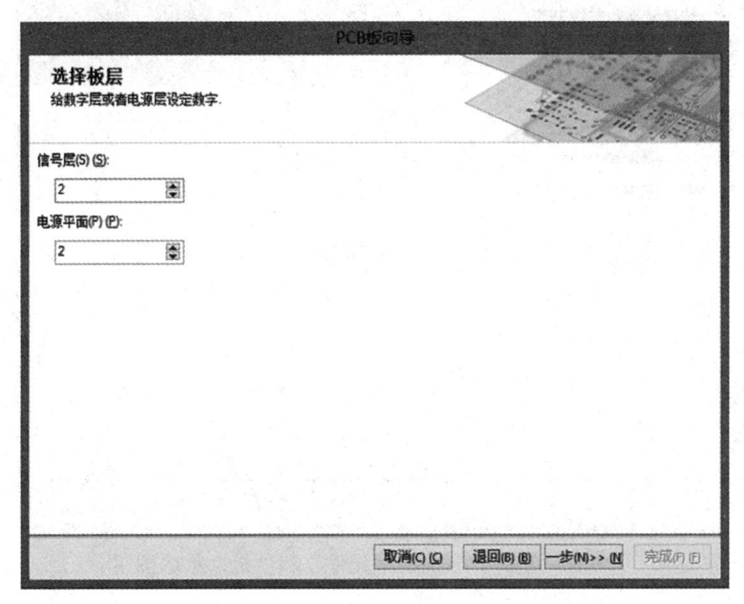

图 6.8　设置信号层和电源平面

（14） 单击“下一步”按钮，打开“选择过孔类型”对话框。

（15） 设置过孔类型，选择“仅通孔的过孔”单选按钮，如图 6.9 所示。

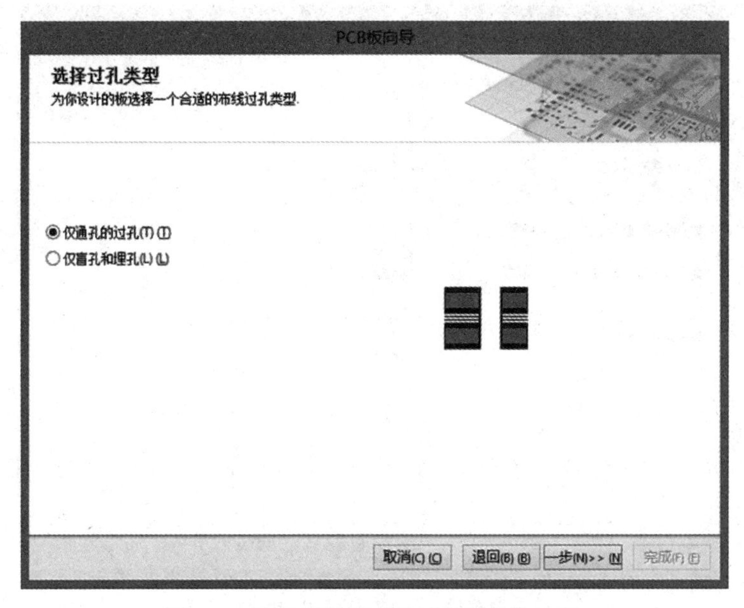

图 6.9　选择“仅通孔的过孔”单选按钮

（16） 单击“下一步”按钮，打开“选择元件和布线工艺”对话框。

（17） 设置元器件和布线工艺，选择“表面装配元件”和“是”单选按钮（双面安装器件），如图 6.10 所示。

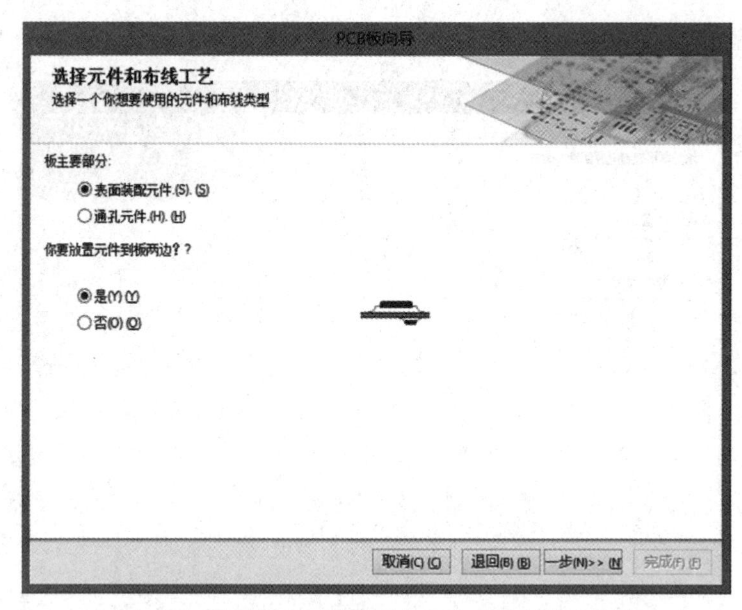

图 6.10　选择“表面装配元件”和“是”单选按钮

（18）单击“下一步”按钮，打开“选择默认线和过孔尺寸”对话框。

（19）设置线宽和间距等选项，输入导线最小轨迹尺寸为 0.1mm，最小过孔宽度为 0.3 mm，最小过孔孔径大小为 0.1 mm，最小间隔为 0.2 mm，如图 6.11 所示。

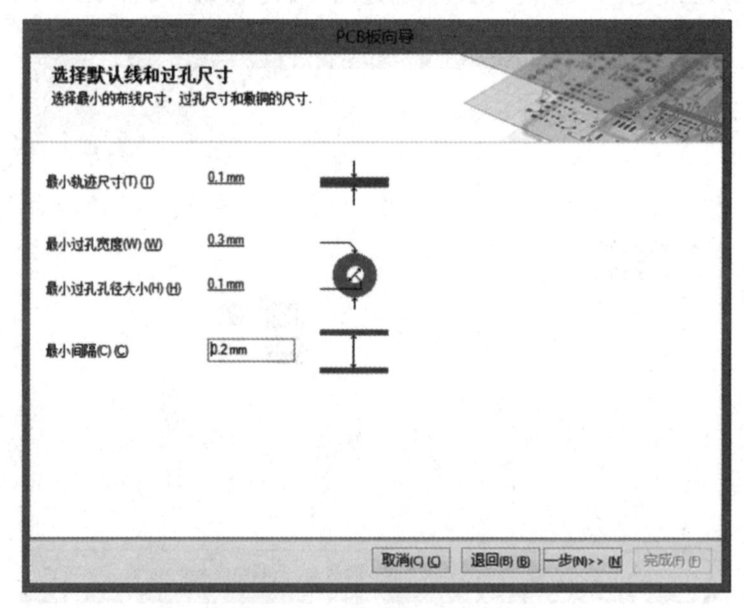

图 6.11　设置线宽和间距等

（20）单击“下一步”按钮，打开“向导设置结束”对话框。

（21）单击“完成”按钮。

（22）根据设置结果生成新的 PCB 设计文档，单击“保存”按钮。

6.2.3　元器件的双面布局

1. 导入网络表信息及布局

元器件双面布局 4 层板给设计带来很大灵活性，但是每块 PCB 的元器件布局和设计都是有章可循的。根据上面阐述的 PCB 设计的规范和经验，我们在研究 4 轴飞行器无刷电动机控制电路的特点后将整个 PCB 区域划分成 3 块，将强电与弱电分开，如图 6.12 所示；同时考虑抗干扰性，将由 U1 等构成的微控制区与由 MOS 管构成的强电流区分别放置在 PCB 的两侧，表面不干扰。双面布局时根据 PCB 的安装空间，一般将尺寸大的元器件放置在顶层，小型贴片器件放置在底层，如图 6.13 所示。

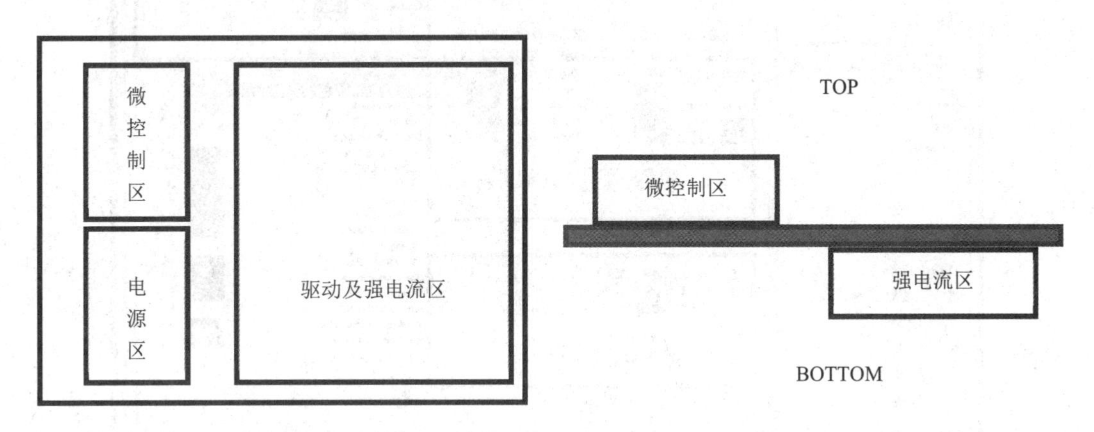

图 6.12　PCB 布局的区域划分　　　　图 6.13　双层布局

在 PCB 编辑界面中导入电路原理图文件的网络表信息，采用前面讲述的交互式布局的方法将各单元模块的元器件放置到合适的位置。然后利用排列和电气功能将元器件整理完毕，并且将各层的字符层调整到位。PCB 双面布局的顶层元器件布局如图 6.14 所示，底层元器件布局如图 6.15 所示。

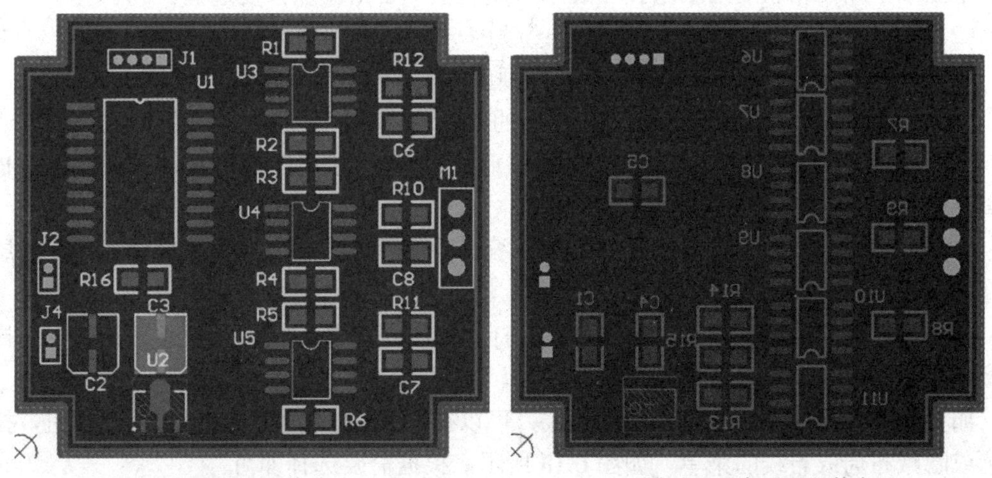

图 6.14　顶层元器件布局　　　　图 6.15　底层元器件布局

2. 管理层视图

当 PCB 为双面或多层 PCB 时各层的图形和字符叠加在一起显得凌乱，也不方便操作。这时需要通过管理层视图管理各层的颜色、显示或关闭，以及高亮等功能或状态。

选择“设计”|“板层颜色”命令，打开“视图配置”对话框，如图 6.16 所示。

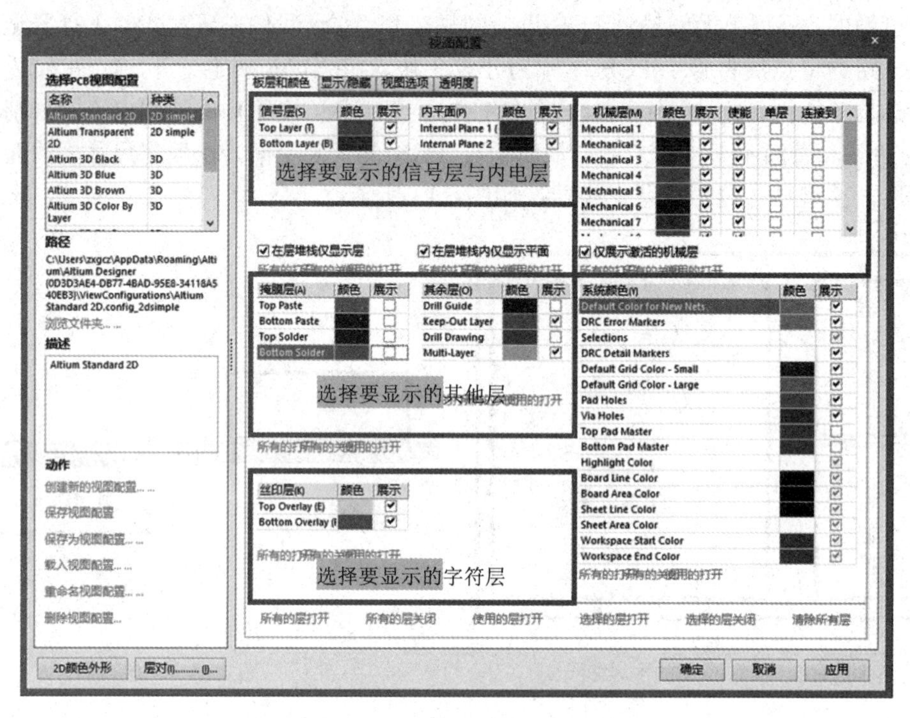

图 6.16 “视图配置”对话框

其中要设置的主要选项如下。

（1） 信号层与内电层的“颜色”和“展示”：颜色一般保留默认，如要在 PCB 编辑界面中显示，则在相应的层后选择“展示”复选框；否则清除该复选框。

（2） 字符层的“颜色”和“展示”：颜色一般保留默认，操作方法同上。

（3） 机械层的“颜色”和“展示”：颜色一般保留默认，操作方法同上。

（4） 其他层，如焊膏层、禁止布线层的“颜色”和“展示”：颜色一般保留默认，操作方法同上。一般打开两个放置 PCB 的外形及其他参数的层，其他层均关闭，免得 PCB 编辑界面太复杂。

单击“应用”或“确定”按钮后，在 PCB 编辑界面下方的层切换标签只显示打开的层，而隐藏其他层。

常用操作还有用鼠标右键单击层标签，打开如图 6.17 所示的快捷菜单，在其中选择要隐藏或显示，或高亮显示某层的命令。

如要隐藏布局或在布线过程中预拉线，可以在 PCB 编辑界面中单击“N”按钮，打开显示或隐藏布局或布线的菜单，如图 6.18 所示，根据需要选择即可。

图 6.17　快捷菜单

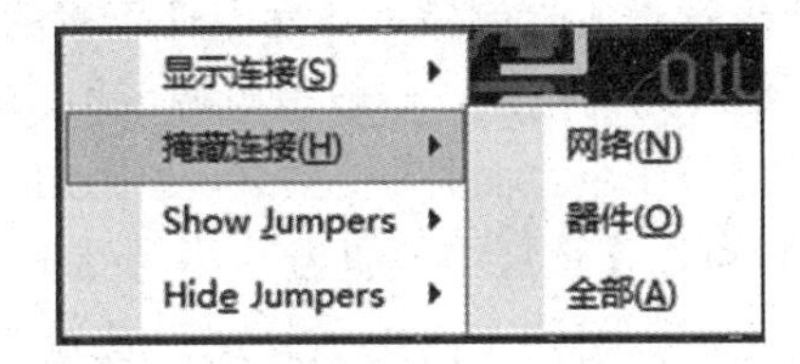

图 6.18　隐藏布局或布线的菜单

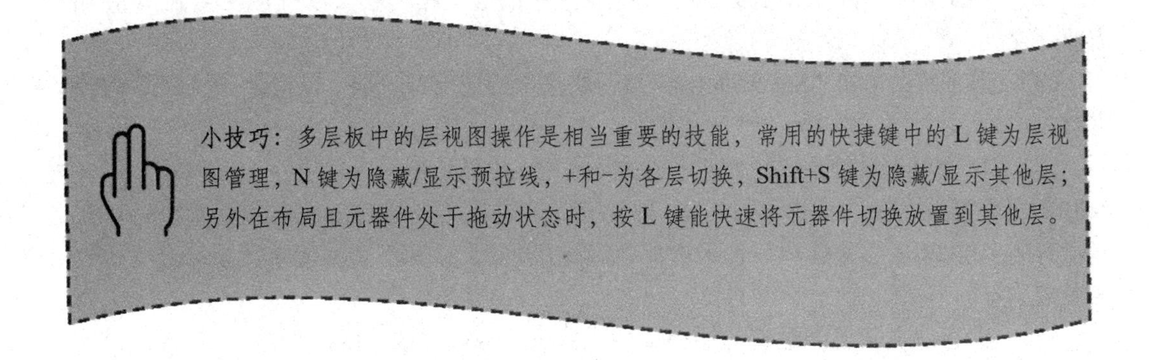
小技巧：多层板中的层视图操作是相当重要的技能，常用的快捷键中的 L 键为层视图管理，N 键为隐藏/显示预拉线，+和−为各层切换，Shift+S 键为隐藏/显示其他层；另外在布局且元器件处于拖动状态时，按 L 键能快速将元器件切换放置到其他层。

6.2.4　4 层 PCB 的层叠设计

前面我们通过向导创建了 PCB，根据规则导入了 4 层板的构成，以及两个信号层和两个电源层（地层）。根据多层 PCB 设计的原理与规范，要进一步细化 4 层板的层叠参数。

选择“设计”|“层叠管理”命令，或用鼠标右键单击 PCB 编辑界面的层切换标签后在快捷菜单中选择“层堆栈管理器”命令，打开“Layer Stack Manager”对话框，如图 6.19 所示。

图 6.19　“Layer Stack Manager”对话框

从中能直观地看到当前多层 PCB 的构成，以及各层的名称（Layer Name）、厚度（Thickness）和叠加顺序等信息，在其中可完成如下操作。

（1） 增加层：单击“Add Layer”按钮，在下拉列表框中指定增加层的类型。有“Add Layer”和“Add Internal Plane”两个选项，前者增加一个信号层，在示意图中用断续的黄方块表示。信号层显示各元器件连接的导线，可以根据需要以垂直、水平或拐角等方式布线；后者为内电层，一般是电源或地。内电层是整块的大铜箔，在多层 PCB 中起到供电和信号屏蔽作用，而且一般不布设传递信号的导线。如抗干扰要求不高，仅仅是为了布通导线，也可以在该层中放置若干不易受干扰的信号导线。这里我们增加两个“Internal Plane”，即内电层。将两个内电层分别改名为“GND”和“Power”，在增加导电层的同时系统会自动在两层导电层之间增加一个绝缘层“Dielectric Layer”。

（2） 层上移：单击“Move Up”按钮将选中的层上移一层，以符合多层 PCB 叠加的需要。

（3） 层下移：单击“Move Down”按钮将选中的层下移一层，以符合多层 PCB 叠加的需要。

（4） 预置项：系统预置了常见的 2 层、4 层、6 层、8 层、10 层、12 层和 16 层多层 PCB 的层叠配置，在“Pressts”选择一种就可以迅速完成多层 PCB 的层叠配置。可以在选择已有的多层 PCB 层叠选项后使用增加和删除，以及上移和下移功能来设置符合需要的层叠参数。

（5） 保存或加载已经配置的层叠属性：单击“Save”或“Load”按钮。

（6） 在“Layer Pairs”（层配对类型）下拉列表框中选择层还是内电层对称，此设置可保留默认。

配置 4 层板层叠参数后从 PCB 编辑界面的层切换标签能直观地看到相应的信号层、内电层及其他层（与层视图配置中对应层是否打开显示有关）。

多层 PCB 中导电层与绝缘层的厚度一般可默认，设计 PCB 打样或生产时要与生产商沟通确认。

6.2.5 建立与分割内电层

创建多层 PCB 后下一步是要为内电层分配网络名，即指定某个内电层为地或电路中的某个电源。在本例 4 轴飞行器无刷电动机控制电路 4 层板设计中，要将名称为“GND”的内电层与电路设计中的网络名“GND”相连接，并将名称为“Power”的内电层与电路设计中的网络名“+12V”相连接。这样内电层“GND”就是一大块的铜箔地，而内电层“Power”就是一整块的+12 V 的导电层。整块的铜箔在多层 PCB 中将各层信号的电磁辐射屏蔽掉，不影响其他层的信号传输，使各信号层的工作更加稳定和可靠。

内电层采用“负片”设计，即不布线和不放置任何对象的区域完全被铜箔覆盖，而布线或放置对象区域则没有铜箔；信号层为正片设计，即放置布线和焊盘或其他对象的区域会被铜箔覆盖。一般用于纯线路设计，包括外层线路和内层线路。

建立内电层的步骤如下。

（1） 将 PCB 编辑界面的层切换标签切换到要设置内电层的层，如“GND”层。

（2） 在该内电层上用画直线（Line）命令绘制一个封闭的多边形，此即内电层的形状及轮廓。这里整块 PCB 的所有区域要形成带地的铜箔，为此用画直线命令沿 PCB 的轮廓绘制多条直线或线段构成一个多边形。

（3） 选择上一步绘制的封闭多边形，该多边形高亮显示，如图 6.20 所示。

（4） 双击选中的多边形，打开“平面分割 [mm]”对话框。

（5） 在“连接到网络”下拉列表框中选择一个网络名，这里选择“GND”，如图 6.21 所示。

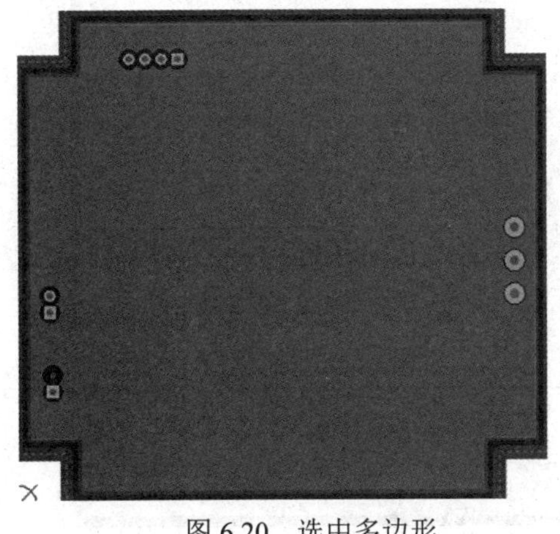

图 6.20　选中多边形

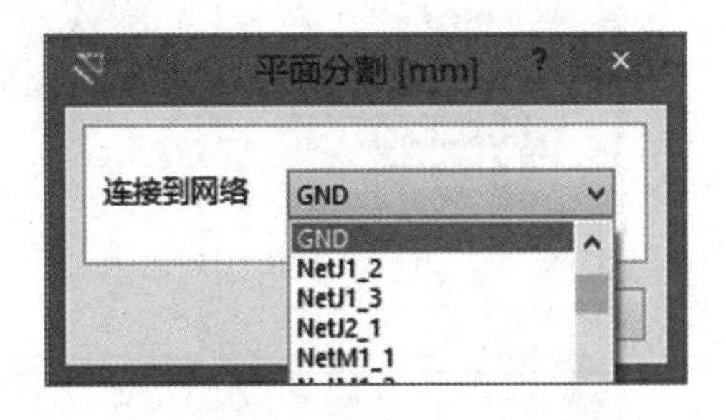

图 6.21　选择网络名

（6） 这样该内电层为整块的铜箔，即整片的“GND”铜箔，以同样的方法创建与网络名“+12V”相连接的“Power”内电层。

（7） 如果在已经创建的内电层中重新绘制一个封闭多边形，并双击该多边形后连接到不同的网络名，则为内电层分割。我们在“Power”的内电层中绘制一个小的封闭多边形，将电路中所有“+5V”焊盘均包含在其中（操作时将相应的层打开或关闭，放大及缩小视图）。并将此小的多边形连接到“+5V”网络名，在大的“+12V”铜箔中分割一块“+5V”铜箔，如图 6.22 所示。

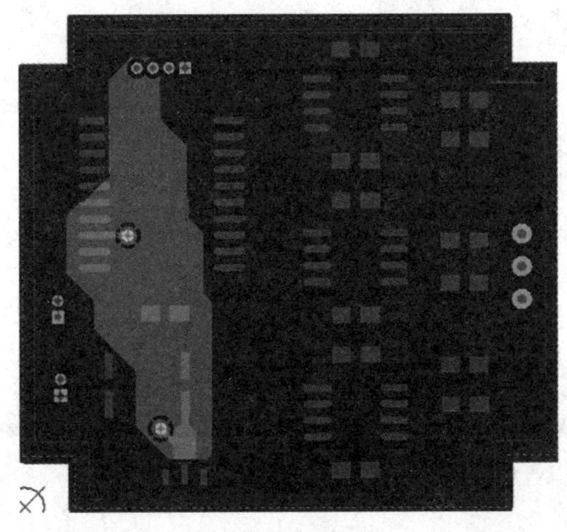

图 6.22　在大的“+12V”铜箔中分割一块“+5V”铜箔

（8） 设置内电层属性，主要有“Plane Clearance”（内电层间距）与“Plane Connect”（内电层连接方式）两个属性。选择“设计”|“规则”命令，其后的设置方法和设置覆铜的连接方式及导线的间距一样。将安全间距设置为 0.508 mm，如图 6.23 所示。

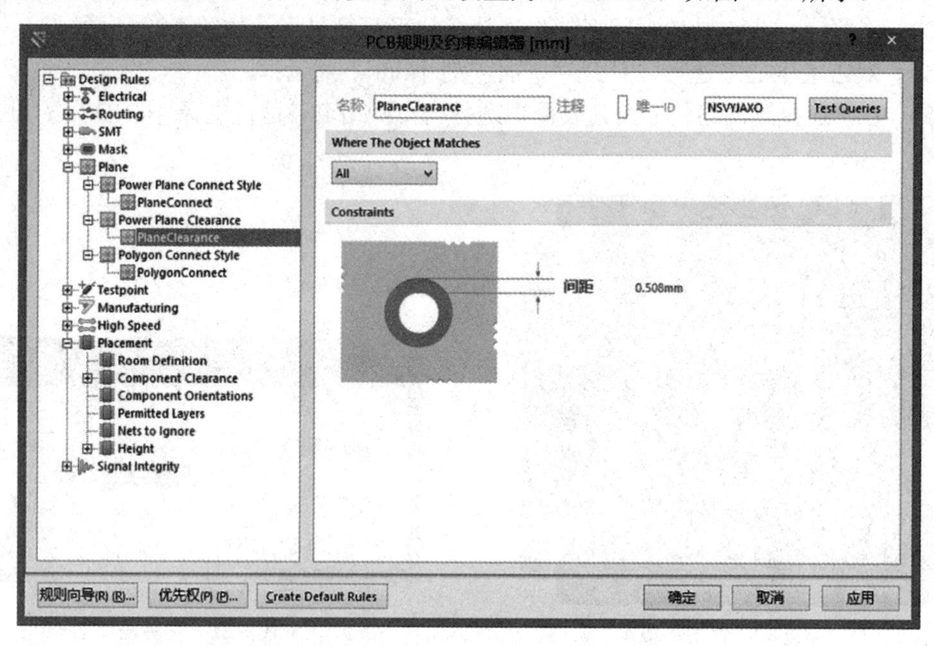

图 6.23 设置内电层的安全间距为 0.508 mm

（9） 设置内电层的连接方式，如图 6.24 所示。

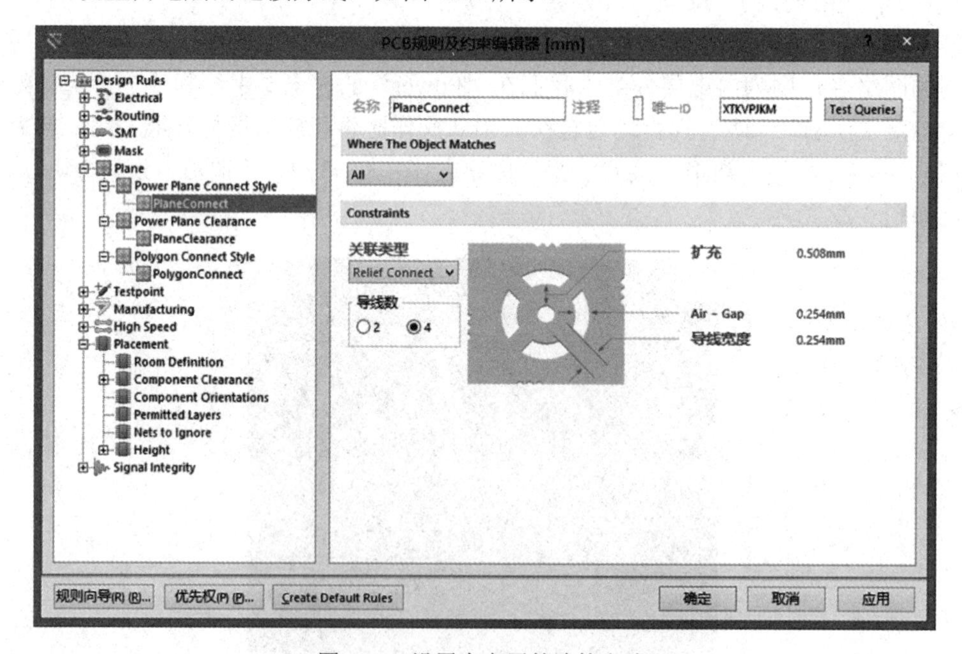

图 6.24 设置内电层的连接方式

（10） 单击“确定”按钮。

6.2.6　使用“PCB”面板

PCB编辑界面中提供的“PCB”面板能快速筛选PCB编辑视图中的元器件或网络名，将符合条件的PCB中的对象突出显示或选中。使用户能更快且更精准地定位设计对象，以进一步查看或编辑，特别是过滤器（Filter）为复杂的PCB设计带来很大的便捷性。

为使用“PCB”面板查找某个元器件或网络节点，将工作面板切换到“PCB”面板，如图6.25所示，在其中设置如下选项。

（1） 对象类型：包括网络名（Net）、元器件（Components）、覆铜（Polygons），以及焊盘与过孔（Pad & Via Templates），根据要查找的对象设置。如要查看整个PCB设计的网络名“GND”，则选择对象类型为“Net”。选择“选择”复选框，查找到的相应对象处于选中状态，如图6.26所示。

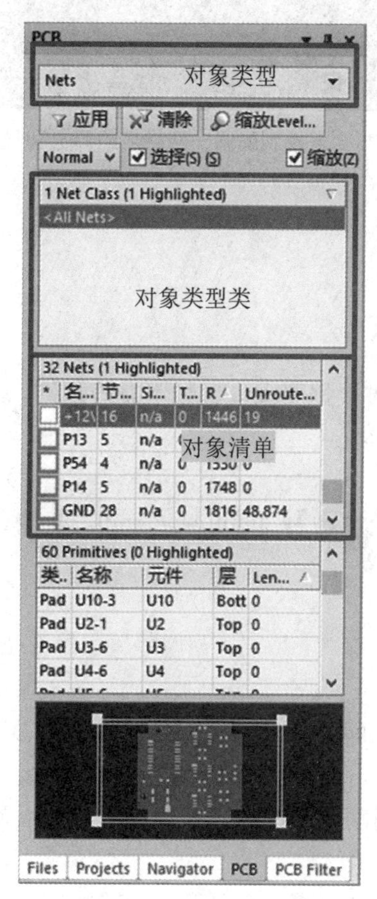

图6.25　“PCB”面板

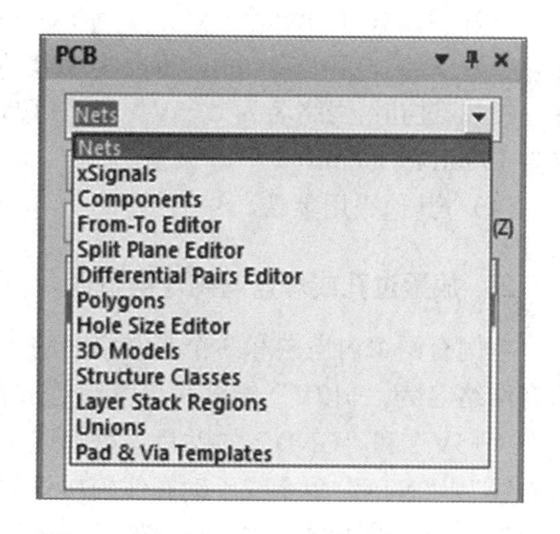

图6.26　查找到的相应对象处于选中状态

（2） 对象类型类：显示所选类型中类（Class）的状况，图6.25所示只有一个类，即All Nets。

（3） 对象清单：显示所有对象类型，如“Net”的清单。如果需要查看电路中网络名为“NetM1_1”的焊盘，则选择“NetM1_1”选项；如果需要查看电路中标号为“U1”的

焊盘元器件，则选择“Components”|“All Components”|“U1”选项，元器件 U1 被选中并高亮显示在 PCB 编辑界面的中心，如图 6.27 所示。如已经布线，则选择“Net”选项，显示同一网络名的焊盘和导线，如图 6.28 所示。

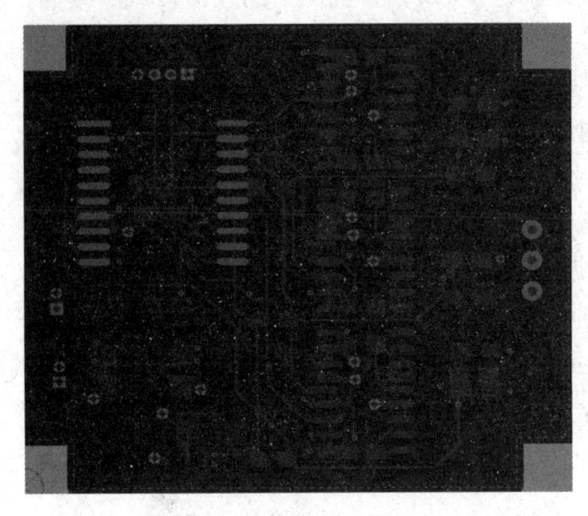

图 6.27 查找到的元器件 U1

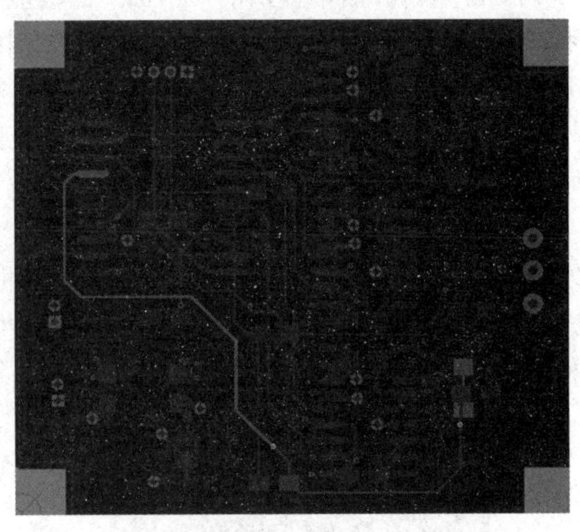

图 6.28 查找到的同一网络名的焊盘和导线

6.2.7 4 层 PCB 的布线方法

1. 设置布线规则

设计 4 轴飞行器无刷电动机控制电路 4 层 PCB 时根据要求设置如下布线规则。

（1） 间距：10 mil。

（2） 线宽：10～20 mil，推荐 10 mil。

（3） 过孔：网络名为“+5V”和“+12V”的孔径设置为 20 mil 或 40 mil，其他孔径设置为 10 mil 或 20 mil。

（4） 其他采用默认。

2. 放置过孔或焊盘与内电层贯通

本例有两个内电层和 3 个带网络名的“Plane”，即“+12V”“+5V”和“GND”。在所有网络名为“+12V”的贴片焊盘附近放置过孔，其网络名设置为“+12V”。以同样方法在“+5V”和“GND”的贴片焊盘附近也放置相同网络名的过孔或焊盘，放置后用“自动布线”|“Nets”命令或手动布线连接这些焊盘与过孔。

这一步可以先将相应的焊盘通过“PCB”面板筛选出来，在高亮显示的状态下操作，以免漏选。操作后可切换不同层加以观察，图 6.29 所示为“GND”焊盘与内电层“GND”贯通；图 6.30 所示为“+12V”焊盘与内电层“Power”中的“+12V”平面贯通。

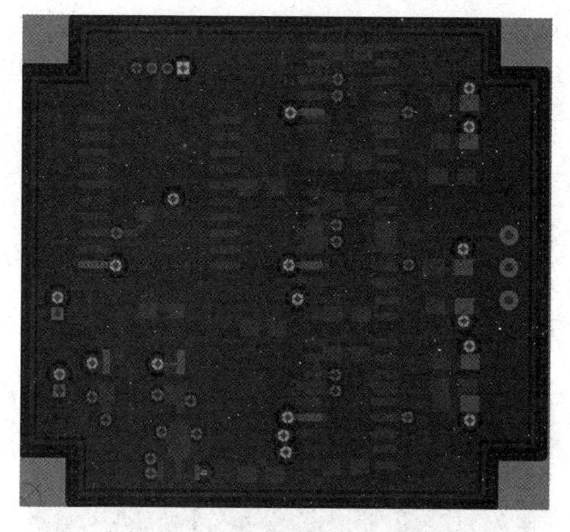

图 6.29　“GND”焊盘与内电层“GND”贯通

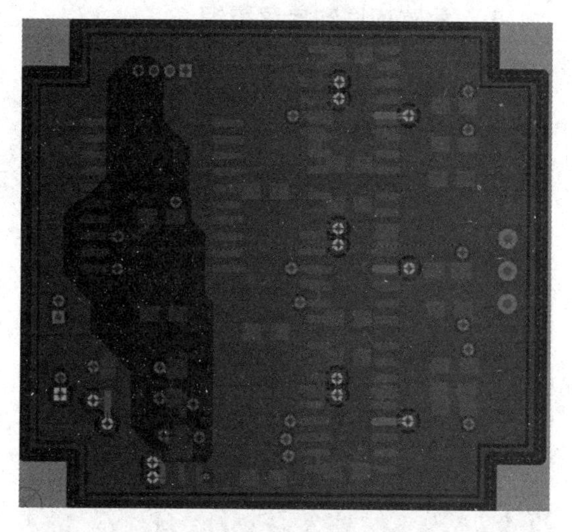

图 6.30　“+12V”焊盘与内电层“Power”中的“+12V”平面贯通

3. 完成其他部分布线及手动调整

这一步将剩余的其他各部分的导线全部布通，可以用自动或者手动布线，布线完成后的顶层和底层设计分别如图 6.31 和图 6.32 所示。

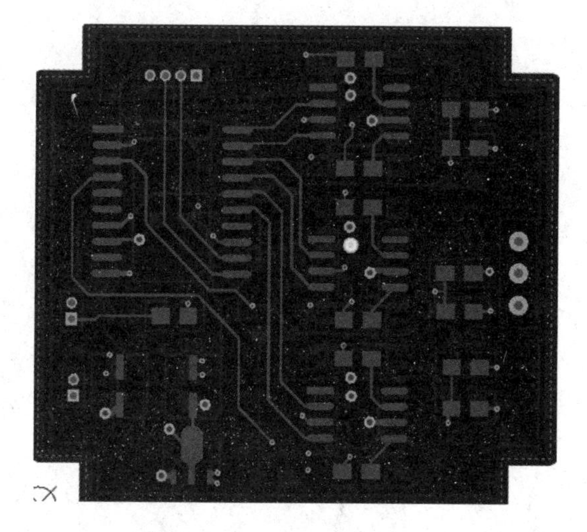

图 6.31　布线完成后的顶层设计

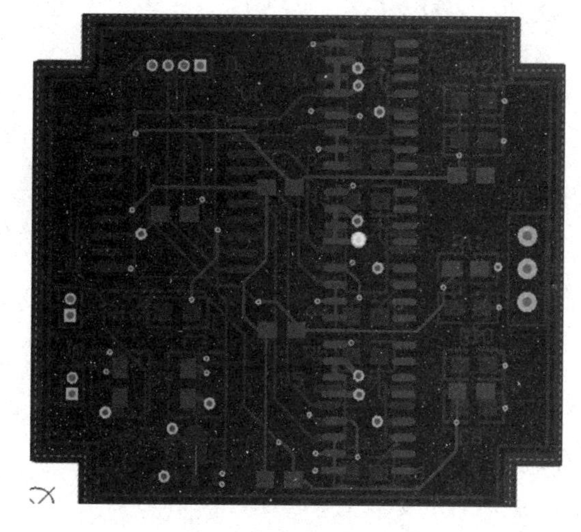

图 6.32　布线完成后的底层设计

在布线过程中也可适当调整已经布置的过孔和导线，甚至元器件的位置。

4. 放置局部覆铜

考虑本例无刷电动机的电流会较大，所以需要在输出节点“NetM1_1”“NetM1_2”“NetM1_3”用局部覆铜方法扩大连接导线的铜箔面积，结果如图 6.33 所示。

5. 放置顶层和底层覆铜

最后放置顶层和底层带地覆铜，覆铜与 GND 的过孔连接方式为直接连接，NetM1_1 等局部覆铜和顶层覆铜结果如图 6.34 所示。

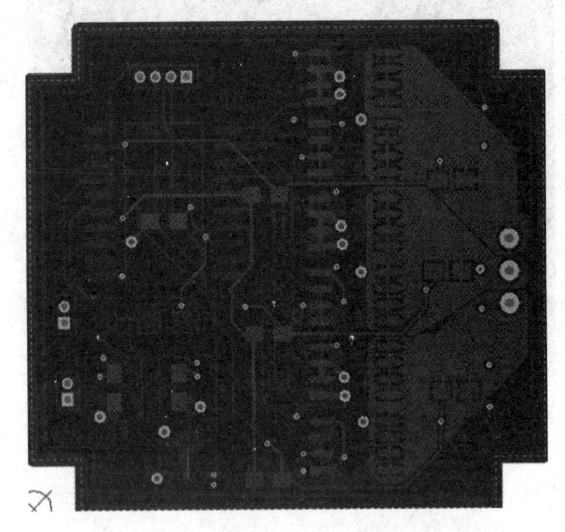

图 6.33　NetM1_1 等局部覆铜结果

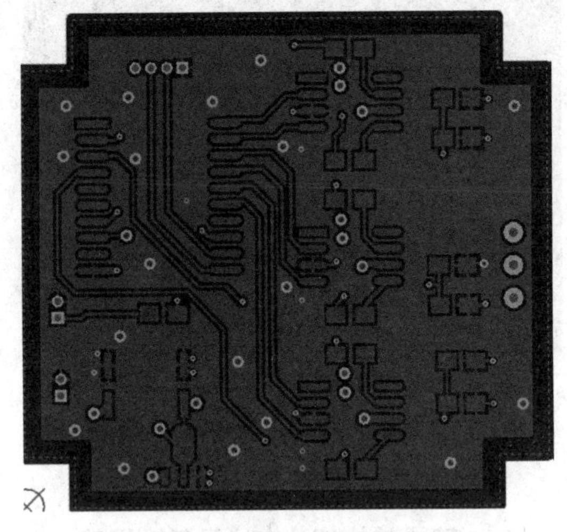

图 6.34　NetM1_1 等顶层覆铜结果

技能与练习

（1） 打开本书素材文件\各章节实例与练习\6\数字电压表电路设计\数字电压表.PrjPcb，打开工程项目中的电路原理图和 PCB 设计图。PCB 的外形设计成 6 cm×6 cm，元器件封装采用贴片器件或参见电路原理图中的设置。

（2） 将工程项目中的 PCB 设计设置成常规的 4 层电路板，生成+5 V 和 GND 两个内电层。

（3） 要求元器件双面布局且 4 层板布线，完成 PCB 设计。

（4） 双面带地覆铜。

项目 7　PCB 设计的后期处理

本项目介绍 PCB 设计的后续检查与调试，以及交付 PCB 加工厂所需要的一些工作，如生成元器件报表、Gerber 文件和智能 PDF，以及打印文件等。

Altium Designer 16 能导出各种电气网络表数据和 CAM 数据并装配数据，使 CAD 和 CAM 无缝链接。

<table>
<tr><td rowspan="4">知识技能导航</td><td>知识了解</td><td>CAM 的基础知识</td></tr>
<tr><td>知识熟知</td><td>应用 CAM 数据</td></tr>
<tr><td>技能掌握</td><td>交互更新操作
导出制造数据
应用拼板功能
打印</td></tr>
<tr><td>技能高手</td><td>CAD 和 CAM 的无缝链接</td></tr>
</table>

PCB 工程项目的电路原理图设计和 PCB 设计完工后 Altium Designer 16 提供了多种输出报表和导出功能，为下一步将 PCB 工厂化生产，以及后续的装配调试提供重要的数据及图纸。

7.1 PCB 设计与电路原理图设计交互更新

从前面多个工程项目的设计及应用可以看到，在 Altium Designer 16 中电路原理图设计和 PCB 设计是关联和交互的。当从电路原理图设计到 PCB 设计的流程基本结束后，如果某个环节的初始数据发生了改变，系统可以将电路原理图的参数变化更新到 PCB 设计中。也可以反之，即双向关联交互。

（1） 将电路原理图的参数变化更新到 PCB 设计中。

在整个工程项目设计完成后的后续检查和调试过程中，如果调整元器件的参数，如标号、值和封装等，甚至增加或删除了某些元器件或导线，可以将这些电路原理图参数的变化直接反映到 PCB 设计中。以 4 轴飞行器无刷电动机控制电路为例，其中包括在电路原理图中增添的 C9，如图 7.1 所示。

保存后，选择电路原理图设计界面菜单栏中的“Update PCB Document”命令，打开“Failed to Mach 1 of 39 Components using Unique Identifiers”对话框，如图 7.2 所示。

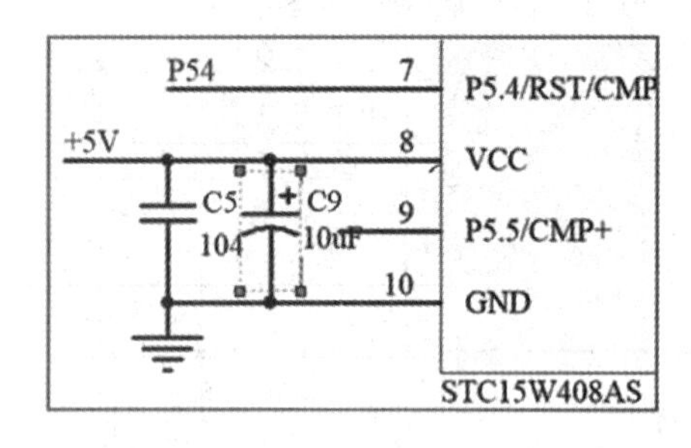

图 7.1 增加的电容 C9

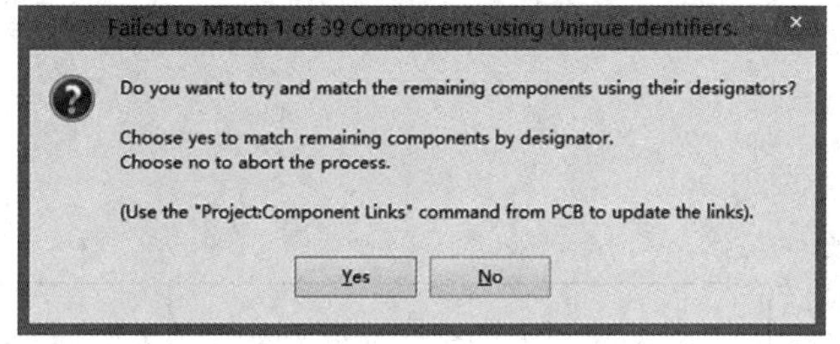

图 7.2 “Failed to Mach 1 of 39 Components using Unique Identifiers”对话框

单击“Yes”按钮，打开“工程更改顺序”对话框。其中显示电路原理图与 PCB 设计比对后的差异，有删除（Remove）和增加（Add）的信息。单击“执行更改”按钮，将更改项目更新到 4 轴飞行器无刷电动机控制电路的 PCB 设计中，在 PCB 设计中进行相应的调整和修改。将电路原理图的参数变化更新到 PCB 设计也可以在 PCB 编辑界面中选择“设计”|“Import Changes Form PCB Project”命令导入。

（2） 将 PCB 设计更新到电路原理图设计。

如果在 PCB 设计图中更改了一些参数，也可以将其及时更新到电路原理图中，使整个工程项目更加完整和完善。以 4 轴飞行器无刷电动机控制电路为例，在 PCB 设计中将 U2 芯片 7805 封装变更为“SOT89”，并在 PCB 中增加了一个 12 V 电源的接插件等。为将这些信息及时更新到电路原理图中，在 PCB 编辑界面中选择“设计”|“Update Schematic in PCB

Project”命令，显示比对警告信息。单击“Yes”按钮，打开“工程更改顺序”对话框，其中显示电路原理图与 PCB 设计比对后的差别，如图 7.3 所示。

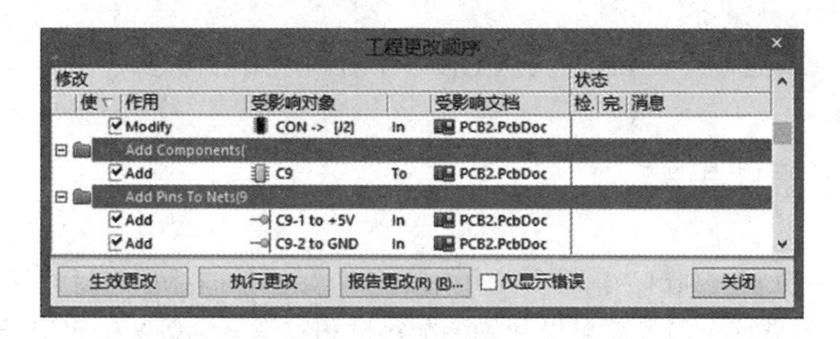

图 7.3　原理图和 PCB 设计比对后的差别

单击“执行更改”按钮将这些更改项目更新到 4 轴飞行器无刷电动机控制电路的电路原理图设计中，在电路原理图设计中进行相应的调整即可。

7.2　PCB 报表

PCB 报表是了解 PCB 详细信息的重要资料，其中包括设计过程中的 PCB 状态、引脚、元器件封装、网络及布线等。设计 PCB 后，这些信息有利于了解 PCB 设计的工作量，也为后续的加工生产提供信息。选择“报告”|“板子信息”命令，打开“PCB 信息”对话框，如图 7.4 所示。

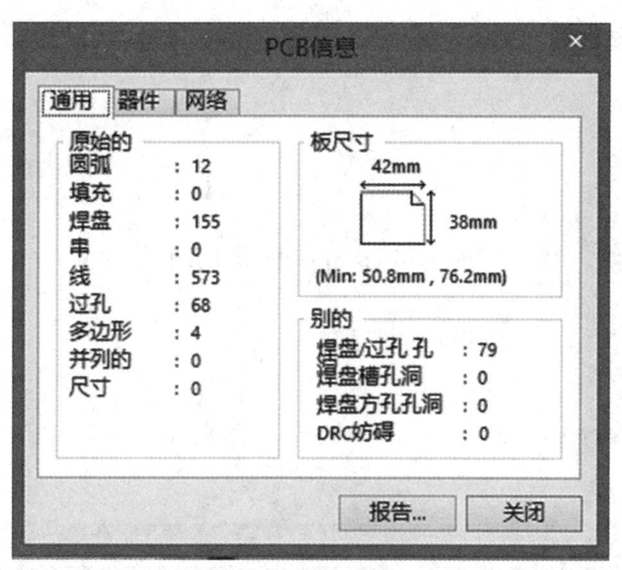

图 7.4　“PCB 信息”对话框

从中可以直观地看到 PCB 设计的尺寸、导线数量和焊盘数量等。

其中的选项卡如下。

（1）“通用”选项卡：显示该 PCB 设计的常规信息，如 PCB 的机械尺寸、焊盘、走线和过孔数量等。

（2）“器件”选项卡：显示当前 PCB 中所有的元器件信息，包括总数多少，以及顶层和底层的元器件数量等。

（3）“网络”选项卡：显示当前 PCB 中所有的网络名信息。

7.3 PCB 元器件报表

PCB 元器件报表中列出当前项目中所用的所有元器件的标识、封装形式和库参考等，即元器件清单，根据这个清单就可以开始装配测试和物料采购等。在 PCB 编辑界面中选择“报告”|“Bill of Materials”命令，打开“元件报表”对话框，其中显示 PCB 元器件清单。

7.4 生成智能 PDF 文档

电子系统的装配和调试需要电路原理图和 PCB 设计图纸，这时可以将设计的工程项目中的电路原理图或 PCB 设计图导出并生成技术文档常用的 PDF 格式。这样查阅这些图纸就不需要 Altium Designer 16，几乎每一台计算机均可打印或查看。生成智能 PDF 文档的方法如下。

（1）打开电路原理图或 PCB 设计图，选择“文件”|“智能 PCB”命令，打开“灵巧 PDF”对话框，如图 7.5 所示。

图 7.5 “灵巧 PDF”对话框

（2）单击“Next”按钮，打开“选择导出目标”对话框，如图 7.6 所示。

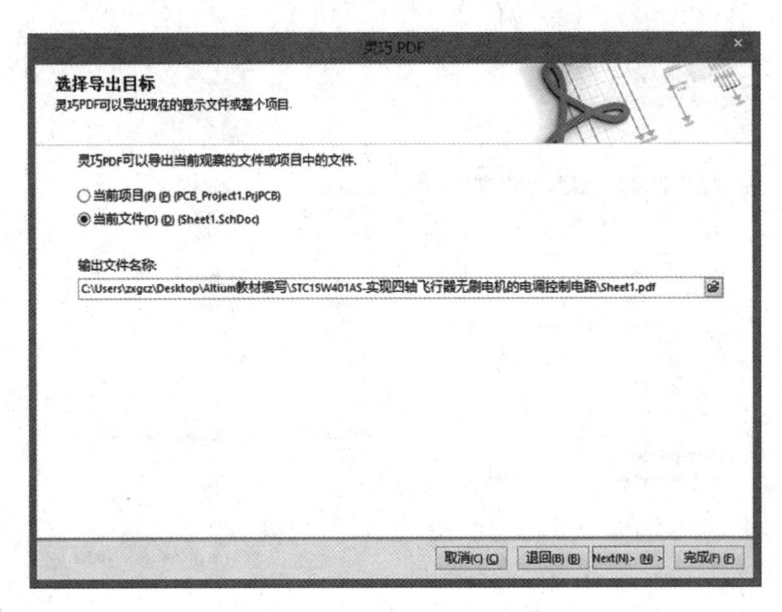

图 7.6　“选择导出目标”对话框

（3）选择导出到整个工程项目还是当前文件中，并设置导出文件的存放路径及 PDF 文件的名称。

（4）单击“Next”按钮，打开“导出 BOM 表”对话框，如图 7.7 所示。

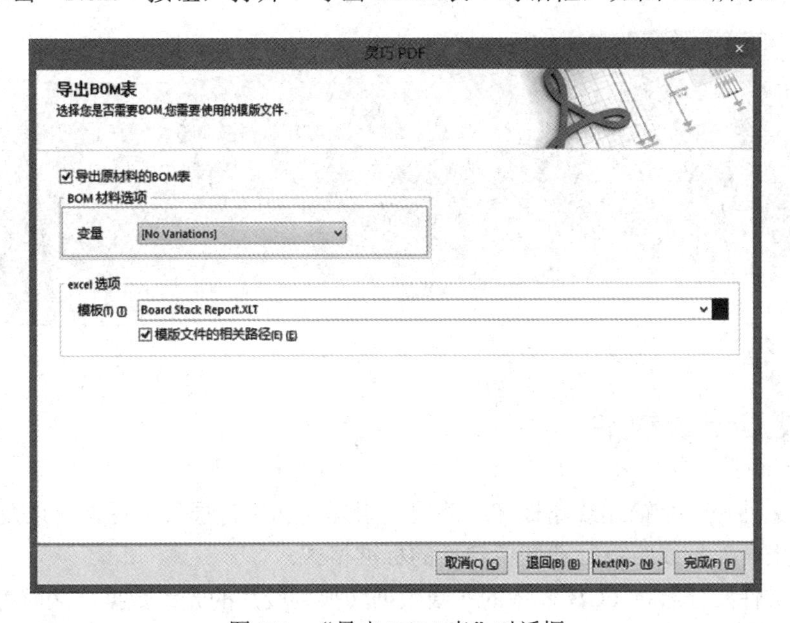

图 7.7　“导出 BOM 表”对话框

（5）选择是否要导出原材料的 BOM 表。

（6）单击“Next”按钮，打开“添加打印设置”对话框，如图 7.8 所示。

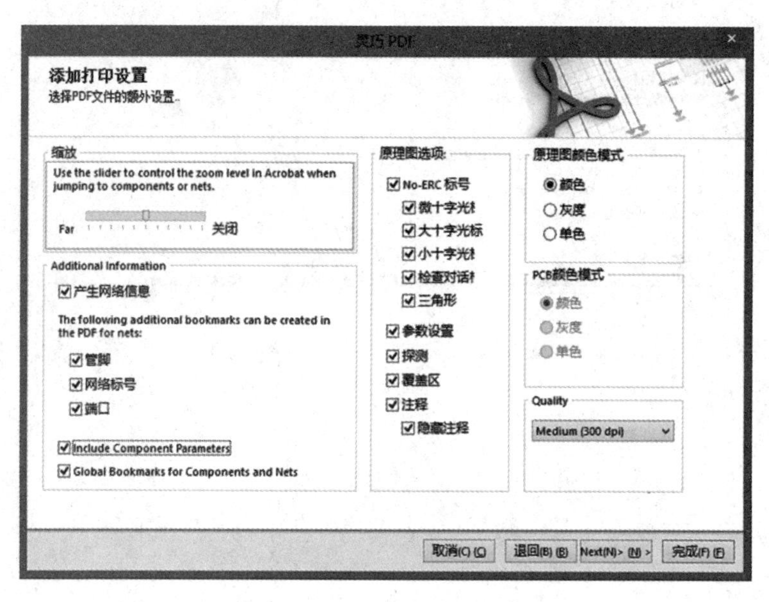

图 7.8 “添加打印设置”对话框

（7） 设置是否要加载网络信息、网络标号、颜色、分辨率（Quality）等。

（8） 单击“Next”按钮，设置是否打开 PDF 文档。

（9） 单击“完成”按钮生成 PDF 文档。

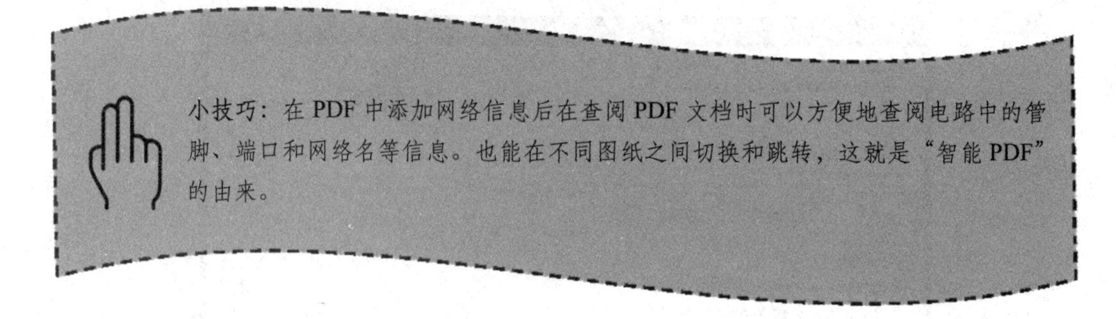

小技巧：在 PDF 中添加网络信息后在查阅 PDF 文档时可以方便地查阅电路中的管脚、端口和网络名等信息。也能在不同图纸之间切换和跳转，这就是“智能 PDF”的由来。

7.5 生成 Gerber 文件

Gerber 文件是一个描述线路板（线路层、阻焊层和字符层等）图像，以及钻和铣数据的文档格式集合，是线路板行业图像转换的标准格式。

Gerber 文件要分层将 PCB 图中的布线数据转换为胶片的光绘数据，从而可以被光绘图机处理。由于该文件格式符合 EIA 标准，因此各种 PCB 设计软件都有支持生成该文件的功能。一般的 PCB 生产商就用这种文件来制作 PCB，雕刻机打样也需要生成 Gerber 文件。

我们以 4 轴飞行器无刷电动机控制电路为例来说明 Gerber 文件的生成方法。

（1） 打开 PCB 设计图，选择“文件”|“制造输出”|“Gerber Files”命令，打开“Gerber 设置”对话框，如图 7.9 所示。

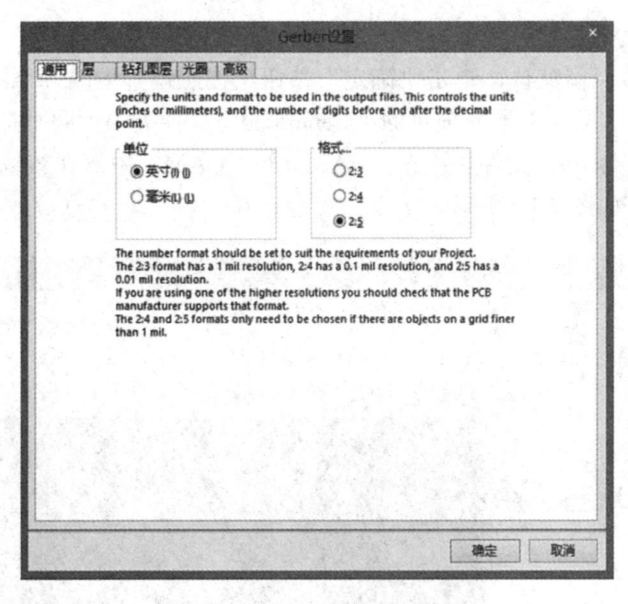

图 7.9　“Gerber 设置”对话框

（2） 在“通用”选项卡中设置输出的 Gerber 文件中使用的单位和格式，其中“格式”选项组中的 3 个单选按钮分别代表使用的数据精度。如“2:3”表示数据中含 2 位整数和 3 位小数，“18421”就是 18.421，根据设备中用到的单位精度选择。设置的格式精度越高，对 PCB 制造设备的要求也就越高。

（3） 在“层”选项卡中设置导出的电路层，一般 PCB 设计的信号层和电源层，以及代表 PCB 边框轮廓的机械层是必须的，如图 7.10 所示为选中 4 个电气层。

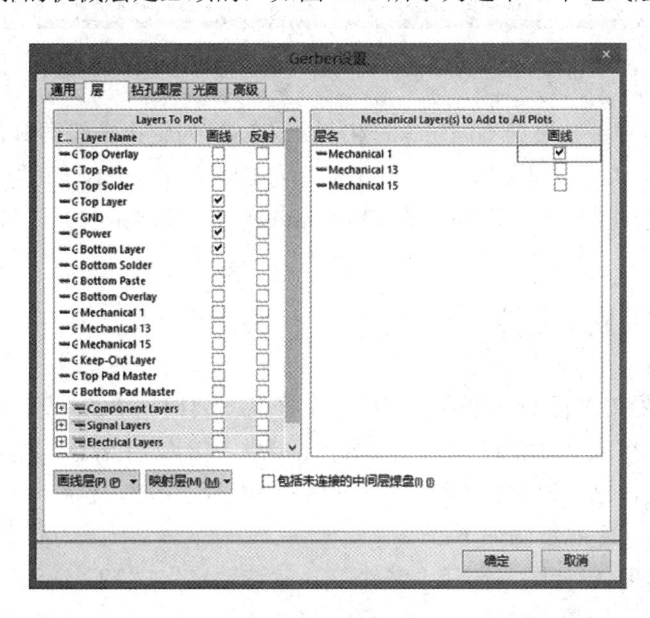

图 7.10　选中 4 个电气层

“反射”的意义是导出时镜像设置，这也要根据 PCB 工艺来选择。

（4） 其他参数保留默认，单击“确定”按钮，按照设置生成各个图层的 Gerber 文件并添加到“Projects”面板中当前项目的“Generated”文件夹中；同时打开 CAMtastic 编辑器，将所有生成的 Gerber 文件集成在“CAMtastic1.CAM”中。在该编辑器中可以查看并修正 Gerber 版图，如图 7.11 所示。

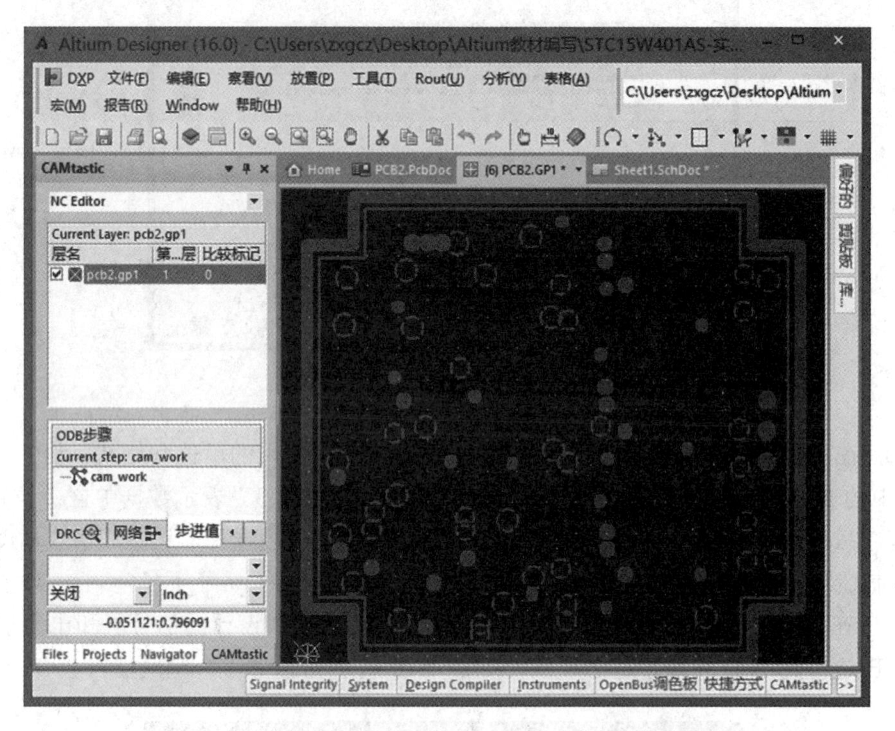

图 7.11 在 CAMtastic 编辑器中查看并修正 Gerber 版图

Gerber 文件的后缀名根据不同层来产生，如“.GKO”为禁止布线层（可用做板子外形），“.GTO”为 Top Overlay（顶层丝印），“.GBO”为 Bottom Overlay（底层丝印），“.GTL”为 Top Layer（顶层走线），“.GBL”为 Bottom Layer（底层走线），依此类推。

7.6 生成 NC 钻孔文件

钻孔是 PCB 加工过程的一道重要工序，生产商需要根据 PCB 设计图提供的数控钻孔文件控制数控钻床完成 PCB 的钻孔工作。数控钻床所需的文件信息一般要包含孔的精确坐标点和孔径的大小，这些信息由 PCB 文件导出的 NC 钻孔文件提供。

生成 NC 钻孔文件的步骤如下。

（1） 打开 PCB 设计图，选择“文件”|“制造输出”|“NC Drill”命令，打开“NC 钻孔设置”对话框，如图 7.12 所示。

其中的“单位”和“格式”选项组中的选项与“Gerber 设置”对话框相同。

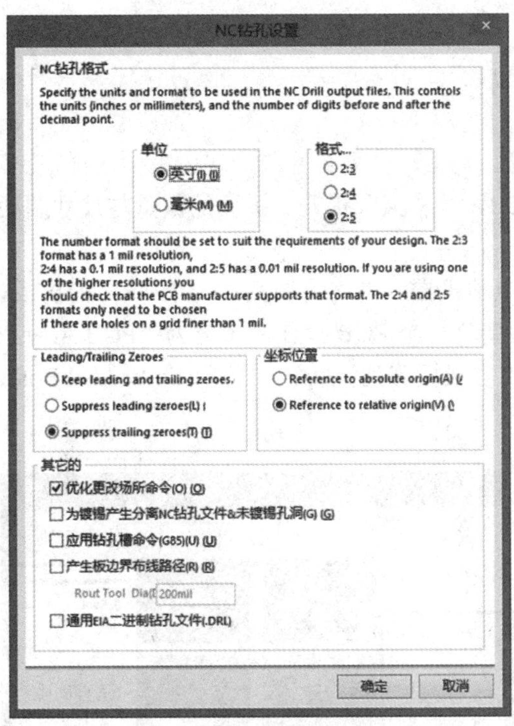

图 7.12　“NC 钻孔设置”对话框

（2）根据数控钻孔机的要求选择“坐标位置”选项组中的“Reference to absolute origin”（绝对坐标）或“Reference to relative origin”（相对坐标）单选按钮。

（3） 单击“确定”按钮，系统生成 NC Drill 文件并保存在当前项目的“Generated”文件夹下的“Text Document”文件夹中，生成的钻孔 CAM 图如图 7.13 所示。

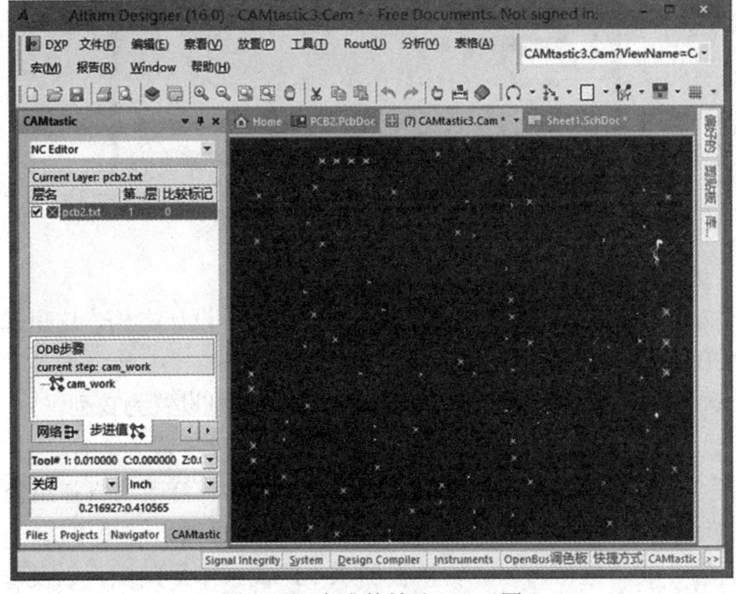

图 7.13　生成的钻孔 CAM 图

7.7 拼板

拼板就是把多块单独的 PCB 排列合并成一块大板，这样在 PCB 装配环节贴片机等设备可以一次生产多块 PCB，效率大大提升。拼板的数量与尺寸要根据自动化生产设备的要求来设计。

以 4 轴飞行器无刷电动机控制电路为例完成一个 3×2 的拼板，步骤如下。

（1） 在工程项目中新建一个 PCB 设计，命名为“PCB Arry.PcbDoc”。

（2） 选择“放置”|“内嵌板阵列”命令，打开“Embedded Board Array(42mm×38mm)”对话框，如图 7.14 所示。

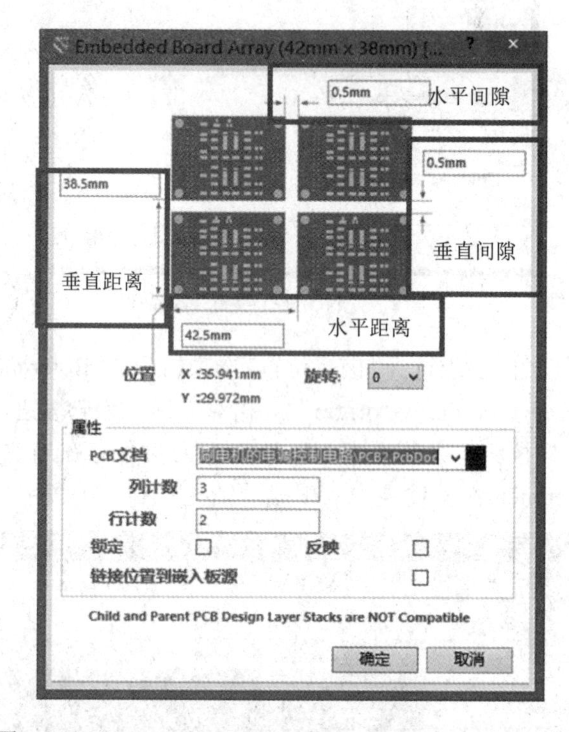

图 7.14 “Embedded Board Array(42mm×38mm)”对话框

其中的主要选项如下。

◆ “PCB 文档”下拉列表框：指定拼板的源板 PCB 设计文档，这里选择工程文件夹中的 PCB2.PcbDoc 文件。

◆ “列计数”文本框：输入拼板阵列列的数量，这里设置为 3 列。

◆ “行计数”文本框：输入拼板阵列行的数量，这里设置为 2 行。

◆ “锁定”复选框：锁定拼板后的 PCB 设计，移动或修改均将弹出警示窗口。

◆ “反映”复选框：即镜像，一般是为某些阴阳板设置，这里不选。

另外在“位置”文本框中可以设置拼板的水平距离或水平间隙，以及垂直距离或垂直间隙，水平距离等于 PCB 的水平尺寸加上水平间隙；垂直距离等于 PCB 的垂直尺寸加上垂直间隙。由于拼板后要 V-Cut，所以将水平间隙和垂直间隙均设置为 0.5 mm。

（3） 单击“确定”按钮，光标变成十字形。拖出 3×2 的拼板图，单击一个拼板 PCB 的位置即可将拼板放置到位。

可以重新定义拼板 PCB 的切割边框等的机械层的参数，完成拼板后的 PCB 如图 7.15 所示。

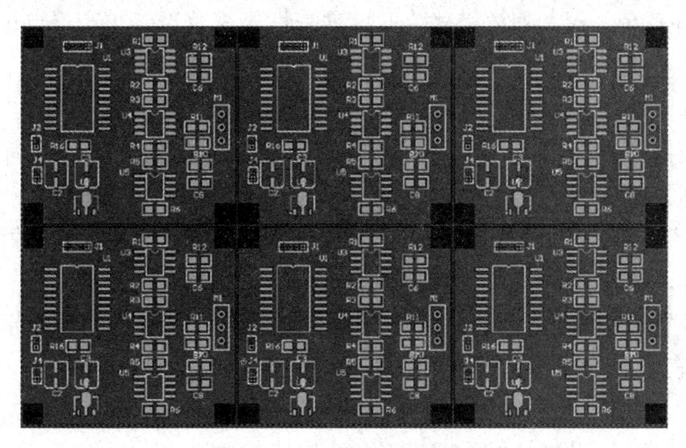

图 7.15　完成拼板后的 PCB

7.8　打印 PCB 设计

完成工程项目的电路原理图和 PCB 设计后，有时需要在打印机打印后研究和调试，这时就要用到 Altium Designer 16 的打印功能。打印一般要首先设置打印机的类型、纸张大小和电路图等，然后打印输出。

（1） 页面设计。

打开需要打印的 PCB 文档，选择“文件”|“设置”命令，打开“Composite Properties”对话框，如图 7.16 所示。

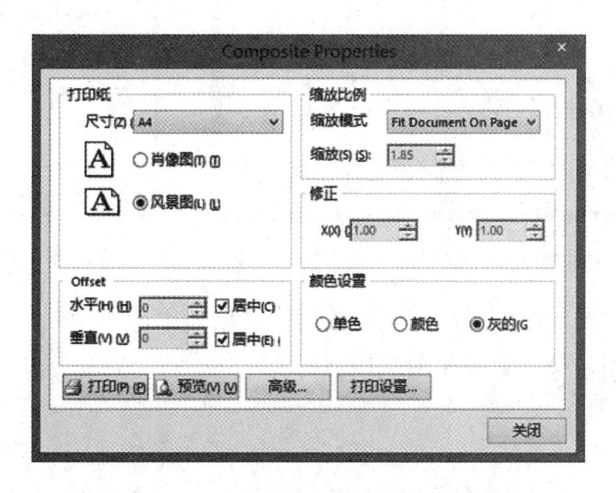

图 7.16　“Composite Properties”对话框

其中的主要选项如下。

◆ “尺寸”下拉列表框：选择打印纸张的尺寸。

◆ 图纸方向：选择“肖像图”单选按钮，垂直放置图纸；选择“风景图”单选按钮，水平放置图纸。

◆ “缩放比例”选项组：用于设置打印比例，可以定比例缩放图纸，比例可以是 50%～500%的任意值。在“缩放模式”下拉列表框中选择“Fit Document on Page”选项，表示充满整页的缩放比例。系统会自动根据当前打印纸的尺寸计算合适的缩放比例，使打印输出的原理图充满整页纸；如果选样“Scaled Print”选项，则“缩放”下拉列表框将被激活。在其中可以设置 *X* 和 *Y* 方向的尺寸，以确定 *X* 和 *Y* 方向的缩放比例。

◆ “Offset”选项组：设置打印页面与图框的距离，单位是英寸。页边距也分水平和垂直两种，零点坐标在左上角。

◆ “颜色设置”选项组：“单色”表示单色输出图纸，“彩色”表示彩色输出图纸，“灰色”表示以灰度值输出图纸。

单击“高级”按钮，打开“PCB Printout Propertes”对话框，如图 7.17 所示。用鼠标右键单击需要打印的层，弹出如图 7.18 所示的快捷菜单。

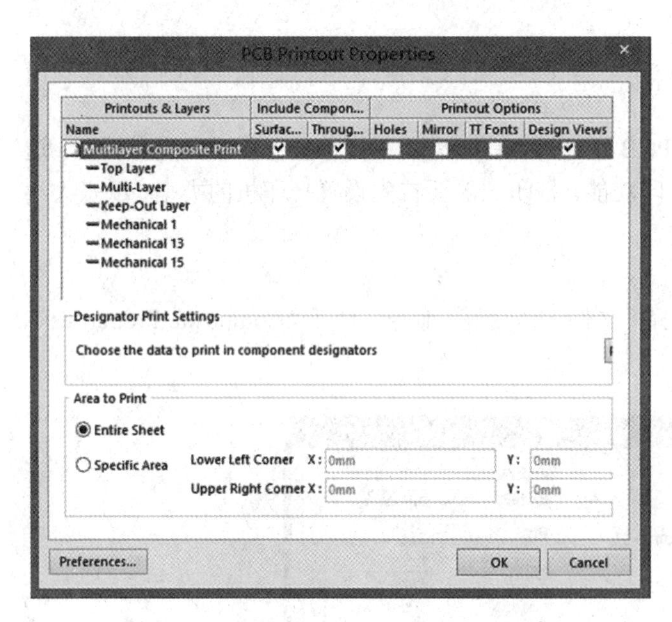

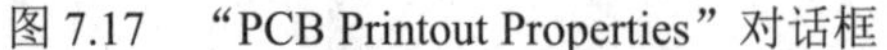

图 7.17　“PCB Printout Properties”对话框

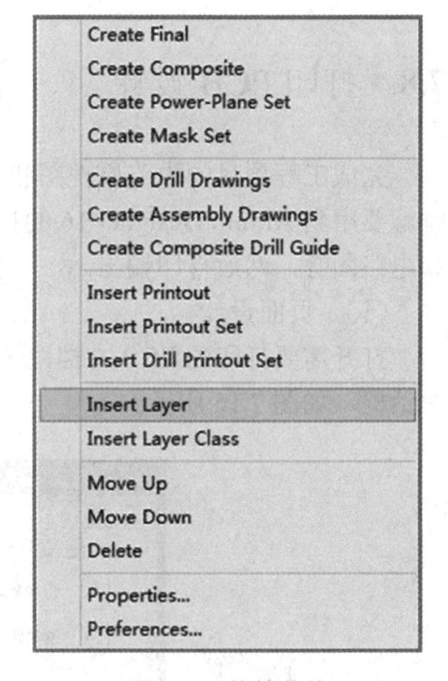

图 7.18　快捷菜单

在其中选择需要添加或删除相应的层到打印输出的工作面，单击“OK”按钮。单击“预览”按钮可预览打印效果，结果如图 7.19 所示。

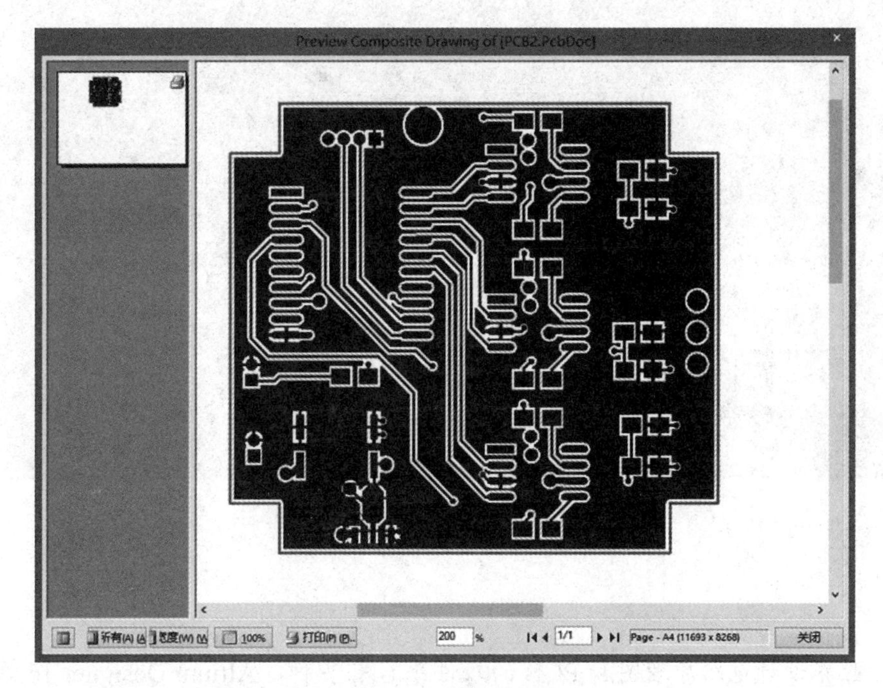

图 7.19　预览结果

（2）　打印输出。

选择“打印”命令，选择打印机并设置打印的范围和页数后打印文档。

技能与练习

（1）　打开本书素材文件\各章节实例与练习\2 中的相关 PCB 原理图，导出 PCB 报表和元器件清单，并设置打印预览。

（2）　打开本书素材文件\各章节实例与练习\6 中的相关 PCB 设计，做一个 2×2 的拼板，导出 Gerber 文件和 NC 钻孔文件并设置打印预览。

（3）　打开本书素材文件\各章节实例与练习\6 中的相关 PCB 设计，比对电路原理图与 PCB 设计的差别并导出 Gerber 文件和 NC 钻孔文件。

（4）　打开本书素材文件\各章节实例与练习\7 中的相关 PCB 设计，比对电路原理图与 PCB 设计的差别并导出 PDF 文件。

项目8 其他主流PCB设计平台

业界设计电路原理图和PCB的软件平台有多种，Altium Designer 16在高校教学中占据主流地位，但是还有很多优秀的PCB软件因其特有优势而应用在各行各业。读者通过了解主流的软件平台及系统，在学会使用Altium Designer 16设计电路及PCB之后可以举一反三了解其他平台的应用优势，为今后的设计和应用打下基础。

知识技能导航	知识了解	Altium Designer的概况
	知识熟知	主流电路设计和PCB设计软件平台的概况
	技能掌握	能够上网查阅相关资料

PCB 设计可以分为几个部分，即电路原理图设计、PCB 设计、电路模拟仿真，以及 CAM 导出和制造等。在 PCB 设计软件中一般包含电路原理图设计和 PCB 设计两大模块，一些强大的 PCB 设计软件甚至将以上的模块都包括在内。

PCB 设计工作的开展是一项十分漫长和烦琐的工作，首要的是选择设计软件。没有完美无缺的 PCB 设计软件，关键是找到一种适合自己的工具软件，以便快速方便地完成设计工作。当然在日常使用中针对不同的工作任务，有必要选择不同的设计软件，甚至多种软件协同设计。

8.1 Altium 系列

Altium（前称“Protel 国际”）有限公司由 Nick Matrin 于 1985 年始创于澳大利亚塔斯马尼亚岛的霍巴特，主要开发基于计算机的软件来辅助 PCB 设计。

Protel 是该公司在 1985 年推出的 PCB 设计软件，从最初的 Protel for DOS，再升级为 Protel for Windows。然后在 1998 年推出 Protel 98，在 1999 年推出了划时代的 Protel 99 及其升级版 Protel 99SE，在 2002 年推出 Protel DXP，最新版本是 2019 年发布的 Altium Designer 19。

Protel 99SE 对 PCB 设计行业的贡献相当大，无论是广泛使用的 Protel 99 还是后续的各个版本均提供了一个集成的设计环境，包括电路原理图设计和 PCB 布线工具、集成的设计文档管理，以及支持通过网络进行工作组协同设计的功能。自 Protel DXP/DXP 2004 开始提供了全新的 FPGA 设计的功能；自 Altium Designer 6.0 开始将设计流程、集成化 PCB 设计、可编程器件（如 FPGA）设计和基于处理器设计的嵌入式软件开发功能整合在一起；自 Altium Designer 6.8 开始添加了三维 PCB 可视化和导航技术，通过该技术用户可以随时查看板卡的精确成型，并且与设计团队的其他成员共享信息。

Altium 的市场占有率当之无愧地排在众多 PCB 设计软件的前面。Protel 系列较早就在我国开始使用，基本上所有高校的电子专业都开设了相关课程，Altium 曾声称中国有 73%的工程师和 80%的电子工程相关专业在校学生正在使用其所提供的解决方案，虽然数据无从考证，但是可以看出该软件在国内应用的广泛性。

当然也有工程师对 Protel 系列软件存有抱怨，如运行时占用太多的系统资源、对系统配置要求较高、菜单过于烦琐，并且不适合高速 PCB 设计；另外企业，特别是外企使用较少等。但因为它是绝大多数国内工程师的第 1 次接触的软件，所以还是有相当多的工程师可能出于恋旧情节或者先入为主的原因而使用它。

8.2 Cadence 产品

Cadence 公司成立于 1988 年 5 月，总部位于美国加州圣荷塞市。该公司的电子设计自动化产品涵盖了电子设计的整个流程，包括系统级设计、功能验证、IC 综合及布局布线、模拟或混合信号及射频 IC 设计、全定制集成电路设计、IC 物理验证，以及 PCB 设计和硬件仿真建模等。

Cadence 公司的产品是 Concept/Allegro 和收购来的 Orcad，该公司将 Orcad 的强项电路原理图设计 Capture CIS 和 Cadence、原来的电路原理图设计 Concept HDL，以及 PCB 工具 Allegro 及其他信号仿真等工具一起推出并统称为“Cadence PSD”。

8.2.1 Cadence Allegro

Cadence Allegro 现在几乎成为高速板设计中实际的工业标准，其最新版本是 2011 年 5 月发布的 Allegro 16.5，与其前端产品 Capture 的结合可完成高速、高密度和多层的复杂 PCB 设计布线工作。为了推广整个 EDA 市场，Allegro 提供了 OrCAD PCB Editor、PADS 和 P-CAD 等接口，使得需要转换 PCB Layout 软件的用户可以将旧有的设计文档顺利地转换至 Allegro 中。Allegro 具有操作方便、接口友好、功能强大（如信号完整性仿真和电源完整性仿真）和整合性好等诸多优点，在高速 PCB 设计方面牢牢占据着霸主地位，世界上 60%的计算机主板和 40%的手机主板都是用 Allegro 绘制的。该软件广泛地用于通信领域和 PC 行业，被誉为是高端 PCB 工具中的流行者。

Cadence Allegro 系统互联设计平台通过 IC、封装和 PCB 之间的约束驱动的协同设计，实现降低成本并加速产品上市时间。

8.2.2 Cadence OrCAD Capture

Cadence 公司的产品 OrCAD Capture 是被誉为全球使用人数最多的线路图绘图程序，以及绘制电路原理图的最出色的软件。这是因为它的库元器件比较多，不需要用户创建。而且易与其他软件（如 Ansoft 和 Mentor）集成，各种工具交互使用比较容易。它针对设计一个新的模拟电路、修改现有的一个 PCB 的线路图或者绘制一个 VHDL 模块的方框图都提供了所需要的全部功能，并能迅速地验证设计结果。OrCAD Capture 作为设计输入工具运行在 PC 平台，用于 FPGA、PCB 和 OrCAD PSpice 设计应用中。它是业界第 1 个真正基于 Windows 环境的线路图输入程序，易于使用的功能及特点已使其成为线路图输入的工业标准。

用户可利用 OrCAD Capture 来连接 Cadence OrCAD PCB Editor、Allegro 或其他 Layout 软件来完成 PCB 设计。

8.3 Mentor Graphics 产品

Mentor Graphics 公司是电子设计自动化技术的领导产商，它提供完整的软件和硬件设计解决方案，让客户能在短时间内以最低的成本在市场上推出功能强大的电子产品。当今电路板与半导体元器件变得更加复杂，并且随着深亚微米工艺技术在系统单芯片设计中的深入应用，要把一个具有创意的想法转换成市场上的产品，其中的困难程度已大幅增加。为此，Mentor Graphics 公司提供了技术创新的产品与完整的解决方案，让工程师得以克服所面临的设计挑战。

随着高密度电路板的复杂度提高，以及多层 PCB 设计的空间限制，能在企业内部促进跨领域合作的设计环境已成为必须。此平台作为易于使用和生产力高的设计环境提供自动化的元器件规划与布局、自动辅助的交互式布线，以及 3D 设计环境等，即使是不熟悉复杂 PCB 布局设计的设计人员或团队都能使用。

Mentor Graphics 公司有 3 个系列的 PCB 设计工具，分别是 Mentor EN 系列，即 Mentor Board Station；Mentor WG 系列，即 Mentor Expedition；PADS 系列，即 Power PCB。

Mentor Graphics 公司将 PCB 工具已经逐渐整合到一起，最高端的是 Board Station RE 和 WG 的 PCB 工具 Expedition PCB 的无缝切换。它们可以支持多个 PCB 工程师在不同的客户端共同设计一块 PCB 实现 DFM 设计，这样可以大大地提高产品的设计进度。

8.3.1　Mentor EN

Mentor EN 是 Mentor Graphics 公司推出的高端专业原理图和 PCB 设计软件，支持 Unix 和 Windows 系统（Windows 2000 和 Windows XP），其中 EN 是 Enterprise 的简写。EN 的原理图是 BA，超级烦琐，但是功能很强大。它是只考虑工期不考虑成本，总是做 8～12 层 PCB 的通信产品的军工研究所的首选。也有很多大型 IT 公司，如 Intel、朗讯、伟创力、西门子和波导使用 Mentor EN 进行 PCB 设计。但国内会使用的 Mentor EN 的工程师并不是很多，因其难度较大，故不建议自学。

8.3.2　Mentor WG

Mentor WG 是 Mentor Graphics 公司推出的基于 Windows 界面的高端 PCB 设计工具；同时也被工程师认定是拉线最顺畅的软件，被誉为“拉线之王”。它的自动布线功能非常强大，布线规则设计非常专业，是最好的布线工具；另外，Mentor DxDesigner（ViewDraw 的升级版本）是 Mentor Graphics 公司推出的电路原理图输入工具，其功能强大，界面友好。并支持多种 PCB Layout 工具，如 Mentor Expedition、Mentor Board Station、Power PCB、Cadence Allegro 和 Zuken 等。Mentor DxDesigner 加 Mentor WG 是 Mentor Graphics 公司当今推荐的电路原理图和 PCB 设计组合的工具软件。

8.3.3　Mentor PADS 系列

Power Logic 和 Power PCB 产品被 Mentor Graphics 公司收购后更名为“PADS 系列”，其版本升级非常快，先前有 PADS 2005 和 PADS 2007，目前最新的版本 PADS 9.4。不过也有工程师反映运行最稳定的还是 PADS 2005，包括电路原理图设计工具 PADS Logic、PCB 设计工具 PADS Layout 和自动布线工具 PADS Router。PADS 系列是低端 PCB 软件中最优秀的一款，由于界面友好、容易上手和功能强大而深受中小企业的青睐，在中小企业用户中占有很大的市场份额。PADS 最大的优势就是手机产品设计，虽然功能简单，但是基本上电子产品都是用其设计的，据说国内的设计公司也喜欢用它。其不足是没有仿真，做高速板时要结合其他专用仿真工具，如 Hyperlynx 完成。

技能与练习

（1） 查阅相关 PCB 设计软件的资料，了解其功能和特点。
（2） 比较各软件的差异及其最新的版本。

项目 9　信号完整性设计简析

PCB 的尺寸越来越小，组装密度，以及信号的频率和带宽越来越高，这些特征的变化会使电路信号传输时在 PCB 上出现信号的反射、串扰、轨道塌陷及电磁辐射等问题，这些问题使高速电路的设计变得错综复杂。

本项目简单介绍信号完整性（Signal Integrity，SI）的概念和基本知识，让读者从常规的设计开始就了解解决信号完整性的方法和思想，使 PCB 设计更加有章可循。

知识技能导航	知识了解	信号完整性的概念和基本知识
	知识熟知	影响信号完整性的基本现象
	技能掌握	上网查阅相关资料

9.1 信号完整性概述

9.1.1 定义

广义上讲，信号完整性是指信号在传输过程中能够保持信号时域和频域特性的能力，即信号在电路中能以正确的时序、幅值及相位等做出响应。如果每个信号都是完整的，那么由这些完整信号组成的系统也同样具有很好的完整性。

若电路中信号能够以要求的时序和电压幅度从发送端传送到接收端，则表明该电路具有较好的信号完整性；否则就会出现信号完整性问题。当数字信号的时钟频率超过 100 MHz 或者上升时间 T_r 小于 1 ns 时，信号完整性效应就变得十分重要。

信号完整性具有以下两个基本条件。

（1） 空间完整性：又称“信号幅值完整性”，用于满足电路的最小输入高电平和最大输入低电平要求。

（2） 时间完整性：电路的最小建立和维持时间。

如果信号完整性问题未能得到良好解决，将会导致信号失真，而失真后的错误数据信号、地址信号和控制线信号将会引起系统错误工作，甚至直接导致系统崩溃，因此信号完整性问题已成为高速产品设计中非常值得关注和考虑的问题。

信号完整性最原始的含义是信号的波形得到良好保证而不产生畸变。事实上，很多因素都会导致信号波形产生畸变。如果畸变较小，对于电路的功能不会产生影响；如果畸变很大，电路应有的功能就会受损，甚至被破坏。那么波形畸变多大才会对电路板功能产生影响？这就是信号完整性的要求问题，这个要求与具体应用，以及电路板的其他电气指标有关，并没有统一的标准。

（1） 要求。

系统频率（芯片内部时钟源及外部时钟源）、电磁干扰、电源纹波、数字器件开关噪声和系统热噪声等都会对信号产生影响。

从上面提到的信号完整性的两个基本条件可以得出信号完整性的要求，该要求也要从这两个方面（即时间和空间）反映到实际的信号上，也就是信号的幅值高低和频率相位。

数字信号对畸变的兼容性相对较大，能有多大的兼容性还要考虑电路板上的电源系统供电电压纹波、系统的噪声裕量，以及所用元器件对于信号建立时间和保持时间的要求等；模拟信号相对比较敏感且可容忍的畸变相对较小，能容忍多大的畸变则与系统噪声、元器件的非线性特性及电源质量等因素有关。

（2） 问题产生的原因。

信号完整性问题的真正起因是不断缩短的信号上升与下降时间。一般来说，即信号的上升和下降时间比较长时，PCB 中的布线可以建模成具有一定数量延时的理想导线而确保有相当高的精度。此时对于功能分析来说，所有连线延时都可以集中在驱动器的输出端。于是通过不同连线连接到该驱动器输出端，在同一时刻观察所有接收器的输入和输出端都可得到相同波形。

然而随着信号变化的加快，信号上升时间和下降时间缩短，PCB 上的每一条线段由理想的导线转变为复杂的传输线，此时信号连线的延时不能再以集中参数模型的方式建模在驱动器的输出端。同一驱动器信号驱动多条复杂的 PCB 连线时，电子学上连接在一起的每个接收器接收到的信号就不再相同。从实践经验中得知一旦传输线的长度大于驱动器信号的上升时间或者下降时间对应的有效长度的 1/6，传输线效应就会出现。即出现信号完整性问题，包括反射、上冲和下冲、振荡和环绕振荡、地电平面反弹和回流噪声，以及串扰和延迟等。

9.1.2　问题分类

信号完整性问题可以分为以下 4 类。

（1） SingleTacSinalnt：单根传输线的信号完整性问题，即反射效应。

（2） Cnosalk：相邻传输线之间的信号串扰问题，即串扰效应。

（3） OPIRelated：与电源和地分布相关的问题，即轨道塌陷。

（4） OEMI：电磁干扰和精射问题，即电磁干扰。

这 4 类问题的解决方案是按照层次逐级递进的，即在实施信号完整性解决方案时要按照上述的分类顺序依次解决问题。显然上述观点涉及的其实已经是广义的信号完整性，它融合 SI、PI 和 EMI 为一体。在实际应用中 SI、PI、EMI 经常由不同的工程师负责，通过协同合作做出相对完美的产品。

在实际工作中信号完整性问题的根源大部分都是反射和串扰，在单个网络信号完整性问题中几乎所有的问题都来源于信号传输路径上的阻抗不连续所导致的反射。反射是指传输线上存在回波，驱动器输出信号（电压/电流）的一部分经传输线到达负载端的接收端。由于不匹配一部分被反射回源端驱动器，因此在传输线上形成振铃；串扰是指两条不同信号线之间引起的干扰和噪声。

（1） 反射。

源端与负载端阻抗不匹配会引起线上反射，负载将一部分电压反射回源端。如果负载阻抗小于源阻抗，反射电压为负；反之，如果负载阻抗大于源阻抗，反射电压为正。布线的几何形状、不正确的线端接、经过连接器的传输及电源平面的不连续等因素的变化均会导致此类反射。

在实际工作中很多硬件工程师都会在时钟输出信号上串接一个小电阻，这个小电阻的作用就是为了解决信号反射问题。而且随着电阻的增大，振铃会消失，但信号上升沿不再陡峭。这个解决方法即阻抗匹配，一定要注意阻抗匹配，阻抗在信号完整性问题中占据着极其重要的地位。

（2） 串扰。

我们在实验中经常发现有时某条信号线从功能上来说并没有输出信号，但测量时会有幅度很小的规则波形，类似有信号输出。这时如果测量与它邻近的信号线，会发现某种相似的规律。如果两条信号线靠得很近，通常会出现，这就是串扰。

当然被串扰影响的信号线上的波形不一定和邻近信号波形相似，也不一定有明显的规律，更多的是表现为噪声形式。串扰在当今的高密度电路板设计中一直是个让人头疼的问题，由于布线空间小，信号线必然靠得很近，所以只能控制不能消除。对于受到串扰影响的信号线，邻近信号的干扰对其来说相当于噪声。串扰大小和电路板上的很多因素有关，并不仅仅是因为两条信号线间的距离。当然距离最容易控制，也是最常用的解决串扰的方法。但不是唯一方法，这也是很多工程师容易误解的地方。

串扰是由同一 PCB 的两条信号线与地平面引起的，故也称为“三线系统”。串扰是两条信号线之间的耦合，信号线之间的互感和互容引起线上的噪声。容性耦合引发耦合电流，而感性耦合引发耦合电压。PCB 层的参数、信号线间距、驱动端和接收端的电气特性，以及线端接方式对串扰都有一定的影响。

（3） 轨道塌陷。

噪声不仅存在于信号网络中，也存在于电源分配系统中。我们知道电源和地之间的电流流经路径上不可避免地存在阻抗，当电流变化时会不可避免地产生压降。因此真正送到芯片电源引脚上的电压会减小，有时减小得很厉害。如同电压突然产生了塌陷，这就是轨道塌陷。

轨道塌陷有时会产生致命的问题，即很可能影响电路板的功能。高性能处理器集成的门数越来越多，开关速度也越来越快，在更短的时间内消耗更多的开关电流且可以容忍的噪声变得越来越小；同时控制噪声越来越难。由于高性能处理器对电源系统的苛刻要求，构建更低阻抗的电源分配系统变得越来越困难。这又一次涉及阻抗，理解阻抗是理解信号完整性问题的关键。

（4） 电磁干扰。

当板级时钟频率在 100～500 MHz 范围内时，这一频段的谐波覆盖电视、调频广播、移动电话和个人通信服务（PCS）等应用服务。这就意味着电子产品极有可能干扰通信，所以这些电子产品的电磁辐射必须低于允许的程度。遗憾的是如果不进行特殊设计，在较高频率时电磁干扰会更严重。共模电流的辐射远场强度随着频率线性增加，而差分电流的辐射远场与频率的平方成正比，随着时钟频率的提高对辐射的要求必然也会提高。

电磁干扰问题有 3 个方面，即噪声源、辐射传播路径和天线，前面提到的信号完整性问题的根源也是电磁干扰的根源。电磁干扰之所以这么复杂是因为即使噪声远远低于信号完整性噪声预算，它仍会达到足以引起严重辐射的程度。

9.2 信号完整性设计的特点

信号完整性设计中需要考虑的影响因素众多，解决不同的问题时关注的侧重点也不一样。并且针对不同案例的信号完整性设计重点也不同，因此信号完整性设计有其固有的特点。

（1） 信号完整性设计是个性化的。

不同的工程有不同的设计重点，要根据具体的工程进行有针对性的信号完整性设计，所以信号完整性设计是个性化的。例如，对于局部总线，关注的仅仅是信号本身的质量，对反射、串扰和电源滤波等几个方面简单的设计就能让电路正常工作。在高速同步总线（如 DDR）中只关注反射串扰电源等基本问题还不够，信号波形本身质量好不能保证电路正常工作，还需要满足时序要求。时钟频率很高时设计的重点应放在总线的时序上，改善信号本身质量的目的最终还是为了满足时序要求。在时钟电路中设计的重点在于保证时钟边沿的单调性、时钟频谱的纯净度和时钟的抖动等性能指标，所采取的措施都应该为这些目的服务。在 GHz 高速串行互联中通道的影响至关重要，其损耗和阻抗连续性是设计重点之一；除此之外，参考时钟和电源质量也必须认真设计以达到要求，预加重和均衡参数的调整和优化是另外一项必须认真考虑的因素。

信号完整性设计要适应不同工程的要求而进行个案设计，没有包治百病的药方。即使同一性质的电路遇到的问题也可能不同，也需要进行个案处理。

（2） 信号完整性设计是系统工程。

很多信号完整性问题无法使用单一措施解决，需要多种措施相互辅佐共同起作用才能成功。例如，简单的点对多点拓扑互联，可能会有多个接收端的信号波形很差。单一的末端并联连接无法解决这个问题，还需要结合线长和线宽调整、拓扑调整或使用阻尼电阻等措施才能最终解决信号质量的问题。

从整板信号完整性设计的角度来说，仍然需要系统考虑。对单个信号采取的措施再完善，没有可靠的供电也不会有好的性能表现。

信号完整性设计不能片面地追求某一方面的指标，片面弱化其他潜在风险。如果有些低成本包含同步总线的电路板走线的等长约束过于严格，则由于绕线较长，走线就会很密，可能无法控制串扰噪声。串扰产生的时序不确定性在有些设计中会更大，可能导致整体设计的失败。

（3）信号完整性设计是平衡的艺术。

很多信号完整性规则会互相冲突，必须平衡。例如，小的去耦电容要尽量靠近芯片的引脚放置；另一方面，信号线的串联端连接电阻也要求尽量靠近驱动器放置。但是往往芯片周边的空间非常拥挤，无法同时让这两个要求都达到最优，这就需要找到折中方案。通常使用多个信号层和平面层可以更好地改善信号完整性性能，但是目前电子产品的成本压力比较大，这就需要在性能和成本之间平衡而查找折中方案。在实际工程中类似冲突比比皆是，设计过程中充满了对各种要求的平衡。可以说信号完整性设计是“平衡的艺术”，设计的最终目标是得到稳定可用的产品。为了达到这个要求，设计过程中的各项措施都要有适当的弹性。

总之，信号完整性设计不是简单地解决孤立的问题，众多问题及其影响相互纠缠在一起需要系统化设计。要反复权衡并平衡各种要求，找到可行的解决方案，“头疼医头、脚疼医脚”式的解决方法最终会陷入困境。

9.3　信号完整性的基础性

1. Ansoft 公司的仿真工具

现在的高速电路设计已经达到 GHz 的水平，高速 PCB 设计要求从 3D 设计理论出发对过孔、封装和布线进行综合设计来解决信号完整性问题。高速 PCB 设计要求工程师必须具备电磁场的理论基础，必须懂得利用麦克斯韦方程来分析 PCB 设计过程中遇到的电磁场问题。目前 Ansoft 公司的仿真工具 SIwave 能够从 3D 场求解的角度出发，对 PCB 设计的信号完整性问题进行动态仿真。

SIwave 是一种创新工具，尤其适于解决现在高速 PCB 和复杂 IC 封装中普遍存在的电源输送和信号完整性问题。该工具采用基于混合、全波及有限元技术的新颖方法，允许工程师特性化同步开关噪声、电源散射、地散射、谐振、反射、引线条、电源，以及地平面之间的耦合。并且采用一个仿真方案解决整个设计问题，缩短了设计时间。它可分析复杂的线路设计，该设计由多重且任意形状的电源和接地层，以及任何数量的过孔和信号引线构成，仿真结果采用先进的 3D 图形方式显示。它还可产生等效电路模型，使商业用户能够长期采用全波技术，而不必一定使用专有仿真器。

2. Specctra Quest

Cadence 的工具采用 Sun 的电源层分析模块，Cadence Design Systems 中的 Specctra Quest PCB 向导程序的电源完整性模块据称能让工程师在高速 PCB 设计中更好地控制电源层分析和共模 EMI。

该产品是由一个与 Sun Microsystems 公司签署的开发协议而来的，Sun 最初研制该项技术是为了解决母板上的电源问题。有了这种新模块，用户可根据系统要求来计算出电源层的目标阻抗，然后基于板上的器件考虑去耦合要求。Specctra Quest PCB 向导程序能帮助用户确定其设计所要求的去耦合电容的数目和类型，选择一组去耦合电容并放置在板上之后用户即可运行一个仿真程序通过分析结果来发现问题所在。

Specctra 是 Cadence 公司提供的高速系统板级设计工具，通过它可以控制与 PCB Layout 相应的限制条件。在 Specctra 菜单下集成了如下工具。

（1） SigXplorer：可以编辑走线拓扑结构并可在工具中定义，同时控制延时、特性阻抗、驱动及负载的类型和数量、拓扑结构，以及终端负载的类型等。可在 PCB 详细设计前使用此工具，对互联线的不同情况进行仿真。然后把仿真结果存为拓扑结构模板，在后期详细设计中应用这些模板进行设计。

（2）DF/Sig noise 工具：信号仿真分析工具，可提供复杂的信号延时和信号畸变分析，以及 IBIS 模型库的设置开发功能。Sig Noise 是 Specctra SI Expert 和 SQ Signal Explorer Expert 分析仿真的仿真引擎，利用它可以进行反射、串扰、SSN、EMI、源同步及系统级的仿真。

（3） DF/EMC 工具：EMC 分析控制工具。

（4） DF/Thermax：热分析控制工具。

3. SPICE（Simulation Program With Integrated Circuit Emphasis）仿真程序

电路系统的设计人员有时需要详细分析系统中的部分电路电压与电流的关系，此时需要做晶体管级（电路级）仿真，这种仿真算法中所使用的电路模型都是最基本的元器件和单管。仿真时按时间关系对每一个节点的 I/V 关系进行计算，这种仿真方法在所有仿真手段中是最精确的，但也是最耗费时间的。

SPICE 是应用最为普遍的电路级模拟程序，多个软件厂家提供了 Vspice、Hspice 和 Pspice 等不同版本 SPICE 软件。其仿真核心大同小异，都是采用了由美国加州 Berkeley 大学开发的 SPICE 模拟算法。

SPICE 可对电路进行非线性直流分析、非线性瞬态分析和线性交流分析，被分析的电路中的元器件可包括电阻、电容、电感、互感、独立电压源、独立电流源、各种线性受控源、传输线及有源半导体器件。SPICE 内建半导体器件模型，用户只需选定模型级别并给出合适的参数即可。

4. ZUEKN 公司的 EMC-Workbench

ZUEKN 公司首次推出最新版虚拟原型设计产品 EMC-Workbench，用于其线路板完整性设计流程中，通过引入一致和约束驱动的工程环境在高速 PCB 设计工艺方面引起了一场革命。最新的产品为 Hot-Stage 4，此产品包含基于电子制表软件的约束管理器、自动约束向导、“假设分析”编辑器和嵌入式布线器，具有在线仿真、验证，以及 EMI 和热分析等功能。

Hot-Stage 4 能够解决在当今高速设计过程中的信号完整性、EMI、散热及可制造性等问题，为设计和布局工程师提供了一种设计纠正方法。输入约束条件，该工具即可自动合成满足要求的设计。约束条件在类似 Windows 的环境中管理，其树状浏览器可以方便地设计索引。而电子制表软件可以编辑电气约束条件并显示非法约束，所有这些均在一个界面中实现。因此减少了重复设计，降低了生产成本并缩短了产品上市时间。

独立选项 Hot-Stage EMI 通过快速检查辐射效应的全板扫描，进一步增强了该产品的功能。据称这是判断辐射源的有效方法，可使用户事先了解整个电路板的 EMC 性能，并帮助避免由 EMC 性能差而带来的问题。

ZUEKN 公司的系统级 EMC/EMI 分析软件 EMC-Workbench 由 3 个部分模块构成，即 EMC-Engineer（电磁兼容分析模块）、SI-Workbench（信号一致性分析模块）和 RADIATION-Workbench（辐射分析模块）。

EMC-Engineer 在设计的早期检查 PCB 或系统的 EMC/EMI 特性，即便在刚刚完成布局阶段也可以用此模块进行分析，它可以快速分析出设计中的反射、串扰和辐射等问题。更详细的分析可以用 SI-Workbench 模块和 RADIATION-Workbench 模块来实现，早期对有问题的设计区域的检测使得用户可以高效率且低成本地优化自己的设计。

5. Mentor Graphics 公司的 ICX 信号完整性解决方案

这是第 1 种在单一仿真环境下支持 SPICE、IBIS 和 VHDL-AMS 的 PCB 信号完整性工具，ICX 3.0 可适用由高速数字 PCB 较高时钟频率和信号边缘速率导致的信号完整和时序的挑战，使仿真效率和精度更高。该解决方案可使系统设计人员缩短设计时间，并提高系统性能，也为 IC 厂商提供了更多设备动作的建模选择；除了 ICX 3.0，Mentor Graphics 公司还发布了 Tau 3.0 产品。这是该公司板级时序解决方案的最新版本，现在与 ICX 有更高程度的集成。

ICX 3.0 和 Tau 3.0 可用性强，有多种接口，并有多项功能改善，提高了高速设计性能。ICX 3.0 为该公司的 PCB 设计工具 Expedition 和 Board Station 系列提了供增强型接口，包括新型的 ICX 和 Expedition 产品的双向接口，使用户可以利用 ICX 工具在信号完整性设计和检验方面的全部功能。

技能与练习

（1） 查阅信号完整性分析和设计的相关内容。

（2） 学习国内外著名电子设计公司的 PCB 规范和要求。

附　录　Altium Designer 16 快捷键列表

1. 电路原理图设计界面快捷键

快捷键	相关操作
Y	放置元器件时上下翻转（也适用 PCB 编辑界面）
X	放置元器件时左右翻转（也适用 PCB 编辑界面）
Esc	退出当前命令（也适用 PCB 编辑界面）
End	刷新屏幕
Home	以光标为中心刷新屏幕
PageDown 或 Ctrl+鼠标滑轮	以光标为中心缩小画面（也适用 PCB 编辑界面）
PageUp 或 Ctrl+鼠标滑轮	以光标为中心放大画面（也适用 PCB 编辑界面）
鼠标滑轮	上下移动画面（也适用 PCB 编辑界面）
Shift+鼠标滑轮	左右移动画面（也适用 PCB 编辑界面）
Ctrl+Z	撤销上一次操作（也适用 PCB 编辑界面）
Ctrl+Y	重复上一次操作（也适用 PCB 编辑界面）
Ctrl+A	选择全部（也适用 PCB 编辑界面）
Ctrl+S	存储当前文件（也适用 PCB 编辑界面）
Ctrl+C	复制（也适用 PCB 编辑界面）
Ctrl+X	剪切（也适用 PCB 编辑界面）
Ctrl+V	粘贴（也适用 PCB 编辑界面）
Ctrl+R	复制并重复粘贴选中的对象（也适用 PCB 编辑界面）
Delete	删除（也适用 PCB 编辑界面）
V+D	显示整个文档（也适用 PCB 编辑界面）
V+F	显示所有选中对象（也适用 PCB 编辑界面）
Tab	编辑正在放置的元器件属性（也适用 PCB 编辑界面）

Shift+C	取消过滤（也适用 PCB 编辑界面）
Shift+F	查找相似对象（也适用 PCB 编辑界面）
E+D+选中对象	批量删除对象（也适用 PCB 编辑界面）
E+W+选中导线	打破线（也适用 PCB 编辑界面）
Ctrl+拖动对象	带导线拖动对象
M+D	批量拖动（也适用 PCB 编辑界面）
P+N	放置网络名
P+W	放置导线
P+A	放置图纸入口
P+P	放置器件
P+O	放置电源
P+B	放置总线
P+U	放置总线入口
P+J	放置交叉点
P+R	放置端口
P+T	放置字符串（也适用 PCB 编辑界面）
G	栅格循环跳变（也适用 PCB 编辑界面）

2. PCB 编辑界面快捷键

快捷键	相关操作
V+D	显示整个文档
V+H	显示整张图纸
V+F	显示整张图纸到满屏
Shift+G	布线时显示导线的长度
Shift+E	打开或关闭捕获电气栅格功能
Ctrl+G	打开“捕获栅格”对话框
G	打开捕获栅格菜单
Q	单位切换
L	打开“浏览 Board Layers”对话框
Ctrl+Shift+长按鼠标左键	切断被选导线
Shift+S	打开或关闭单层模式
+	切换工作层面为下一层
-	切换工作层面为上一层
Ctrl+M	测量任意两点距离
R+M	测量任意两点距离
Shift+Spacebar	旋转移动的物体（顺时针）
Spacebar	旋转移动的物体（逆时针）
Shift+Ctrl+单击	高亮光标选网络

Ctrl+单击	在层面中高亮层
U	打开“撤销”菜单
A	打开“对齐”菜单
I+D	设置推挤深度
I+V	推挤
I+R	元器件按 Room 排列
I+O	元器件按矩形区排列
I+L	元器件排列在 PCB 外面
N	打开“显示遮掩”菜单
P+V	放置过孔
P+T	放置导线
P+P	放置焊盘
P+G	放置覆铜